Geomorfologia do Sítio Urbano de São Paulo

AZIZ AB'SÁBER

Geomorfologia do Sítio Urbano de São Paulo

Edição fac-similar – 50 anos

Ateliê Editorial

1ª edição, 2007
2ª edição, 2024

Dados Internacionais de Catalogação na Publicação (CIP)
(Câmara Brasileira do Livro, SP, Brasil)

Ab'Sáber, Aziz Nacib, 1924-2012
Geomorfologia do Sítio Urbano de São Paulo / Aziz Nacib Ab'Sáber. – 2. ed. – Cotia, SP: Ateliê Editorial, 2024.

Edição fac-similar - 50 anos
Bibliografia
ISBN 978-65-5580-152-1

1. Geociências 2. Geomorfologia 3. Geomorfologia – Aspectos ambientais 4. Solo urbano – Uso – São Paulo (SP) I. Título

24-226230 CDD-551.41

Índices para catálogo sistemático:

1. Geomorfologia 551.4

Eliane de Freitas Leite – Bibliotecária – CRB 8/8415

ATELIÊ EDITORIAL
Estrada da Aldeia de Carapicuíba, 897
06709-300 – Granja Viana – Cotia – SP
Tel.: (11) 4612-5915
www.atelie.com.br | contato@atelie.com.br
facebook.com/atelieeditorial | blog.atelie.com.br
instagram.com/atelie_editorial

2024

Foi feito depósito legal

SUMÁRIO

APRESENTAÇÃO

MAIS DE CINQUENTA ANOS após sua publicação, o estudo sobre geomorfologia do sítio urbano de São Paulo – tese de doutorado do professor Aziz Ab'Sáber, defendida em 1956 na Universidade de São Paulo – permanece útil e atual. O trabalho, publicado originalmente nos Boletins da Faculdade de Filosofia, Ciências e Letras da mesma instituição, causou, e causa, grande impacto pela sua amplitude e convergência dos aspectos sociais e urbanísticos à geografia ainda atuais. Os exemplares esgotaram-se rapidamente, e desde então, a obra não foi mais publicada, o que fez crescer a demanda de geógrafos, arquitetos, historiadores, entre outros, pela sua reedição.

Na presente edição, fac-símile da versão original reproduzida do prestigioso boletim, vê-se uma rica análise dos relevos e das diversas composições dos solos da cidade. Várzeas regionais, espigão da Paulista e Pico do Jaraguá são algumas entre tantas paisagens urbanas analisadas e retratadas sob a forma de mapeamentos, cartografias geomorfológicas e fotografias tiradas entre o fim da década de 1940 e meados dos anos 1950. Estamos diante de documento de grande valor, principalmente pelas questões sociais e ambientais que suscita: como uma cidade, que, do ponto de vista geomorfológico, nasceu para acolher a urbanização pôde transformar-se tanto a ponto de alterar a compartimentação original de seu terreno? Quais os efeitos das ações da sociedade sobre os espaços herdados da natureza?

As pesquisas que tornaram possível o presente estudo foram realizadas em uma época em que não havia qualquer tipo de apoio institucional à pesquisa científica como CNPq ou FAPESP. As observações de campo, feitas pelo geógrafo nos mais diversos quadrantes da cidade de São Paulo, só foram possíveis, segundo ele, devido ao sistema radial dos bondes elétricos que então havia na capital paulista. Ainda quando aluno, costumava ir até os pontos finais das diferentes linhas – Penha, Lapa, Santana, Pinheiros, Vila Mariana, Vila Maria e Santo Amaro – para observar os espaços existentes no entorno das mesmas.

Além disso, a mudança constante de endereço na cidade deu-lhe a oportunidade de estudar os arredores de cada bairro em que viveu. Ao chegar a São Paulo em novembro de 1939, vindo do Vale do Paraíba (onde nasceu e cursou o ginásio), a fim de preparar-se para os vestibulares, morou algum tempo em uma pensão da Alameda Glete. Com a vinda dos pais à capital, a família deu início a sucessivas mudanças, fundamentalmente devido ao preço dos aluguéis. Primeiro foram para uma transversal da Avenida Celso Garcia, entre o Brás e a Penha. Depois, Tatuapé. Em seguida, Belenzinho, Quarta Parada, Jardim Japão, Vila Maria, Aclimação, Paraíso, Liberdade, Vila Buarque, Santa Cecília. Até que, por fim, em 1958, se estabeleceram nos arredores da Praça Marechal Deodoro. Entre os anos de 1946 e 1952, Aziz empreendeu várias excursões com seus alunos de colégio e outras mais longas pelo Brasil afora na companhia dos geógrafos Miguel Costa Júnior e Pasquale Petrone. O grande passo veio, contudo, quando ingressou nas reuniões anuais dos geógrafos brasileiros, promovidas pela AGB (Associação dos Geógrafos Brasileiros). À parte dos excepcionais desdobramentos de sua carreira, que o tornaram um dos maiores especialistas em questões ambientais, o professor emérito da USP sempre retorna à tese central de *Geomorfologia do Sítio Urbano de São Paulo*, um de seus temas prediletos devido à atualidade da tese. É uma constante retomada desse trabalho redigido no pequeno apartamento da Vila Buarque, entre os idos anos de 1952 e 1956. Nessa retomada o exercício intelectual inclui procedimentos como a *previsão de impactos* e o entendimento do *metabolismo urbano* e implantação de minivilas olímpicas nas periferias, assim como as bibliotecas comunitárias, isso como processo não só de entendimento como também de formação cidadã e consciência ético-humanística do Prof. Aziz Ab'Sáber.

O Editor

UNIVERSIDADE DE SÃO PAULO
FACULDADE DE FILOSOFIA, CIÊNCIAS E LETRAS

Boletim 219 :—: Geografia 12

AZIZ NACIB AB'SÁBER

GEOMORFOLOGIA DO SÍTIO URBANO DE SÃO PAULO

Tese de doutoramento apresentada à cadeira de Geografia do Brasil da Faculdade de Filosofia, Ciências e Letras da Universidade de São Paulo, em novembro de ***1956.***

SÃO PAULO
1957

COMPOSTO E IMPRESSO NA SECÇÃO GRÁFICA DA
FACULDADE DE FILOSOFIA, CIÊNCIAS E LETRAS
DA UNIVERSIDADE DE SÃO PAULO
1958

"Entre a glória de pôr o pé no cimo de uma montanha onde nenhum pé humano jamais pisou e a honra de me servir do meu cérebro para fornecer uma descrição melhor de uma montanha já conhecida de longa data, não hesito: escôlho a última".

WILLIAM MORRIS DAVIS

... "idéias e observações novas auxiliam a encontrar a verdade".

CHESTER W. WASHBURNE

A meus pais.
A Dora, Janaina e Juçara.
Aos meus amigos.

SUMÁRIO

I — INTRODUÇÃO

1. A ORIGINALIDADE GEOGRÁFICA DO SÍTIO URBANO DE SÃO PAULO

A originalidade geográfica principal do sítio urbano de São Paulo reside na existência de um pequeno mosaico de colinas, terraços fluviais e planícies de inundação, pertencentes a um compartimento restrito e muito bem individualizado do relêvo da porção sudeste do Planalto Atlântico Brasileiro.

De tal forma o esqueleto urbano e suburbano da aglomeração paulistana se justapôs à bacia sedimentar do alto Tietê, que o estudo do sítio atual da Metrópole equivale, sob muitos aspectos, a um estudo da própria região fisiográfica, restrita e individualizada, conhecida pela designação de *bacia de São Paulo*. Forçado por essa circunstância, o presente trabalho compreenderá o estudo daquele patamar do Planalto Atlântico que se estende desde os "altos" continentais da Serra do Mar até os sopés da Cantareira, do Jaraguá e do Itapetí, envolvendo a bacia sedimentar pliocênica e uma boa parte da bacia hidrográfica do Alto Tietê.

Se é que a Metrópole e seus subúrbios atuais abrangem tôda uma região geográfica, a cidade pròpriamente dita, como não poderia deixar de ser, abrange uma área mais limitada. Daí, impor-se, após uma revisão dos traços mais gerais do relêvo e das estruturas regionais, uma análise detalhada dos elementos topográficos da pequenina região onde a cidade nasceu a cresceu.

Na realidade a área de relêvo que interessa ao estudo do sítio urbano de São Paulo fica pràticamente restringida ao sistema de colinas, terraços e planícies do ângulo interno de confluência dos rios Tietê e Pinheiros. Apenas algumas descontínuas indentações do organismo urbano conseguiram transpor a faixa da grandes planícies de inundação dos dois cursos d'água e enraizar-se nos outeiros e colinas do ângulo externo de confluência.

O sistema de colinas que asilou o organismo urbano de São Paulo influiu profundamente na forma de expansão e no arranjo geral

FOTO n.º 1. — O sítio urbano original de São Paulo: uma colina de vertentes escarpadas e tôpo relativamente plano (745-750 m), situada no ângulo interno de confluência entre o Tamanduateí e o Anhangabaú e vinculada a um esporão secundário do Espigão Central. Foto Ab'Sáber, 1952.

das ruas, avenidas e radiais da Metrópole. Preferidas para a localização de "habitat" urbano, através de tôdas as épocas da história da cidade, as colinas de São Paulo caracterizam sobremodo a paisagem metropolitana. A elas se devem, por outro lado, soluções urbanísticas especiais, tais como as nossas tradicionais ladeiras e escadarias, os grandes viadutos, galerias e túneis. Pode-se dizer que tôda a suntuosidade urbanística que tão bem caracteriza a paisagem do centro da cidade de S. Paulo está ligada às condições de detalhe do relêvo das colinas regionais. A despeito da onda imensa do casario que mascarou o assoalho topográfico original, as colinas constituem o traço marcante da paisagem urbana, exigindo do pesquisador cuidados especiais.

Os estudos de *sítio urbano* de grandes cidades permitem verdadeiros trabalhos de campo, já pela extensão abrangida pelas aglomerações metropolitanas, como pelo detalhe com que são realizados e o sem número de ângulos geográficos e urbanísticos passíveis de consideração. Quando bem conduzidos, êsses estudos podem representar verdadeiros trabalhos de microgeografia, de algum valor utilitário. Entretanto, não é bem essa a preocupação do presente estudo. Aqui, tentamos tão sòmente apresentar um estudo morfológico do sítio urbano de São Paulo, explorando a pequenina região sob o prisma da moderna Geomorfologia.

Atendendo aos objetivos do presente trabalho, a expressão *sítio urbano* foi tomada em seu sentido geográfico mais simples, ou seja, o de um pequeno quadro de relêvo que efetivamente aloja um organismo urbano. Em outras palavras, ao invés de estudar todos os elementos naturais que, em conjunto, participam da condição de sítio urbano, analisaremos apenas o assoalho topográfico sob o qual se assentou a Metrópole. Tratando-se, porém, de um estudo geomorfológico, está claro que o nosso trabalho não se poderia limitar apenas aos quadros rigorosos dos espaços urbanos ocupados atualmente pela cidade. Muito pelo contrário, para atender às necessidades específicas da Geomorfologia, não tivemos dúvida em estender nossas pesquisas e considerações, a tôdas as áreas contíguas que nos puderam esclarecer fatos importantes sob o ponto de vista da evolução do relêvo regional.

FOTO n.º 2. — *A avenida Nove de Julho, principal artéria de fundo de vale da cidade de São Paulo*. Ao fundo o Espigão Central. A fotografia é um belo documento das relações entre o relêvo e a estrutura urbana na Metrópole paulistana pois demonstra bem o esquema da circulação interna, em planos intercruzados, dominantes na cidade.
Postal (1950).

FOTO n.º 3. — *O vale do Anhangabaú na porção central da cidade*. Outrora, um ponto de separação entre dois núcleos da aglomeração urbana, o vale do Anhangabaú é hoje a vêia mestra da circulação metropolitana. Trata-se da área máxima de urbanização funcional apresentada pela Metrópole. Postal (1954).

Por último, deve-se assinalar que a região de São Paulo, segundo entende o autor, a despeito de sua área relativamente pequena, é suficientemente variada e esquemática para comprovar a coexistência de relevos *policíclicos* e *epicíclicos* no Planalto Atlântico brasileiro. Julgamos que muito embora os epiciclos erosivos estejam mal representados nos relevos pré-pliocênicos, êles estão muito bem expressos nas formas e nos compartimentos menores do relêvo, oriundos da evolução pós-pliocênica. Desta forma, utilizando-se da Bacia de São Paulo como baliza geológica, pensamos demonstrar, através de uma documentação retirada de estudos sôbre o terreno, a validade da interpretação que adotamos.

Devido à orientação que imprimimos à elaboração da presente tese, podemos dizer que, ao seu término, o trabalho realizado é uma pesquisa de geomorfologia regional e, subsidiàriamente, uma contribuição ao estudo morfológico do sítio urbano que asila a Metrópole paulistana. Pensamos, assim, ter sido coerente com a especialização que escolhemos para nossos estudos, sem ter sido inteiramente ingrato para com a formação geográfica que a Universidade de São Paulo nos deu.

Contacto visual com o relêvo da região de São Paulo

O primeiro contacto que o observador toma com as formas de relêvo da região de São Paulo ocasiona invariàvelmente uma impressão de uma topografia modesta, tanto na movimentação geral do terreno quanto na variedade de aspectos morfológicos.

De início, devemos salientar que a região de São Paulo, mesmo em sua periferia e confins, longe está de apresentar as formas bizarras e movimentadas das velhas formações arqueozóicas que conformam as montanhas e os blocos rochosos da Guanabara ou das regiões serranas do Estado do Rio de Janeiro. Faltam, por outro lado, formas de relêvo que possam ser equiparadas às velhas montanhas rejuvenescidas de Minas Gerais.

Transpostas as abas da Serra do Mar, à altura do Cubatão, onde estão presentes alguns dos mais típicos paredões e esporões oriundos do gigantesco festonamento recente do sistema de escarpas

FOTO n.º 4. — Topografia das altas colinas do Sumaré e Alto da Lapa (780-820 m), na extremidade ocidental do Espigão Central. Ao fundo a silhueta do Jaraguá e morro do Tico-Tico (1000-1500 m), esculpidos em quartzitos e xistos resistentes da série São Roque. Foto Ab'Sáber, 1952.

de falhas costeiras que limitam o Planalto Atlântico, penetra-se em uma área de topografia suave, onde dominam outeiros, morros baixos e ligeiros espigões amorreados de pequena expressão hipsométrica e medíocre saliência.

Na realidade, para o interior, o relêvo paulista descai suavemente, através dos grandes patamares do Planalto, e, por meio dos sinuosos corredores dos vales que, a partir das abas continentais da Serra do Mar, demandam longínquas regiões da Bacia do Paraná. Uma flagrante e extremada desproporção, expressa por grande assimetria entre a vertente marítima e a vertente continental, marca o limite entre o relêvo dos paredões costeiros e os extensos patamares internos, fracamente inclinados do Planalto. Dos altos da Serra do Mar, a 800-1100 metros de altitude, até as praias do litoral paulista, existem apenas alguns quilômetros de distância; ao contrário, dos alto da mesma Serra, até os confins do Planalto, em território paulista, na calha do rio Paraná (250-300m), medeiam de 650 a 700 quilômetros, através de uma declividade média de apenas 60 centímetros por quilômetro (Washburne, 1930, p. 7).

Frente à região de São Paulo, o reverso continental da Serra do Mar, muito embora ladeado por altitudes maiores, possui um nível topográfico que oscila em tôrno de 770 e 800 metros. Trata-se de uma esplanada ondulada, relativamente extensa, que é um dos campos atuais de interferência da drenagem atlântica em relação à drenagem centrípeta do interior da Bacia do Paraná. Essa superfície, composta de outeiros esbatidos e morros baixos, apresenta-se, em seu conjunto, como uma espécie de *colo* de vasta amplitude, seccionando a cumiada geral da Serra do Mar e facilitando a circulação natural entre a baixada santista e a região de São Paulo. Pierre Denis (1910, p. 105), teve sua atenção voltada para êsse aspecto local do relêvo da Serra do Mar, referindo-a como "une légère enchacrune qui en abaisse la crête"; identicamente Pierre Deffontaines (1935, p. 135), refere-se a uma enseladura que "rebaixa a altitude da serra do Mar para menos de 800 metros".

As paisagens observáveis imediatamente após a subida da Serra, quer pela Via Anchieta, pela Estrada Velha do Mar, ou pela E.F. Santos-Jundiaí, deixam entrever um relêvo de morros e outeiros amorreados, cujos topos estão, em média, de 15 a 40 metros acima do nível das estreitas e achatadas várzeas dos pequeninos vales que os sulcam. Tais morros baixos e outeiros amorreados apresentam perfil marcadamente convexo, com traços daquele arredondamento peculiar ao modelado dos terrenos granítico-gnaissicos do Brasil Atlântico. Na realidade, enquanto os pontos mais elevados se encontram entre 770 a 800 metros, na enseladura regional do Alto da Serra, o fundo dos vales locais acham-se a 735 ou 740 metros, no máximo. Por vastas áreas, portanto, na região, a amplitude maior do relêvo local, é da ordem de 60 metros; fato que demonstra bem a intensa usura a que o antigo relêvo serrano da região foi sujeito, dentro de um ciclo de erosão, provàvelmente pós-pliocênico. Pode-se dizer mesmo que, localmente, no reverso continental da Serra do Mar, desde o divisor das águas até os sopés do Maciço do Bonilha (850-1050m), 15 quilômetros para o interior, existe uma espécie de peneplano parcial, esculpido diretamente em micaxistos e gnaisses das formações pré-cambrianas regionais. Em verdade, trata-se de um mosaico simples de baixos níveis de terraceamento (tipo "straths"), levados sucessivamente até à maturidade, através de multiplas retomadas de erosão, de caráter epicíclico.

É sòmente após alguns ligeiros e muito dissecados espigões divisores secundários, de granitos e micaxistos (região do morro do Bonilha 850-1050 m), que se seguem as colinas e os espigões tabuliformes da bacia de São Paulo, entrecortadas pelas largas calhas de fundo achatado das planícies de inundação o Tietê e seus afluentes. Pode-se dizer que o Maciço do Bonilha separa a superfície cristalina esbatida do Alto da Serra, em relação às colinas tabuliformes da bacia sedimentar paulistana. Desta forma, ao norte das cristas dissecadas do Maciço do Bonilha, à altura das altas colinas de São Bernardo, inicia-se a mais homogênea subunidade geomórfica do Planalto Atlântico em São Paulo, balizada extensivamente pela cota de 780-820 metros. De São Bernardo até os sopés da Serra da Cantareira e do Morro do Jaraguá, assim como de Mogi das Cruzes até as proximidades do pequeno Maciço de Cotia e da Serra da Taxaquara, estende-se a região de São Paulo, caracterizada pela presença de uma topografia de colinas e espigões tabuliformes, de níveis escalonados, e por extensas baixadas contendo terraços fluviais descontínuos e alongadas e largas planícies de inundação. É exatamente a meia centena de quilômetros além da cumiada das escarpas costeiras, que aparecem novos maciços montanhosos, alinhados e dotados de certa continuidade, salientando-se, maciçamente, 300 metros acima do nível geral da topografia da região de São Paulo. Trata-se da Serra da Cantareira (850-1100 m) e seus contrafortes de morfologia relativamente variada.

A observação aérea acentua, ainda mais, para o conjunto, o caráter suave da topografia regional, pondo em evidência o aspecto de *compartimento*, que tão caracteriza a bacia de São Paulo em face dos quadros de relêvo do Planalto Atlântico no sudeste do Brasil. Terminado o vôo sôbre os terrenos cristalinos antigos da periferia da bacia — onde, a despeito da modéstia geral das altitudes (850-900 m, em média) e do relêvo relativo, a movimentação das formas é sobremaneira acentuada — o pesquisador toma contacto direto com as formas suavemente aplainadas e altamente humanizadas da região paulistana.

Seria quase desnecessário insistir sôbre a gigantesca assimetria das vertentes da Serra do Mar, entre Santos e São Paulo, em face das observações aéreas, por meio das quais se tem uma extrordinária perspectiva esquemática para a compreensão das linhas do relêvo da borda costeira do Planalto Atlântico. Contentemo-nos com a descrição das observações em tôrno das áreas onde existem contrastes menos espetaculares, por isso mesmo, menos conhecidos.

Quem, por exemplo, penetra na cidade, pela sua área sudeste, pressente a transição de uma região de morros baixos e espigões amorreados, de forma tendencialmente mamelonares, para um relêvo nìtidamente tabuliforme, de fraca movimentação topográfica, denotando extremada suavização em alguns pontos. Impressão um tanto diferente, entretanto, terá o observador que provier do noroeste; isto porque, aí, o contraste de formas e paisagens é muito mais brusco, completamente isento de transições graduais. Passa-se, diretamente, de uma área de formas de relêvo vigorosas e re-

FOTO n.º 5. — *Aspectos do relêvo e da urbanização na região de São Paulo.* Nascida nas colinas de nível intermediário (745-750 m), a cidade se expandiu segundo um eixo leste-oeste, na vertente esquerda do Tietê, saltando de colina em colina e, eventualmente incorporando baixos terraços (725-730 m) e várzeas dos afluentes. Aos poucos a cidade conquistou algumas das colinas da vertente direita do Tietê, enquanto a Cantareira (900-1100 m), por diversas razões, restou a escapo da onda urbana, da mesma forma que a grande planície do Tietê. Postal (1949)

FOTO n.º 6. — *Cabeceiras da drenagem do ribeirão da Água Branca, a Oeste do Sumaré.* Região de altas colinas acidentadas, da extremidade ocidental do Espigão Central, onde as variações de resistência das camadas terciárias responderam por anomalias locais na escultura das vertentes. Foto Ab'Sáber (1953).

lativamente variadas, correspondente a velhos maciços xistosos rejuvenescidos, para a ampla planície do Tietê e as colinas paulistanas. O Morro do Jaraguá (1135), na forma de grande lente de quartizitos, encravada em extensas formações xistosas menos resistentes, dá o ar de sua presença saliente, destacando-se entre as últimas lombadas do maciço granítico da Cantareira e os primeiros alinhamentos de xistos proterozóicos. Logo depois, após os morros baixos e outeiros graníticos amorreados de Pirituba, segue-se o Tietê, encostado aos terrenos antigos pela sua margem direita e limitando várzeas, terraços e colinas suaves da bacia de São Paulo, pela sua margem esquerda.

A transposição da Serra da Cantareira, em viagens aéreas de norte para sul, possibilita, talvez, as observações mais interessantes para a pesquisa geomorfológica, em tôrno da região de São Paulo. Êsse primeiro degrau mais saliente e contínuo do Planalto, que é a Cantareira, apresenta uma assimetria pronunciada: enquanto o seu reverso setentrional é constituído por um maciço granítico, sujeito a um amplo rejuvenescimento regional, a sua face sul descai em frentes escarpadas, demonstrando sensível rejuvenescimento local recente. A vertente norte, drenada para a bacia do rio Juqueri, apresenta uma escultura granítica maciça e suave, com formas de maturidade moderada. A frente sul do maciço, que dá para o Tietê e a bacia de São Paulo, denota aspectos de um verdadeiro escarpamento, nos sopés do qual, 300 metros abaixo, encaixados em uma espécie de depressão, iniciam-se os terrenos da bacia de São Paulo. É sòmente dêsse ângulo de visão que pode ser percebida plenamente a asimetria marcante da Serra da Cantareira e o aspecto de compartimento embutido que a região de São Paulo possui em face dos maciços antigos que a circundam.

De qualquer lado, porém, que se atinja a cidade pelo ar, o grande espetáculo, que nos é dado observar, é a justaposição quase que absoluta da área urbanizada e efetivamente ocupada da Metrópole a essa extensa área de relêvo colinoso da bacia de São Paulo. E' fato sabido que a cidade nasceu e cresceu dentro dos domínios da pequena bacia sedimentar flúvio-lacustre regional, e que, até hoje, sente dificuldades em adaptar partes de

FOTO n.º 7. — *As altas colinas da Casa Verde e bairros satélites*. A urbanização que se iniciou pelas colinas mais próximas à várzea do Tietê, expandiu-se, depois pelos sinuosos espigões das altas colinas regionais, abrangendo as vertentes das suaves colinas regionais. Recentemente o povoamento ensaiou seus primeiros passos nas várzeas e baixos terraços, dos vales afluentes da margem direita do Tietê, na região. Foto Ab'Sáber, 1953.

sua tentacular estrutura urbana às áreas de relêvo mais acidentados dos terrenos antigos que a circundam.

Na realidade, grandes diferenças morfológicas separam o relêvo dos morros, outeiros e espigões amorreados da periferia, quando comparados aos tipos de relevos dominantes da bacia sedimentar paulistana. Apenas capoeiras, pastagens reduzidas, assim como restos de matas degradadas, eucaliptais e algumas raras quadras de culturas itinerantes, granjas e sítios de hortaliças, recobrem as zonas de relêvo amorreado que envolvem a bacia. Pelo contrário, as colinas tabuliformes da região constituem o sítio urbano eleito para a expansão do casario imenso da Metrópole. A cidade soube escolher e selecionar as áreas do compartimento de Planalto onde foi implantada, orientando o seu desenvolvimento e extraordinário crescimento recente pelas insinuações e diretrizes mais lógicas do meio geográfico regional.

2. A EVOLUÇÃO DOS CONHECIMENTOS SÔBRE O RELÊVO E A ESTRUTURA DA REGIÃO DE SÃO PAULO

Os Andradas, Mawe e Casal: as primeiras observações geológicas e geográficas

O número de trabalhos e informações bibliográficas que um pesquisador poderá encontrar para realizar um estudo de maior fôlego a respeito do relêvo e estrutura da região de São Paulo é relativamente diminuto. Reduz-se a bibliografia a um conjunto de referências esparsas, cujo valor é desigual e quase sempre indireto. Por outro lado, a maior parte dos trabalhos publicados, além de incompletos, já foram ultrapassados em muitos setores, devido a pesquisas recentes, em grande parte inéditas.

Em relação ao relêvo e estrutura da região de São Paulo não restou pràticamente nada de aproveitável dos três primeiros séculos da vida brasileira. Eis um setor em que os relatos dos cronistas, as cartas jesuíticas e as informações dos sertanistas se revestem de uma utilidade realmente precária. Apenas a partir da primeira metade do século XIX, informações fisiográficas e geológicas se revezaram, através de referências esparsas de viajantes, geógrafos e geólogos.

Infelizmente a história cronológica das primeiras pesquisas e observações não coincide com a ordem histórica da publicação dos trabalhos pioneiros. E' assim que as primeiras observações sôbre o terreno parecem estar ligadas às pesquisas pioneiras de Martim Francisco Ribeiro de Andrada, cujas primeiras excursões científicas na Província de São Paulo foram feitas entre 1803 e 1804, antecedendo de alguns anos a todos os viajantes e naturalistas que por aqui passaram. Sòmente em 1882, porém, foram publicados tais estudos, enquanto as outras observações conjuntas de Martim Francisco e José Bonifácio, ligadas às "viagens mineralógicas" de 1805, sòmente vieram a lume em Paris, e em idioma francês no ano de 1827. Essa demora na publicação das primeiras pesquisas deram ensejo fortuito para que os trabalhos de John Mawe (1812) e Aires do Casal (1817) viessem a constituir as primeiras fontes de referências sôbre o relêvo e a estrutura da região de São Paulo. Vagas referências topográficas na "Corografia" de Casal e sólidas observações geológicas nos escritos do minucioso Mawe, descobridor inconteste das camadas de São Paulo.

Coube a Aires do Casal (1817) publicar uma das primeiras descrições do contraste e da grande assimetria existente entre as escarpas da Serra do Mar e o relêvo moderado dos planaltos interiores. Apesar de não ter documentado suas observações com quaisquer cotas de altitude úteis e com maiores referências toponímicas, percebe-se claramente que a descrição feita tinha por motivo central a imagem da região de São Paulo e arredores, em oposição às escarpas da Serra do Mar na região de Santos. Senão, vejamos a descrição singela do paciencioso padre geógrafo:

> "Êste país não é montuoso, se excetuarmos a parte oriental, onde em todo o seu comprimento, ao longo do mar, tem a cordilheira geral, a que às vezes dão o nome de Cubatão. Esta Serra não é em tôda a parte de uma mesma altura, nem corre sempre em igual distância da praia. Tem muitas quebradas, por algumas das quais descem torrentes para o oceano, e curvidades para o interior, deixando alguns pedaços de terreno médio; e é em tôda a parte coberta de mato. Sendo quase geralmente alta para a banda do mar, tem pouco declívio para o poente: e é o terreno mais alto da província, depois de excetuarmos alguns montes dispersos no interior; pois que os mais caudalosos rios que a regam, tem nela suas origens, e correm para o poente."

Além dessas rápidas pinceladas a respeito da topografia geral da então Província de São Paulo, provàvelmente feitas à base de observações de viagem de Santos a São Paulo, devemos a Casal uma referência rápida ao sítio urbano e à posição geográfica da aglomeração paulistana. "São Paulo, *Paulópolis,* cidade medíocre, vistosamente assentada em terreno pouco levantado, no ângulo da confluência do rio Tamanduateí com o ribeiro Anhangabaú, que a banham, êste pelo lado ocidental, aquêle pelo oriental, meia légua arredada do Tietê, que lhe passa ao norte; 12 léguas ao noroeste de Santos, que é o seu pôrto, 2 ao sul do trópico, e 350 braças acima do nível do oceano". Com essas poucas palavras, intercaladas no meio de frase longa, tivemos a primeira síntese sôbre o sítio e a situação geográfica de São Paulo de Piratininga, ao iniciar-se o século XIX.

Casal, que sacrificou "os melhores anos" de sua vida, escrevendo e compilando sua Corografia Brasílica, deve ter reunido informes ou feito observações próprias num período bem anterior ao da data da publicação de seu trabalho, levada a efeito em 1817 nas oficinas da recém-instalada Impressão Régia do Rio de Janeiro.

Ao contrário, o geólogo e mineralogista inglês John Mawe, com apenas dois anos de viagens e pesquisas pelo interior do Brasil (1809-1810) e outras tantas pelos portos meridionais (1807-1809), pôde escrever um arguto e altamente informativo relato de observações sôbre o terreno, conseguindo colocar sua obra às mãos do público europeu em 1812, em um tempo verdadeiramente recorde, por muitas razões. Tendo visitado a região de São Paulo, e estudado a constituição local das rochas sôbre as quais se assentou a cidade, Mawe foi o primeiro pesquisador a identificar as camadas sedimentares da pequena bacia regional, assim como foi o primeiro a descrevê-las com relativo critério e publicar os fatos observados; não exagera Aroldo de Azevedo (1945, p. 41) ao dizer que "há mais de um século John Mawe fêz delas uma detalhada descrição, que ainda hoje pode ser aceita como inteiramente exata".

Não escapou a Mawe a grande assimetria das vertentes da Serra do Mar. Após a subida da Serra, da qual nos deixou sugestivas informações, alinhou suas impressões e obervações sôbre o Planalto, nos seguintes têrmos: "Avançando cêrca de milha e meia, chegamos à parte da estrada cortada profundamente através de vários pés de rocha, e observamos neste trecho, inúmeros riachos, que, embora próximos ao mar, dirigiam, por imensa distância, o curso para sudoeste, e, unindo-se, formam o grande rio Corrientes (*sic*), que desemboca no Prata. Esta circunstância explicará suficientemente a forma desta poderosa cadeia de montanhas, mais alta e mais escarpada do lado do mar e cujas demais faces abrem gradualmente, e com freqüência, passagens para as planícies do interior". (Mawe, 1812; 1944, pp. 72, 73 e 81). Pela leitura dêsse pequeno trecho nota-se que Mawe não se contentou apenas em descrever a assimetria das vertentes; mais do que isso, procurou de certa forma interpretá-las.

Embora muito rápida e sucinta, a descrição de Mawe sôbre o sítio urbano de São Paulo é sujestiva, incluindo informes sôbre a pavimentação e o escoamento das águas superfíciais.

> "São Paulo, situada num agradável planalto, com cêrca de duas milhas de extensão, é banhanda, na base, por dois riachos que, na estação das chuvas, quase a transformam em ilha; ligando-se ao planalto por um caminho estreito. Os riachos desembocam em largo e belo rio, o Tietê, que atravessa a cidade, numa milha de extensão, tomando a direção sudoeste." ....
> ....
> "As ruas de São Paulo, devido à sua altitude (cêrca de cinqüenta pés acima da planície), e à água, que quase a circunda, são, em geral, extraordinariamente limpas; pavimentadas com grés, cimentado com óxido de ferro, contendo grandes seixos de quartzo redondo, aproximando-se do conglomerado. Êste pavimento é uma formação de aluvião, contendo ouro (*sic*) de que se encontram muitas particulas em fendas e buracos, depois das chuvas pesadas, quando são diligentemente procuradas pelos pobres.'

Do que se depreende das informações de John Mawe sôbre a pavimentação da cidade, percebe-se que suas ruas eram calçadas com lajes de crostas limoníticas e conglomerados com cimento ferruginoso, com certeza retirados das colinas dos arredores.

Mas, as informações mais importantes de John Mawe são as que se referem ao subsolo da colina central da cidade. Embora não muito longas e ligadas a uma área restrita de observação, elas valeram pela identificação pioneira das camadas de São Paulo, como já aludimos. Transcrevemo-las na íntegra, incluindo duas notas complementares de valor geológico:

> "Nos meus passeios pela cidade tive múltiplas ocacições de examinar a estranha sucessão de *stratus* horizon-

tais, que formam a eminência, sôbre a qual ela se eleva. Dispõem-se na seguinte ordem: a primeira, de terra vermelha, vegetal de profundidade variável, impregnada de óxido de ferro; em seguida, areia e substâncias adventícias, de várias côres, tais como vermelho-ocre, marrom, amarelo fôsco, juntamente com blocos redondos de cristal de rocha, o que indica ser de formação recente; a sua espessura varia de três a seis pés, ou talvez sete, e a parte inferior é tôda amarela: sobe esta ha leito de argila, extraordinàriamente boa, de côres diversas, mas na maior parte vermelha; a branca e a amarela são as mais puras em qualidade; está entremeada de delgadas camadas de areia, em direções variadas. Segue-se um *stratum* de terra de aluvião, que é muito ferruginosa, depositada sôbre uma substância semidecomposta, aparentemente resultante do granito, em que a proporção de feldspato excede a de quartzo e a de mica (1). O todo repousa sôbre granito compacto. Os lados do monte são escarpados e, em alguns lugares, quase perpendiculares (2).

(1) — Provàvelmente a substância corante se origina da decomposição da mica; observei, várias vêzes, uma massa de granito tendo asuperfície decomposta em argila vermelha (*sic*), onde quase não se percebiam as partículas de mica, enquanto a rocha compacta, abaixo, continha uma quantidade mínima daquela substância.

(2) — Numa parte da cidade encontram-se belas espécies de granito decomposto, formado de feldspato extremamente branco, quartzo e muito pouca mica."

Está claro que a descrição geológica de Mawe, feita nos primeiros anos do século XIX, apesar de precisa, era bem incompleta. Feita na base da observação de parcos afloramentos superficiais para a extensão dos fatos observados e para a identificação da existência da *bacia de São Paulo*. Por outro lado não se fêz acompanhar de um corte ou de quaisquer outras referências sôbre os pontos de observação. As citações sôbre os afloramentos de rochas do embasamento, por exemplo, ficaram muito vagas, não nos permitindo de modo algum identificar os pontos de suas ocorrências, fato que as valorizaria perenemente.

Não escapou, entretanto, a Mawe, o caráter relativamente recente do conjunto, sendo que em sua descrição da "estranha sucessão de *stratus*", há documentação suficiente para a avaliação faciológica dos mesmos, os quais se situam nas esferas da sedimentação flúvio-lacustre, como hoje sabemos.

Embora menos importantes cientìficamente que as de John Mawe, a Martim Francisco e a José Bonifácio de Andrada e Silva (1827), devemos também rápidas informações sôbre o subsolo de São Paulo, em conjunto, entre fins de março e princípios de abril de 1820, há referências sôbre a natureza argilocrácea da planície do Tietê, assim como uma rápida anotação sôbre os sedimentos e piçarras da colina de São Paulo, provàvelmente correspondentes a horizontes arenosos decompostos das camadas de São Paulo (1). Não lhes escapou, por outro lado, a existência de uma rocha a que denominaram *mina de ferro argiloso,* referência que vale pela identificação no terreno, pela primeira vez, das crostas limoníticas que tão bem caracterizam a constituição local das altas colinas paulistanas. Anotaram, ainda, os irmãos geólogos, a existência generalizada de uma cobertura de *turfa herbácea,* da qual "os habitantes não se servem porque não conhecem o seu uso, e também pela abundância que têm de lenhas". Trata-se, evidentemente, daquele solo turfoso escuro superficial que acoberta grande parte das formações arenosas holocênicas das várzeas paulistanas.

---

(1) Das observações geológicas dos irmãos Andradas, as que guardam maior importância em relação à caracterização da natureza do sub-solo regional, se resumem nas seguintes notas de campo: "Descendo do Convento do Carmo para o lado que vai para o rio *Tamanduateí,* observamos por baixo da terra vegetal um banco de pedra de areia grosseira, disposto em camadas delgadas, e por cima uma piçarra, parte arroxada e parte vermelha, contendo debaixo dela uma camada de *bolo,* ora branco, ora arroxado. Êste terreno é sujeito a desmoronamentos, que ameaçam destruir o Convento". (1827; 1954, p. 68).

Anteriormente, em sua viagem isolada, de 1803 e 1804, Martim Francisco Ribeiro de Andrada já havia atinado com a natureza dos terrenos da região de São Paulo, pôsto que o relato de suas observações só tenham sido dado à lume em 1882, na Revista do Inst. Hist. Geogr. e Etnogr. do Brasil (tomo XLV, part I, pp. 5-47). E' assim que nos "Jornaes das viagens pela Capitania de São Paulo" (1803-1804) ao tecer comentários sôbre os terrenos situados à saída da antiga cidade, na direção de oeste, diz Martim Francisco: "logo na sahida algum tanto adiante da ponte do Angabaú aparece um terreno denegrido arenozo com todos os vizos de turfaceo; depois predomina a formação observada em todos os arredores da cidade, isto é, um terreno argilozo, siliciozo em partes, com alguns seixos de quartzo; esta parte argilozo-siliciosa parece ser devida à decomposição do schisto argilozo primitivo...". Estas observações pioneiras antecederam em alguns anos as do próprio Mawe, tendo sido publicadas, porém, sòmente em 1882.

Referências dos grandes naturalistas: Varnhagen, Eschewege, Spix e Martius, Saint Hilaire

Spix e Martius (1823-31), que já possuiam conhecimentos dos escritos de John Mawe, deixaram-nos também uma pequena síntese sôbre a constituição do subsolo paulistano, através dos seguintes têrmos:

> "As condições geológicas oferecem, nos arredores da cidade, pouca variedade. A qualidade dominante de montanha é o arenito, no qual aparecem, não raro, fragmentos, em parte redondos, em parte angulares, de quartzo branco, e que porisso apresenta brecha. Em profundeza pouco considerável, jaz êsse minério no granito gnaissificado, que só raras vêzes aparece fóra, e com o qual são em parte calçadas as ruas da cidade. Entremeadas e acima dêle, aparecem diversas camadas de tabatinga côr de tijolo, parda, vermelha, amarela de oca e azulada, tal como se vê ao longo das ruas do Rio de Janeiro (*sic*) num e noutro ponto, por exemplo em Paranangaba. Estas camadas pertencem a uma formação muito comum, que encontramos de novo em muitos lugares de Minas Gerais, e que por tôda a parte contem ouro (*sic*)." (Spix e Martius, 1823; 1938, p. 214).

As observações de Spix e Martius guardam um valor especial pelas comparações ou tentativas de comparações que encerram. De resto nada de maior valia conseguiram acrescentar aos trabalhos de John Mawe. Aliás, tal proeza científica estaria reservada apenas ao geólogo francês A. Pissis que por aqui passou duas décadas após os dois grandes naturalistas alemães.

Auguste de Saint Hilaire em seus relatos sôbre a Capitania de São Paulo, publicadas trinta anos depois da realização de suas viagens, teve oportunidade de incorporar em sua monografia as informações mais importantes colhidas de outros viajantes, seus coevos na exploração do interior brasileiro. Dotado de particular e relativamente injustificável aversão pelos trabalhos de John Mawe, Saint Hilaire ao escrever seu livro, em 1851, deu pouco crédito às informações do pioneiro inglês, baseando-se em outras fontes, sempre que lhe foi possível. Na bibliografia de Saint Hilaire figuram duas obras de Wilhem Ludwig von Eschwege (1818 e 1830) e uma de Friedrich Varnhagen (1818), as quais possuem referências sôbre o relêvo da região de São Paulo. Trata-se de estudos não traduzidos e de difícil consulta, devido à raridade dos exemplares originais. Merecem citação no estudo retrospectivo da evolução dos conhecimentos sôbre o relêvo e a estrutura da região de São Paulo, mesmo porque os trabalhos de Eschwege e Varnhagen (1818) antecedem a de todos os outros viajantes, naturalistas e geógrafos que por aqui passaram, excetuados os de Mawe e do padre Casal (2).

Dois pequenos trechos da "Viagem à Província de São Paulo", de Saint Hilaire, merecem particular referência: o primeiro dizendo respeito à dissimetra dos bordos do Planalto Atlântco, e, o segundo, apresentando uma tentativa pioneira de descrição do sítio urbano de São Paulo.

> "A cordilheira (*sic*) que, como já se disse em outro ponto desta narrativa, se prolonga sempre próxima do oceano, por grande extensão do território brasileiro (Serra do Mar), divide a província de São Paulo em duas partes assaz desiguais — o litoral (Beira-Mar) e o planalto (Serra a cima). Esta útima expressão quase que bastaria para indicar que, a oeste da cordilheira maritima, não e encontra o mesmo nível que à beira-mar. Depois de transposta a cordilheira, atinge-se o imenso planalto que forma tão grande parte do Brasil e cuja altura média é, segundo ESCHWEGE, de 761-72 m (2.500 pés inglêses); por conseqüência, não há tanto para subir do lado do ocidente, quanto do lado oposto. E' mesmo evidente que,

---

(2) Seria injustiça deixar de referir as anotações de Luiz d'Alincourt que por aqui passou em 1818, realizando uma série de observações perspicazes sôbre o quadro natural da região de São Paulo, incluindo-as em seu livro de viagens que sòmente veio a lume em 1830. Vindo de Santos, após transpor a serra do Mar e penetrar na região serrana da borda do planalto, anota d'Alincourt: "...depois de ter-se passado pelas fraldas de alguns morros, chega-se a largas e vistosas campinas, que se estendem a perder de vista; alguns montes se descortinam"... São Paulo "está situada em um terreno um pouco elevado e cercado de belos dilatados campos"... "debaixo de um sol sereno, 350 braças acima da superfície do Oceano"... A região "é muito farta d'águas, e as do rio Tamanduateí são excelentes; êste corre ao Oriente, e o ribeiro Hynhangabau ao Ocidente; os quais unindo-se vão confluir no Tietê, que passa a meia légua de distância, pela parte do Norte"... "O inverno faz-se ali demasiadamente sensível; pode ser que o que para isto influi mais seja a grande altura do local, o ser plano o terreno, e a fresquidão da atmosfera, assaz lavada dos ventos. E' esta cidade inteiramente aberta; todavia a Serra do Cubatão lhe serve de um formidável baluarte". (d'Alincourt, 1825; 1954, pp. 33-34).

> acima da cidade de Santos, a serra é, apenas, rampa muito acidentada e muito escarpada do planalto, pois que, alcançando o seu ponto culminante, não se encontra, num espaço de 7 a 8 léguas, isto é, até São Paulo, mais do que uma planície ondulada, cuja rampa é, apenas, sensível." (Saint Hilaire, 1851; 1945, pp. 68-69). ....
> ....
>
> "A cidade de São Paulo é situada, como já disse, a 23°33'10" de latitude sul, sôbre uma eminência que termina a planície elevada que se percorre quando se vem das montanhas do Jaraguá e que a mesma planície só está ligada por um dos lados. Abaixo se estendem vastos terrenos planos e pantanosos (*várzeas*); é muito irregular em seus contornos, que tem forma um tanto alongada, e ocupa o delta (*sic*) formado pelos ribeirões *Hinhangabahú* e *Tamanduatahy;* os quais, depois de reunidos, desaguam no Tietê. Se, para ter uma idéia justa da extensão e da posição da cidade de São Paulo, se fizer um passeio em seu derredor, ver-se-a que, do lado do norte, o horizonte é fechado, pouco mais ou menos de oeste a leste, por uma cadeia de pequenas montanhas ,em meio das quais se destaca o pico do Jaraguá, que dá seu nome a tôda a cadeia (*sic*); mais elevado do que os morros vizinhos, êsse pico apresenta, de um de seus lados, um intervalo sensível e, visto de longe, parece terminar por uma cúpula arredondada, em cuja extremidade se erguesse uma pequena ponta. Do lado de leste, o terreno, mais baixo do que a cidade, estende-se, sem desigualdade, até a vila de *Nossa Senhora da Penha,* que se avista no horizonte. Em outros lugares notam-se no terreno movimentos mais ou menos sensíveis, e, para o sul e o oeste, o mesmo se eleva acima da cidade". (Saint Hilaire, 1851; 1945, pp. 172-173). ....

Tendo oportunidade de utilizar-se dos trabalhos de outros viajantes, que o antecederam ou que lhe foram posteriores, Saint Hilaire enriqueceu sua pequena síntese, publicada em 1851, com o maior número de informações geográficas, até então realizadas. Não teve em mãos, aparentemente, o trabalho de seu compatriota Pissis (1842) a respeito da geologia do sítio de São Paulo, como também não deu maior importância às referências geológicas pioneiras de Mawe. Daí o silêncio completo do grande viajante no que diz respeito à constituição do subsolo regional.

A contribuição de Pissis à geologia da região de São Paulo

Estaria reservado ao geólogo A. Pissis, que nos visitou algumas décadas depois de Mawe, a oportunidade de identificar a existência da bacia terciária de São Paulo. Pissis foi, além disso, o pioneiro na identificação do caráter continental moderno daqueles sedimentos, assim como o responsável pela primeira tentativa da datação dos mesmos. Desde a publicação de seu trabalho em 1842, as camadas de São Paulo vêm sendo atribuídas ao plioceno, a despeito de não existirem bases paleontológicas suficientes para uma datação definitiva.

Pissis distinguiu perfeitamente os dois domínios de terrenos terciários modernos do Brasil: o da zona costeira do Leste e Nordeste e o das pequenas bacias isoladas do interior, que se encontram alojadas em compartimentos dos planaltos cristalinos do Brasil Atlântico. Reproduzimos, na íntegra, as felizes observações do arguto geólogo francês, escritas há pouco mais de um século.

> "Les terrains tertiaires doivent se diviser en deux groupes: les uns, placés le long de la côte, a l'embouchure des fleuves (*sic*) ou dans le fond des golfes, sont presque entierement formes de couches marines (*sic*), les autres, occupant quelques plaines de l'interieur, ne presentet que des couches argileuses et sableuses, dans lesquelles il m'a été impossible jusqu'a présent de reconnaitre aucun fossile". (Pissis, 1842, p. 288). ....
> ....
>
> "Les terrains du second groupe forment deux bassins placés sur le prolongement l'un de l'autre, et separés par un intervalle qui n'a plus de 4 a 5 lieus. Le premier ocupe la vallée superieure de la Parahiba, a une hauter absolue de 500 a 600 metres sentendant depuis les environs de Resende jusqu'a Jacarahi. Il se compose d'argiles panachées, rouges e blanches, alternat avec des couches de galets quarzeux, et quelques couches beaucoup plus minces d' argile jaunes; le tout dans une position sensiblement horizontale. Ce terrain parait n'avoir eprové d'autre altération que des denudations partielles; il occupe le font de

la vallée comprise entre la Serra de la Mantiqueira et les divers groupes de la cordilière maritime.

Le second bassin est un peu plus large, mais beaucoup moins long; il commence a l'E. de Magi-Ndas-Crusas (*sic*), dans des marais oú le Tietê prend sa source (sic), et, longeant la base des montagnes, s'etend un peu au-dela de Saint-Paul. Il a été ocupé par le Tieté, et présente de part et d'autre d cette rivière des escarpements de 40 a 50 mètres. La coupe la plus complète s'observe sur le plateau même ou se trouve la ville de Sain-tPaul; à la partie la plus basse et jusq'au-dessous d'une riviere que va se jeter dans le Tieté, on remarque une couche d'argile jaune trés fine, dont la partir visible a une apaisseur de 5 a 6 metres. Elle est recouverte par une argile lie- devin, légèrement sableuse, dans laquelle ont voit de minces couches d'un grés ferrugineux a gross grains. Cet esemble de grés et d'argile a 14 a 18 metres. Enfin, une puissante couche d'un sable legerement argileux, gris verdâtre, vient terminer ce terrain. Malgré de minutieuses recherches, et les promesses qui j'avais faites aux ouvriers qui exploitent ce sable je n'ai pu me procurer aucune traces des restes organisés. Ces terrains se trouvent donc entièremente indeterminés sous le point de vue paleontologique; toutefois leur analogie avec les sables ou grés ferrugineux qui recouvrent les plateaux de Bahia me fait penser qui ils sont d'une époque posterieure au terrain marin qui se trouve a la base de ce mêmes plateux". (Pissis, 1842, pp. 289-290).

Pioneiro inconteste da identificação das pequenas bacias terciárias anichadas em compartimentos do Planalto Atlântico, Pissis foi, ainda, particularmente feliz na distinção que esboçou entre as províncias de sedimentação cenozóicas da costa e do planalto. Dispondo de recursos cartográficos redudidos e precários, conseguiu, apesar disso, sobrepor-se à enganadora perspectiva dos viajantes isolados e vislumbrar fatos de caráter geral, atinentes a uma boa parte do Planalto Atlântico brasileiro. Seu método de pesquisa parece ter sido mais semelhante ao dos modernos geomorforlogistas que pròpriamente ao dos ditames da geologia pura. Desta forma, enquanto John Mawe se limitou apenas ao estudo das ocorrências de sedimentos modernos na região de São Paulo, Pissis procurou enquadrar as ocorrências sedimentares regionais no quadro das áreas de sedimentação cenozóica no Brasil, agrupando-as em um domínio à parte, em face das zonas sedimentares costeiras.

É extremamente difícil acompanhar ou tentar acompanhar a bibliografia que possa ter sido utilizada por A. Pissis. Escrevendo em 1842, poderia ter feito referências aos trabalhos pioneiros de Mawe (1812), Varnhagen (1818), Eschewege (1818 e 1830), Spix e Martius (1823-31). É possível que tenha consultado, pelo menos, o trabalho de Mawe, como já observara Orville Derby (1895; 1900, p. 321) ao historiar a evolução dos estudos geológicos no Brasil. Sendo um especialista em ciências geológicas, Pissis em seus relatos à Sociedade Geológica da França ou à Academia de Ciências de Paris, ateve-se ao setor geológico e de certa forma geomorfológico, evitando considerações marginais como aquelas que tão bem caracterizam a técnica de notícia e redação dos sábios viajantes que o antecederam no Brasil (3).

Os informes de O. C. James sintetizados por Hartt. Derby e a caracterização da bacia de São Paulo

As observações de Hartt sôbre a província de São Paulo foram resultantes, parte de compilação e parte de informações de seu amigo engenheiro ferroviário O. C. James, que participou dos trabalhos de construção da São Paulo Railway. Conhecendo bem a constituição superficial dos terrenos compreendidos entre Santos e Jundiaí, ao longo da estrada de ferro, o Major James forneceu algumas informações interessantes a Hartt, pecando muito, porém, no que diz respeito às suas constantes referências a ocorrências absolutamente errôneas de *drift* para quase todos os recantos aludidos.

A título de documentação, transcrevemos alguns dos trechos mais interessantes dos escritos de Charles Frederick Hartt (1870;

(3) Uma pequena referência cabe a Machado de Oliveira que em sua "Geografia da Província de São Paulo", publicada em 1862 sintetizou o sítio urbano de São Paulo, numa única e expressiva frase (pág. 79): "Assentada sôbre o tabuleiro de uma colina pouco elevada, tem ao redor de si extensas planuras com o nome de *várzeas*, aderentes à margem esquerda do Tietê, que a banha pelo lado norte, ocupando integralmente o delta que é desenhado pelo rio Tamanduateí, pelo ribeirão Anhangabaú e pelo Lavapés, afluente daquele".

1941, 11-543-4 e 547), mais diretamente relacionadas com a região de São Paulo:

> "A chamada Serra do Mar, vista quando se navega ao longo da costa das Províncias de São Paulo e do Paraná, é o bordo do grande planalto brasileiro, que no trecho da costa de São Paulo tem uma altura de 2.500 a 3.000 pés. Do lado do mar apresenta uma declividade muito escarpada, mas ao lado oposto não há declive correspondente. Subindo a serra em Santos, achamo-nos sôbre um imenso tabuleiro de gnais, encrespado por uma linha de consideráveis morros a algumas milhas de seu bordo, mas tornado-se gradualmente mais baixo para oeste, até que, em Campinas, largas planícies (*sic*) são alcançadas, que se estendem com maior ou menor interrupção até o Paraná, unindo-se com as grandes planícies do Paraguai e da República Argentina (*sic*). As províncias de São Paulo e Paraná estão ambas situadas, como Ohio em Norte América, no declive oeste do bordo da grande bacia continental interior da América do Sul. Quando o bordo eriçado do planalto coincide de perto com a linha da costa, a drenagem nestas duas provincias se da principalmente para oeste, no Paraná, enquanto que os rios correndo para leste são de muito pouca importância."
>
> ....
>
> "Alcançando-se o tôpo da serra, encontra-se em uma elevada região, um tabuleiro entremeado de morros e vales, os morros sendo geralmente baixos e arredondados, os vales largos e com uma vegetação exuberante que floresce nos fundos pantanosos (*sic*)".
>
> ....
>
> "Perto do Tamanduatei o terreno estende-se entre os morros como um lago, com cêrca de duas milhas de largura, coberto de profundas camadas de solo escuro, que o Major James descreveu como "fibroso e lenhoso como turfa". Êle informou-me que a estrada de ferro foi construída sôbre a superfície dêste pântano, e não sabia que espécie de solo estava por baixo, mas admitia que ocupasse um vale pouco profundo no *drift* (sic), que acreditava estender-se por baixo".

A maioria dos depósitos superficiais que o Major James procurou identificar com sendo *drift* não passava, provàvelmente, de meros depósitos de terraços (*fill terraces*), ou, quando não, de detritos de piemonte e depósitos eluviais. As idéias glaciológicas de Agassiz tinham-se enraizado fundo demais nos estudiosos menos avisados. Daí a falta completa de distinção entre formações superficiais de gênese muito diversa, tal como se pode observar nas informações que O. C. James forneceu a Hartt.

Após as pesquisas de Pissis, apenas as de Orville Derby parecem ter obedecido a demorados e criteriosos estudos de campo. Derby, porém, nunca redigiu a publicou um trabalho específico sôbre o subsolo da região de São Paulo. Uma amostra de seu conhecimentos e pesquisas sôbre a geologia local, da cidade em que residiu por mais de 10 anos, é dada pelo teor dos dizeres de alguns ofícios dirigidos ao Secretário da Agricultura de São Paulo, em princípios de 1898. Tais documentos que permaneceram inéditos por muitos anos, dormindo nos arquivos da extinta Comissão Geográfica e Geológica, foram copiados e dados à publicidade (1953) pelo Dr. Jesuíno Felícissimo Jr., geólogo do Instituto Geográfico e Geológico de São Paulo. Transcrevemos um dos principais trechos da valiosa série de ofícios-relatórios enviados aos seus superiores pelo incansável diretor fundador da antiga Comissão Geográfica e Geológica da Província de São Paulo.

> "Na constituição do solo da cidade de São Paulo e seus arredores imediatos entram três formações geológicas. Destas a mais importante pela área que ocupa no distrito urbano e suburbano e pela sua relação mais imediata com a questão presente é a referida na classificação geológica ao terreno terciário cujos caracteres são magnìficamente expostos nos barrancos escarpados da Rua da Glória e Lavapós. Esta formação, consistindo de camadas horizontalmente dispostas de aréias e argilas, ocupa quase exclusivamente a área elevada da cidade e grande parte do território atrás em direção de Santo Amaro, São Bernardo e Penha, e, transpondo o Tietê entre Penha e Casa Verde, forma as primeiras colinas de Sant'Ana e seus arredores.
>
> A superfície da formação acima descrita acha-se cavada pelos vales do rio Tietê e Tamanduateí, sendo o fundo destas largas depressões ocupado por um segundo

> terreno geológico de formação mais moderna e igualmente disposto horizontalmente. Êste é constituído por camadas argilosas, arenosas e especialmente turfosas, a bem conhecida "Serra da Várzea". Em parte êste terreno jaz sôbre o acima descrito característico da cidade alta; mas da Penha para cima e da Casa Verde para baixo no vale do Tietê e de um ponto em cima do Ipiranga no do Tamanduateí, sôbre o terreno descrito em baixo.
>
> O terceiro terreno é o dos xistos antigos em posição inclinada e cortados por granitos que caracteriza as montanhas em redor da cidade e passa, pela maior parte subterrâneamente por baixo do distrito urbano. Dentro dêste distrito êste terreno se apresenta na superfície do leito do Tietê, na Penha e na Casa Verde; no fundo do vale do Anhangabaú no Piques; no alto do Pacaembú (*sic*), e nos Campos Eliseos na pequena lombada em frente da Lavandaria. Êstes pontos definem pròximamente a margem (*sic*) de uma bacia na qual a superfície superior dêste terreno é subterrânea estando nos dois pontos em que tem sido reconhecida (nos poços da Rua Florêncio de Abreu e ad Fábrica Bavária) a cem (100) metros aproximadamente abaixo do nível dos rios. E' a existência desta bacia que determina a de águas subterrâneas, em condições aproveitáveis para o uso particular e, quiçá, para o abastecimento público".

O objetivo dos pequenos elatórios de Orville Derby enviados à Secretaria da Agricultura em 1898, estava ligado às esferas da geologia aplicada, ou, para ser mais preciso, ao campo dos problemas geo-hidrológicos. Tratava-se de um resumo da estrutura do sítio urbano de São Paulo feito para documentar suas considerações de ordem prática, referentes às possibilidades locais em matéria de águas subterrâneas. Daí suas preocupações em delimitar a bacia, avaliar a espessura máxima dos depósitos e determinar o contacto entre as formações terciárias e o embasamento, zona por excelência da acumulação de águas. Note-se, porém, que a zona tomada por Derby como sendo a dos bordos da bacia, era na realidade a depressão central da mesma, já que suas margens se situam num raio de muitos quilômetros em derredor, como é bem sabido.

Com as observações de Derby tivemos um acréscimo razoável em relação aos conhecimentos provindos das pesquisas de Pissis;

não mais se tratava de identificar a formação geológica sedimentar da região ou de discutir sôbre sua cronogeologia. Tratava-se agora de estudar a própria bacia, sua área de extensão, a posição do embasamento, tanto espacialmente como em profundidade. Infelizmente, porém, muitos anos levariam ainda para que tais estudos fôssem reatados e intensificados.

Após a publicação das pesquisas de Pissis até os fins do século XIX e primeiro quartel do atual, pouco ou quase nada se fêz de aproveitável no estudo da estrutura da região de São Paulo. Apenas as considerações de Orville Derby, atrás aludidas, constituíram uma exceção e um acréscimo ponderável em relação às informações preexistentes.

Entretanto, nos primeiros anos do presente século, foram realizados pela Comissão Geológica e Geográfica do Estado de São Paulo excelentes trabalhos cartográficos que redundaram na mapeação da região paulistana e da maior parte de seus arredores, na escala de 1:100.000 (fôlhas de São Paulo, Jundiaí, São Roque e Jacareí). Essas fôlhas topográficas garantem-nos uma excelente documentação tanto em relação ao núcleo central da região de São Paulo, como para a maior parte dos quadrantes contíguos (WNE, NNE e SSW). Faltou apenas a fôlha correspondente ao quadrante ESE, a qual teria grande importância já que incluiria a documentação cartográfica das nascentes do Tietê e de um bom trecho da linha de *divortium aquarum* (Alto Tietê-Alto Paraíba). De qualquer forma, porém, a herança cartográfica que nos foi legada pela operosa Comissão Geográfica e Geológica, organizada e por muitos anos supervisionada por Orville Derby, constituiu um dos melhores documentos da realidade regional sob o ponto de vista da morfologia e da drenagem. Realmente, nas fôlhas topográficas referidas foram representadas, pela primeia vez, com a precisão e a fidelidade peculiares à cartografia moderna, além das principais linhas do relêvo, os quadros de drenagem de uma boa parte do alto Tietê, retratados em uma fase anterior às grandes obras de canalização, retificação e represamento de águas que hoje se observa.

Teodoro Sampaio e o primeiro estudo topográfico do sítio urbano de São Paulo

Muito embora a expressão *sítio urbano* não tenha sido utilizada em seus escritos, é ao engenheiro-geógrafo baiano Teodoro Sampaio que se deve o primeiro estudo de maior detalhe sôbre a topografia da cidade de São Paulo. A aludida expressão de geografia urbana é posterior ao estudo do grande pesquisador brasileiro e não poderia, por essa razão mesma, estar incorporada ainda à momenclatura geográfica usual da época.

O estudo de Teodoro Sampaio, a que nos referimos, foi transcrito por Alfredo Moreira Pinto no verbete sôbre a cidade de São Paulo, inserto no terceiro volume de seus "Apontamentos para o Diccionario Historico e Geographico Brasileiro", que veio a lume em 1899. O enciclopédico dicionarista brasileiro, entretanto, cometeu sério deslize na indicação bbliográfica, fato que dificulta a um tempo a verificação da fonte original de procedência do estudo, assim como a data de sua feitura e, até mesmo, a extensão do trabalho, já que as aspas abertas no início da transcrição não possuem fecho em qualquer ponto no decorrer do texto. Devido a uma referência cronológica de Teodoro Sampaio, feitas nos seguintes têrmos — "S. Paulo, conquanto fundada há mais de 330 anos" ... — é de supor que suas observações tenham sido escritas entre 1885 e 1893, no máximo. Existindo na bibliografia do conjunto de sua obra uma referência a um trabalho inédito, intitulado "Corographia Geral do Estado de São Paulo", dado como tendo sido elaborado em 1896, é possível que os seus estudos sôbre a cidade de São Paulo tenham sido incluídos nesse seu trabalho de caráter mais geral.

No meio das observações de Teodoro Sampaio há trechos como os que se segue:

> "Assentada á margem esquerda do Tietê e estendendo-se pelas encostas dos morros que medeiam entre esse rio e o seu pequeno afluente o Tamanduatehy, a cidade de São Paulo mostra um relêvo cheio de acidentes, bastante desigualdade de nível entre suas differentes partes e grandes extensões vasias, dentro de um perimetro irre-

gular e incerto. S. Paulo, conquanto fundada ha mais de 330 annos é uma cidade nova, cujo aspecto geral assignala-se por uma constante renovação das edificações antigas, as quaes desapparecem rapidamente e pelas construcções que constituem os bairros novos. Seguramente duas terças partes da cidade actual são de data muito recente. Examinada em globo, São Paulo é uma cidade moderna com todos os defeitos e qualidades inherentes às cidades que se desenvolvem rapidamente. Desigualdade nas edificações e nos arruamentos, desigualdade de nivel muito sensiveis, todas as irregularidades de uma construcção sem plano premeditado, todos os defeitos das largas superficies edificadas sem os indispensaveis melhoramentos reclamados pela hygiene, grandes espaços desocupados ou muito irregularmente utilisados, grande movimento, muito commercio, extraordinaria valorização do solo e das edificações e clima naturalmente bom."

A simples leitura dessas frases iniciais de seu trabalho nos mostra que o pesquisador baiano, que bem conhecia os problemas singulares de sítio e estrutura urbana da velha capital da Bahia, impressionou-se com a cidade de São Paulo da época (1880-1890), a qual se agitava para entrar em sua primeira grande crise de crescimento dos fins do século. Pode-se observar, perfeitamente, através do rumo que Teodoro Sampaio procurou dar às suas observações, o caráter embrionário da natureza de seu trabalho, inteiramente voltado para as questões das relações entre o sítio e a estrutura urbana.

Há no estudo de Teodoro Sampaio informações valiosas que dizem respeito a quase todos os quesitos fundamentais dos bons estudos de *sítio urbano*, a saber: os núcleos do aglomerado urbano em relação à topografia local, a altitude das colinas paulistanas em pontos diversos, a declividade das rampas, a natureza superficial do solo e a profundidde do lençol d'água nos poços.

Com relação aos núcleos do organismo urbano paulistano, na década de 1880-1890, são as seguintes as observações do autor:

"O rio Tamanduatehy, que dentro do perímetro da cidade tem o curso de sul a norte, divide-se em duas partes desiguaes: a parte occidental, ou da esquerda, que comprehende a cidade propriamente dita, ou o centro commercial, os bairros da Luz, Santa Iphigenia, Consolação, Santa Cecilia, Campos Elyseos, Bom Retiro; e a parte oriental ou dir. em terreno mais baixo, que comprehende o importante bairro do Braz e os seus prolongamentos em direcção a Mooca, ao Pary e a Penha. A parte occidental é ainda dividida pelo ribeiro Anhangabahu, afluente do Tamanduathey, em duas partes desiguaes: a parte velha, a antiga São Paulo, de fundação jesuítica, hoje transformada em centro commercial. construida sobre o espigão intermedio áquelles dous rios, desde a ponte de Miguel Carlos, na altitude de 731m294 até o fim da rua da Liberdade na altitude proximamente de 788m200 é a mais densa em edificações e abrange uma area de 89 hectares e meio; a parte nova para além do ribeiro Anhangabahu, comprehendendo os bairros de Santa Cecilia, Consolação, ocupando uma area de 2.074.078,2 m ou quasi 200 hectares e meio, mais do dobro da antiga cidade e, conquanto mostre muitas falhas e largos trechos de rua sem construcção alguma é já a parte mais interessante da cidade. A altitude ahi é na Luz 737m6 e na Consolação, que é o ponto mais alto, 788m. Não contando sinão esses bairros, que podem hoje ser incorporados a cidade, deixando de parte a vastissima superficie que a especulação tem feito amar e baptisar com os nomes mais respeitaveis, a cidade dentro de seu irregular perimetro comprehende hoje: Cidade Velha, 89,5 hectares; cidade nova, 207,4; Braz, 185,0; Ponte Grande, 18,0; Pary etc., 94,0; total 593,9".

Ao descrever minuciosamente os núcleos principais da cidade na época, o autor exagerou o tratamento das questões atinentes à área de ocupação efetiva do solo urbana, deixando excelente documento histórico para a fixação da área da cidade em determinado momento dos fins do século XIX. Para cada um dos grandes núcleos em que dividiu a aglomeração urbana, o autor referiu o ponto mais baixo e o ponto mais alto, deixando base para a percepção da amplitude altimétrica da parcela de sítio urbano que cabia a cada uma delas. A precisão das referências altimétricas nos faz pensar que o autor possuia acesso fácil aos dados topográficos oriundos dos minuciosos trabalhos de campo da *Comissão Geographica e Geologica de São Paulo,* a qual por êsse tempo já iniciara as pesquisas de campo para a confecção das fôlhas topográficas sôbre a região de São Paulo e seus arredores (Jundiaí, São Roque, Itu e Campinas). É curioso notar que algumas das informações altimétricas de Teodoro Sampaio se tornaram depois domínio comum, sendo repetidas por diversos outros autores, entre os quais Afonso A. de Freitas, saudoso historiador que, pouco mais de 30 anos depois, escreveu outras notas importantes referentes ao sítio urbano de São Paulo.

São as seguintes as informações altimétricas e de certa forma morfométricas, existentes no trabalho de Teodoro Sampaio:

> "Separando a cidade do bairro do Braz está a extensa e humida varzea do amanduatehy que desde a ponte de Luiz Gama ao sul até o rio Tiete ao norte, em 3.890 metros e uma largura media de 480 metros. Esta planicie, susceptivel de innundações na epoca das chuvas e retalhada transversalmente por varios aterrados, tem no seu ponto mais baixo no Tiete a altitude de 718m837 e na ponte Luiz Gama 722m111, o que equivale a um differença total de nivel de 3m273. O terreno da varzea cahe, pois, para o Tietê com uma declividade de 0m846 por kilometro. ....
>
> ....
>
> O espigão, sobre que está a velha São Paulo, levanta-se muito rapidamente do lado desta varzea e as rampas accusam-lhe quasi sempre forte porcentagem nas ruas talhadas nas encostas: na ladeira Tabatinguera, 6.8%; na do Carmo, 9.7%; na do Conselheiro João Alfredo, 7%; na do Porto Geral, 15.6%; na da Constituição, 21.2%; na de Vinte e Cinco de Março (travessa), 7.8%. Continuando pela varzea encontram-se ainda ligando a parte baixa á parte alta da cidade os aterrados seguintes: Aterrado da estação de carga, 2%; rua do Dr. João Theodoro, 1.6%; Commercio da Luz, 1.6%. Donde se comprehende que a cidade desenvolve-se por um terreno inclinado, cujas encostas voltadas para a varzea, ingremes a principio, declinam gradualmente á medida que se desce a planicie na direção de sul para norte (1 — A diferença de nível entre o fundo dessa depressão e o alto do espigão é em media de 18 ms.) — ....
>
> ....

O bairro de Villa Mariana é o ponto culminante da cidade a 828 metros sobre o mar e portanto a 105 metros acima da varzea do Tamanduatehy e pouco mais de 109 acima das aguas do rio Tiete, na estação secca. Dessa altura desce o terreno sobre que se edificou a cidade, em rampa mais ou menos variavel até o nivel das varzeas, quer para o N, em direção ao Tiete; quer para o S, para a extensa varzea do Canguassu ou de Pinheiros. Do ponto culminante ao Tiete, a mais curta distancia é de 5.500 metros, o que daria uma declividade uniforme de 1.88%. Desse mesmo ponto a mais curta distancia ao Tamanduatehy é de 2.200 metros, equivalendo a uma declividade uniforme de 4.77%".

Êste conjunto de informações referidas por Teodoro Sampaio constituiu o primeiro trabalho sério sôbre a topografia do sítio urbano de São Paulo, representando um extraordinário avanço sôbre tudo o que, nesse setor, já se fizera no passado. É evidente que uma mentalidade nova presidiu a sua feitura, e nesse sentido a glória do estudo tem que ser estendida à Comissão Geographica e Geologica de São Paulo, que efetivamente era a grande colmeia de pesquisa, a qual na época vinha abrindo rumos novos às ciências da terra, no Brasil.

No que concerne às informações sôbre o subsolo, as observações contidas no trabalho de Teodoro Sampaio, pôsto que valiosas, só se referem à geologia da superfície, carecendo um tanto de visão geológica. Sabemos hoje, graças à publicação recente de alguns ofícios inéditos da Comissão Geographica e Geologica de São Paulo, que Orville Derby já efetuara, mais ou menos a êsse tempo, estudos na bacia de São Paulo, e possuia dados muito mais completos sôbre a constituição geológica da região de São Paulo. No entanto, as observações de Teodoro Sampaio têm valor especial, exatamente pelo seu critério, que, sem favor, foi dos mais geográficos que se poderia desejar. Tanto no que diz respeito ao solo, como às questões de lençol d'água no subsolo, minúcias importantes foram registradas e expostas em linguagem marcadamente geográfica. Dai o particular interêsse dessas anotações para o conhecimento das condições do sítio urbano de São Paulo; sem nos esquecer, naturalmente, que algumas dessas informações se referem a áreas da cidade, onde hoje, dada a urbanização intensa e extensiva, é pràticamente impossível realizar pesquisas idênticas. A título de documentação, transcrevemos na íntegra a parte do estudo do notável geógrafo baiano, sôbre o solo e a água do subsolo da cidade de São Paulo.

"A natureza do solo sobre que assenta a cidade, é variavel: na cidade velha, a massa do espigão é de um barro vermelho, pouco permeavel e oriundo do grés argilloso decomposto, que parece ter formado nas immediações de São Paulo um manto mais extenso e continuo. Na parte nova, desde Santa Iphigenia até a Luz e Santa Cecilia é ainda a mesma camada de argila vermelha, mais ou menos com boa dose de area, mas com fraca permeabilidade. Conquanto não sejam essas as melhores condições do solo para uma cidade, pela abundancia de humidade que acarreta, em virtude de drenagem difficil, é entretanto a parte mais concorrida e procurada pelas classes abastadas. Apos as chuvas, as ruas não calçadas e de solo pouco absovente, cobrem-se ahi de lama fluida, que só desaparece com a evaporação. A humidade é tão excessiva e o aspecto dessas largas faixas lamacentas entre os predios de apparencia, é de certo desagradavel. A camada liquida do sub-solo é ahi pouco profunda, nos Campos Elyseos ella emerge das pequenas depressões do terreno: na Luz, regulando pelos poços de agua potavel está a pouco mais de três metros (2): — (2 — Em Santa Ephigenia, nas depressões do terreno entre a rua Duque de Caxias e rua Victoria o lençol d'agua fica a menos de três metros do nivel do solo) -- em Santa Cecilia, já a meia encosta dos morros, a camada liquida passa a cinco metros abaixo da superficie do solo. No alto do Pacaembu, quasi no cimo do espigão a camada liquida já fica a 16 metros de profundidade. Esse lençol d'agua subterranea perdura longamente e só por excepção, nas grandes seccas diminue ou desapparece nos sitios mais elevados. Nar varzeas do Tiete e Tamanduatehy o solo é turfoso, com bastante dose de areia e cascalho, mas si o terreno é mais permeavel, o lençol d'agua é ahi porem muito chegado a superficie. Em algumas sondagens feitas na varzea do Carmo, defronte do Porto Geral, observou-se a principio uma camada constituida de argilla escura e muito carregada de detritos em decomposição e boa dose de areia de 1m30 de espessura; abaixo dessa camada vem um deposito de areia mais ou menos lavada, a característica do leito dos rios, com 0,45 de espessura; abaixo disso a camada do terreno é sempre mais ou menos arenosa e o lençol d'agua começa a emergir a 1m80 ou a 2m000 de profundidade. Frequentemente porém elle se mantem em nivel mais elevado. Na varzea inteira do Tamanduatehy, é essa a constituição do solo até a profundidade de dous metros, depois começa uma especie de pissarra que em alguns pontos é uma areia branca lavada e acompanhada de seixos miudos de quartzo ou quartzito. Na parte canalisada do Tamanduatehy, abaixo da estrada de ferro de Santos a Jundiahy, o terreno da varzea é da mesma conformação, mas a pissarra começa a aparecer a menor profundidade, sendo colhida no leito do rio em grande abundancia para negocio no centro da cidade. No leito do Tiete, acima da barra do Tamanduatehy até alguns kilometros acima, o leito do rio mostra o mesmo depósito abundante de cascalho e areia grossa e tudo faz presumir que é essa a constituição de toda a bacia do Tiete e seus affluentes dentro do perimetro das varzeas. Ha pois, subjacentes a camada argillo turfoso mais ou menos permeavel das superficies das varzeas, uma camada bastante permeavel que muito deve concorrer para a drenagem desses terrenos baixos, drenagem que provocada e bem mantida ha de tornar os bairros ahi situados mais seccos e menos doentios. No bairro do Braz o solo tem o mesmo caracter acima descripto, por quanto a varzea é a mesma ainda que se elevando gradualmente 0.55% em direção à Mooca ao Marco de Meia Legua. O lençol d'agua ahi permanece no sub-solo a 1,20 e 1,50 da superficie. A permeabilidade do sub-solo dessa parte da cidade é portanto o que a torna menos doentia do que pela simples apparencia se suppõe, attenta sua fraca elevação e as ameaças de inundação periodicas".

A segurança das informações que nos foram deixadas por Teodoro Sampaio nos possibilita correlacionar hoje a diversas posições do nível hidrostático em face dos níveis de terraços fluviais do sistema de colinas paulistano. Mas são sobretudo as observações geográficas sôbre a relativa impermeabilidade do solo de São Paulo que merecem especial destaque. Na verdade, trata-se de um fato ainda hoje passível de ser comprovado em inumeráveis pontos da cidade onde o calçamento ainda não chegou. Á despeito da grande dominância de areias no material constituinte da bacia de São Paulo, a porcentagem de argila associada às areias é suficiente para dificultar a infiltração e produzir uma lama fina e pegajosa durante as chuvaradas mais fortes e prolongadas. Notável foi a acuidade da observação de Teodoro Sampaio sôbre a repercussão dessa impermeabilidade relativa na paisagem urbana dos bairros aristocráticos da cidade de São Paulo dos fins do século.

As observações de Afonso de Freitas sôbre o sítio urbano de São Paulo

Após o trabalho de Teodoro Sampaio, o estudo mais completo escrito sôbre a topografia do sítio urbano de São Paulo foi ode Afonso A. de Freitas (1930, pp. 101-112). Inserido um tanto desproporcionalmente em um *Diccionário* de estilo e estrutura já ultrapassados, Afonso de Freitas elaborou uma síntese minuciosa e esclarecida do relêvo que asila a cidade de São Paulo. O título do verbete que encima o trabalho "Altitudes da Cidade de São Paulo", não corresponde em absoluto ao valor e critério das observações ali reunidas. Às observações do saudoso historiador paulista faltaram apenas uma dose de interpretação geomorfológica, fato que não poderíamos pretender ou esperar de um homem de letras não preparado para tanto. Fato injustificável, entretanto, no trabalho de Afonso de Freitas é o de não ter citado o estudo de Teodoro Sampaio, de cujas observações muito se aproveitou, adotando, inclusive, o próprio método de observação e redação.

Encontram-se esparsos por êsse trabalho minucioso uma série de referências que, juntamente com as de Teodoro Sampaio, por longo tempo, foram as únicas existentes na bibliografia do relêvo da cidade de São Paulo. Uma pequena amostra do valor de suas informações pode ser demonstrada através dos trechos que se seguem:

"A topografia da região hoje ocupada pela cidade de São Paulo reve-la-se, parte, em planícies que se estendem desde o sopé da colina do Ipiranga até a foz do Tamanduateí e pelas margens direita do Pinheiros contornando as elevações da futurosa metrópole, desde as encostas do espigão divisor das aguas do Tamanduateí e Anhangabaú, extremos da derradeira projeção da Serra do Mar (*sic*) sôbre a região de Piratininga, até os outeiros da Penha e de Sant'Ana e parte, no chamado planalto onde a Cmpanhia de Jesus fundou seu colégio, relêvo topográfico desdobrado numa sucessão de morros que nivelamentos posteriores transformaram em disfarçadas ladeiras.

A parte baixa da cidade formava ao longo do Tamanduateí extenso vargedo contando, a partir da rua Luís Gama até a junção do rio, 3.900 metros com a largura média de 480."

....

"Das várzeas, davam subida ao planalto, a leste, a ladeira do Carmo na declividade de 9,7%; a do General Carneiro na de 7%; a do Porto Geral na de 15,6%; a da Constituição na de 21,2%, havendo também o "caminho das sete voltas", trilho em zigue zague pela encosta, quase a prumo da montanha (*sic*) em que está assente a rua Florencio de Abreu, interrompida abrutamente junto ao rio Anhangabaú que, em diagonal, corria 5 metros abaixo do seu nivel.

Não menos ingremes apresentavam-se as ladeiras do Falcão, do Ouvidor, de São Francisco, do Riachuelo e também a de S. João e rua Florêncio de Abreu que comunicavam a cidade como fundo do vale do Anhangabaú, e as de Santo Amaro, Santo Antônio, Quirino de Andrade, 7 de Abril, as quais, daquele ponto, conduzem a avenida Carlos de Campos, ao bairro da Bela Vista, ao alto da Consolação e à Praça da República.

Na zona da primitiva cidade o relêvo áspero e agreste do terreno obstou a regular constituição do nivelamento e arruamento da povoação que surgia. O vale profundíssimo que ao dobrar dos séculos, as nascentes do Anhangabaú cavaram bipartindo e, pelo seu afluente Saracura Grande, tripartindo o maciço projetado pela Serra do Mar (*sic*) entre os rios Pinheiros e Tamanduateí até a margem do Tietê, obrigou o paulista a construir os viadutos do Chá e Santa Ifigenia. A rua 15 de Novembro delineou-se em curva pela necessidade de sua ala direita evitar, contornando-a, a barroca que desde o quintal do Colégio, hoje rua General Carneiro, se estende até a extremo da rua 3 de Dezembro, exigindo a construção de mais um viaduto de ligação entre o largo S. Bento e o Palácio, e em prolongamento da rua Boa Vista".

É fácil perceber-se pela leitura do trabalho de Afonso de Freitas que o historiador não tinha noção da existência da *bacia de São Paulo* e, por essa razão mesma, exagerava em demasia a área de extensão dos contrafortes continentais da Serra do Mar. Suas observações foram feitas, em sua maior parte, na base de cotas de altitudes e de caminhamentos superficiais ao longo das ruas de perfil mais acentuado, existentes na capital paulista. As altitudes da linha Norte-Sul da cidade, tal como as definiu o autor (1930, p. 106), transpostas para um perfil topográfico nos dariam os níveis escalonados do flanco setentrional do Espigão Central das colinas paulistanas, mostrando-nos o indisfarçável terraceamento de suas encostas.

"A altitude mínima encontrada em 1900, no planalto paulistano, acusa 730 metros acima do nível do mar, tomada na ponta do espigão da rua Florêncio de Abreu, junto ao rio Anhangabaú e a maxima, de 818,880 m no largo 13 de Maio.

Percorrendo a linha norte-sul representada pela avenida Tiradentes, rua Florêncio de Abreu, largo e rua de São Bento até a praça Antônio Prado, rua 15 de Novembro, rua Capitão Salomão, rua da Liberdade, rua Vergueiro até o largo Guanabara e Vila Mariana, encontramos a diferença entre os pontos extremos, de 95 metros, assim distribuídos: avenida Tiradentes junto a Ponte Grande, 720 metros; praça Roberto Penteado, 725; esquina da rua Ribeiro de Lima, 735; rua Florêncio de Abreu, esquina da rua Washington Luís, 735; leito do rio Anhangabaú sob a ponte da rua Florêncio de Abreu, 725; rua Florêncio de Abreu junto à ponte sobre o Anhangabaú, 730; largo de São Bento, 740; rua 15 de Novembro, esquina da do Rosário, 745; rua 15 próximo ao largo do Tesouro, 745; Praça da S- junto à rua Wenceslau Brás, 750; Morro da Fôrca, presentemente arrasado para ampliação do largo da Liberdade, 765; rua da Liberdade junto à rua de São Joaquim, 770; rua Vergueiro acima da rua Castro Alves, 795; mesma rua acima da João Julião, Largo Guanabara, 815.

A planicie (*sic*) de Vila Mariana e o espigão da avenida Carlos de Campos que se estende até o alto da Consolação e à Municipal, marcam a elevação máxima da cidade de São Paulo.

No largo Guanabara encontramos, em 1900, a altitude de 815 metros, começando dêsse ponto para o sul a deprimir-se o terreno, ainda que brandamente, de modo a acusar em frente a rua João Antonio Coelho a altitude de 810 metros e no largo da primitiva estação de bondes, hoje Teodoro de Carvalho, 807 metros e 101 mm."

A despeito de sua momenclatura errônea e da falta absoluta de interpretação pròpriamente geomorfológica, o trabalho de Afonso de Freitas constituiu o melhor e mais exaustivo trabalho sôbre a topografia do sítio urbano de São Paulo até há poucos anos. Num surpreendente rasgo de observação, o autor, ao confrontar as altitudes dos dois flancos do Espigão Central, percebeu a existência e repetição do nível de 740-750 m na vertente do Pinheiros, documentando morfomètricamente aquilo que mais tarde seria interpretado como um "strath terrace" de importância para a estrutura da Metrópole. A seu tempo, voltaremos a êsse aspecto das observações de Afonso A. de Freitas.

Estudo de publicação relativamente recente é, entretanto, antigo pela sua feitura e pelos parcos recursos analíticos, no setor da morfologia moderna, revelados pelo seu autor. Pode ser considerado um trabalho fonte, ocupando um lugar à parte na bibliografia do sítio urbano de São Paulo.

Os estudos modernos e as pesquisas inéditas

Estando incrustada num entroncamento dos maciços antigos da porção sudeste do Planalto Brasileiro, a região de São Paulo restou de certo modo dentro dos limites da área melhor estudada pelos geomorfologistas modernos, estrangeiros ou brasileiros. A existência de uma cobertura cartográfica, na apreciável escala de 1:100.000, em São Paulo e Minas Gerais, facilitou os estudos gerais e o reconhecimento das principais linhas do relêvo regional, evidenciando o caráter policíclico da escultura do Planalto Atlântico.

Na realidade, os trabalhos de Chester Washburne (1930 e 1939), Otto Maull (1930), Morais Rêgo (1932, 1933), Morais Rêgo e Sousa Santos (1938), Preston E. James (1933, 1933a, 1942 e 1946), Emmanuel de Martonne (1933, 1940, 1943-44), garantiram-nos um grupo de informações e referência gerais, de regular valor científico, embora nenhum dêles tenha tratado especìficamente do relêvo e da estrutura da região de São Paulo. Ao contrário, na maioria dos casos, foram dedicadas apenas poucas linhas à morfologia da região de São Paulo e de seus arredores. Apenas se salienta o trabalho de Morais Rêgo e Sousa Santos (1938) que até hoje constitui o mais importante estudo geológico e geomorfológico de uma parte da região de São Paulo, ou seja de seus quadrantes setentrionais.

O geólogo norte-americano Chester Washburne, a despeito de ter realizado seus estudos geológicos em São Paulo visando precìpuamente à geologia do petróleo, fêz uma pequena revisão dos conhecimentos geológicos gerais existentes sôbre as bacias sedimentares do médio Paraíba e Alto Tietê. Provindo de um país onde a geomorfologia alcançou um desenvolvimento particularmente notável, Washburne tinha recursos analíticos suficiente para tratar de problemas fisiográficos, ainda que de modo ligeiro e ocasional. Em seu trabalho, aventou pela primeira vez a hipótese de os terrenos terciários paulistanos terem-se depositado em uma bacia de ângulo de falha, fazendo figurar o fato na secção geológica que traçou através da Bacia do Paraná. Além disso, teceu considerações sôbre a hipótese da captura do primitivo alto Tietê pelo atual médio Paraíba, referindo a grande curva do rio Paraíba na região de Guararema como um típico *cotovêlo de captação*. Em frases rápidas referiu-se aos depósitos pleistocênicos dos flancos e encostas dos vales, identificando-os como *depósitos de terraços*, fato que possibilitou depois, a Morais Rêgo e Sousa Santos (1938), a primeira tentativa de classificação dos aludidos depósitos superficiais recentes. Tratou Washburne, também, das crostas limoníticas dos altos das colinas paulistanas, e, ao mesmo tempo, demonstrou a existência de minúsculas falhas secundárias cortando os sedimentos terciários.

Otto Maull (1930), cujas pesquisas no Sudeste do Brasil foram quase contemporâneas das de Washburne, referiu-se ao "Parahybagraben" e teceu considerações ligeiras a respeito da hipótese da captura do primitivo alto Tietê pelo médio Paraíba.

Coube, porém, ao geógrafo norte-americano Preston E. James (1933), iniciar os estudos sôbre os relevos policíclicos regionais, através da identificação de uma série de superfícies de erosão nos maciços antigos do Brasil Sudeste. A primeira referência sôbre a superfície dos 800 metros na região de S. Paulo se deve a Preston James, de acôrdo com suas observações publicadas em 1933, a despeito de os brasileiros Morais Rêgo e Sousa Santos (1938), aparentemente sem ter conhecimento do trabalho anterior, terem chegado a idêntica constatação. Mais tarde, Emmanuel de Martonne (1940) voltou longamente ao problema dos relevos policíclicos do Brasil Atlântico, esmiuçando a questão das velhas superfícies de erosão do Brasil Sudeste, mas dedicando apenas ligeiras observações à região de São Paulo.

Rui Osório de Freitas (1951), em um pequeno trabalho complementar dos longos estudos que efetuou sôbre os relevos policíclicos e relevos tectônicos no Brasil Atlântico, teve oportunidade de tratar do problema da origem da bacia de São Paulo. Trata-se no caso de um artigo em que se volta à discussão da origem tectônica da bacia de São Paulo, embora na base de considerações geomorfológicas gerais, devido à deficiência dos estudos de campo. Em comentários críticos feitos aos trabalhos de Rui Osório de Freitas, Fernando Flávio Marques de Almeida (1951) contribuiu com maior número de argumentos para a comprovação da origem tectônica da bacia sedimentar paulistana.

Josué Camargo Mendes, a quem cabe um lugar especial no prosseguimento dos estudos sôbre a bacia de São Paulo, publicou, entretanto, muito pouco de suas pesquisas de campo. Em 1943 deu à publicidade algumas anotações sôbre "As pseudo-estruturas limoníticas do plioceno de São Paulo", e, em 1950, teceu considerações a respeito de "O problema da idade das camadas de São Paulo".

De nossa parte, contribuímos com pequenos estudos sôbre a região do Jaraguá e quadrante noroeste da bacia de São Paulo (Ab'Sáber; 1948 e 1952), e estudamos os terraços fluviais da região de São Paulo (1952-53). Neste último trabalho geomorfológico focalizamos o caráter *epiciclico* do relêvo regional, documentando-o pelo estudo dos terraços estampados nos flancos da plataforma interfluvial Tietê-Pinheiros.

Por parte dos técnicos do Instituto de Pesquisas Tecnológicas de São Paulo está-se avolumando um novo setor da bibliografia sôbre a região de São Paulo, de grande utilidade científica e prática, ligada à questão da mecânica do solo e geologia aplicada. Nesse caso, enquadram-se os trabalhos de Milton Vargas e G. Bernardo (1945), Milton Vargas (1950, 1951 e 1953), Ernesto Pichler (1950), Lauro Rios e F. Pacheco Silva (1950), Karl Terzaghi (1950), Mário Custódio de Oliveira Pinto e Marcelo Kutner (1950) e Telêmaco van Langendock e outros (1950).

Em diverso trabalhos geográficos recentes, versando sôbre a geografia urbana de São Paulo, têm aparecido referências importantes ao relêvo do sítio urbano local, a despeito de se tratar de contribuições geormorfológicas por demais sintéticas e gerais. Dignos de anotação bibliográfica especial, nessa ordem de considerações, são os trabalhos de Caio Prado Júnior, Pasquale Petrone, Aroldo de Azevedo e Pierre Monbeig. Caio Prado Júnior (1941) tratou criteriosamente de problemas do sítio urbano relacionados com a estrutura urbana, atacando pela primeira vez êsse importante problema geográfico da Metrópole paulistana. Aroldo de Azevedo (1945), em sua tese sôbre os "Suburbios Orientais de São Paulo", dedica algumas páginas ao relêvo e à estrutura da região de São Paulo, mormente no que tange à parte oriental da bacia sedimentar paulistana. Nesse trabalho teve oportunidade de focalizar a questão das falsas silhuetas de *cuestas*, apresentadas pelas plataformas interfluviais das colinas paulistanas da região de São Miguel e Estação Quinze de Novembro, assunto que teremos ocasião de rever no decorrer do presente estudo.

Pierre Monbeig, que por muitos anos esudou a região de S. Paulo e arredores, publicou recentemente dois estudos de geografia urbana sôbre a capital paulista (1953 e 1954), os quais incluem importantes considerações sôbre o sítio urbano de São Paulo. Mormente em "La Croissance de la Ville de São Paulo", existem interessantes observações sôbre o sítio urbano, através de todo um capítulo do trabalho. Não escapou à observação arguta de Pierre Monbeig a existência de baixos terraços fluviais, tanto na vertente do Pinheiros como na vertente do Tietê, embora não tenha procedido a estudos geomorfológicos sôbre os mesmos. Nesse trabalho recente, como em outros mais antigos e gerais (1941), Pierre Monbeig focalizou alguns aspectos marcantes das relações entre o sítio topográfico e a estrutura urbana de São Paulo.

Os engenheiros urbanistas Francisco Prestes Maia (1930) e Mário Lopes Leão (1945) realizaram estudos para remodelação da estrutura urbana e do sistema de circulação interna da Metrópole, os quais incluem diversas observações sôbre o sítio da cidade. Embora se trate de trabalhos técnicos e especializados, tais estudos constituem elementos bibliográficos indispensáveis para o conhecimento do sítio e estrutura urbana da aglomeração paulistana.

Em relação à cartografia moderna merece destaque especial o "Mapa Topográfico do Município de São Paulo" (1930), executado na base de trabalhos aerofotogramétricos pela Emprêsa Sara Brasil, S.A., para a Prefeitura Municipal de São Paulo, em fôlhas de 1:20.000 e 1:5.000. Trata-se no caso da mais importante base cartográfica para estudos geográficos e urbanísticos que a Metrópole contou nos últimos 30 anos. Tais séries de cartas constituem a documentação mais importante existente para estudos geomorfológicos de pormenor, já que apresenta escala suficientemente grande para que se possam referir e delimitar detalhes do relêvo regional que forçosamente escapariam à representação em cartas de escala menor, tais como níveis de baixos terraços fluviais. Além disso, trata-se de cartas topográficas que guardam especial interêsse para a análise das relações entre os elementos topográficos e a estrutura do organismo urbano.

No setor da mapeação geológica, lembramos que o único esbôço publicado até hoje, abrangendo tôda a região de São Paulo, é o que se encontra na "Carta Geológica de São Paulo" (1947) organizada e editada pelo Instituto Geográfico e Geológico do Estado de São Paulo, na escala de 1:1.000.000. Trata-se de uma contribuição cartográfico-geológica devida aos esforços dos geólogos que operam no I.G.G., tendo participado ativamente em sua confecção os técnicos Teodoro Knecht, Plínio de Lima e Jesuíno Felíssimo.

Nesses cinqüenta anos de estudos geológicos, geomorfológicos e cartográficos, apenas os estudos de Morais Rego e Sousa Santos (1938) sôbre a parte norte da região de Sãa Paulo tiveram o caráter de obra de fôlego, adquirindo posição de estudo clássico, não só pela minúcia com que foram realizadas as pesquisas de campo, como pelo valioso material de cartografia geológica e secções topográfico-geológicas que incluem. Tendo como objetivo principal a análise dos granitos da Serra da Cantareira, êsse estudo ultrapassou muito o seu campo de cogitações, passando a interessar a uma boa parte do sítio e estrutura urbana dos bairros e subúrbios dos quadrantes setentrionais da Metrópole. Entre outros fatos de importância, o trabalho de Morais Rêgo e Sousa Santos inclui uma excelente documentação sôbre os contactos entre os sedimentos terciários em relação ao embasamento cristalino criptozóico que a circunscreve pelo lado setentrional.

* * *

No que diz respeito aos problemas geomorfológicos da região de São Paulo e seus confins mais distantes, o Prof. Fernando Flávio Marques de Almeida, da Escola Politécnica de São Paulo, escreveu recentemente um trabalho de fôlego, que automàticamente passa a ser um dos mais importantes até hoje elaborados sôbre a região de São Paulo. Muito embora ainda continue inédito o aludido estudo, que será parte integrante da obra *A cidade de São Paulo: estudo de geografia urbana,* planejada e dirigida pelo Prof.

Aroldo de Azevedo, êle foi lido integralmente na Associação dos Geógrafos Brasileiros, Secção Regional de São Paulo, em junho de 1953. O mérito principal dêsse trabalho advém de uma revisão completa das questões do tectonismo responsável pela gênese da bacia e da análise das superfícies pré-pliocênicas da região de São Paulo, às quais o autor reagrupa sob dois títulos: *a superfície do Alto-Tietê* (cenozóica) e a do *Japí* (cretácico-eocênica). Por *superfície do Japí,* o Professor Almeida entende a porção paulista da *superfície das cristas médias,* de Emmanuel De Marotnne (1940), ou o *peneplano eocênico* de Luís Flôres de Morais Rego (1932). Entretanto, não se trata de mera mudança de nome, mas da criação de um título regional, nos moldes usuais da geomorfologia, para designar uma superfície de há muito já identificada. Procede, sem dúvida, a designação pela qual o Professor Almeida vem propugnando, pois é na serra quartzítica do Japí que a *superfície das cristas médias* está melhor conservada em território paulista (4). Com relação à superfície do Alto-Tietê, teceremos comentários especiais, em seu devido lugar, já que não estamos inteiramente de acôrdo com a interpretação de Fernando de Almeida.

No setor das pesquisas em andamento, e, portanto, inteiramente inéditas, os mais importantes trabalhos provàvelmente são os estudos que o Professor Viktor Leinz e sua assistente, D. Ana Maria Vieira de Carvalho, do Departamento de Geologia e Paleontologia da Faculdade de Filosofia da U.S.P., vêm realizando nos últimos anos. Enquanto o Dr. Leinz está revendo a faciologia dos sedimentos da bacia de São Paulo, D. Ana Maria Vieira de Carvalho reviu e correlacionou centenas de perfís de sondagens dos arquivos do Instituto de Pesquisas Tecnológicas da Escola Politécnica da U.S.P.. Ao seu término êsse será, sem dúvida, o mais minucioso estudo sôbre os contactos basais mais profundos

(4) A Fernando de Almeida se deve, ainda, a elaboração do primeiro mapa geomorfológico sôbre a região de São Paulo. Tendo por base a excelente documentação cartográfica na escala de 1:100.000, representada pelas fôlhas topográficas da antiga Comissão Geográfica e Geológica, e auxiliado pelos seus conhecimentos de campo, Almeida construiu um mapa pioneiro de grande valor científico. Independentemente da aceitação de sua cronologia de superfícies de aplainamento, aquêle documento inédito é uma grande honra para a Geomorfologia paulista.

entre os cristalino e os sedimentos da bacia de São Paulo. Com relação ao problemas da água subterrânea na região de São Paulo, o Dr. Viktor Leinz já nos deu, através de um comunicação feita à Sociedade Brasileira de Geologia, Secção Regional de São Paulo (1954), uma série de observações preliminares que acrescem sobremaneira o conhecimento dos problemas da água subterrânea na bacia de São Paulo.

3. TRAÇOS GERAIS DA MORFOLOGIA E DRENAGEM DA REGIÃO DE SÃO PAULO

A região de São Paulo na divisão regional do Estado de São Paulo

A partir das abas continentais da Serra do Mar no Estado de São Paulo, em direção do interior, sucedem-se quadros da relêvo, em geral amorreados e acidentados, correspondentes a terrenos pré-cambrianos da porção oriental do Escudo Brasileiro (*Austro-Brasília* de Kenneth E. Caster ou *Escudo Atlântico* de Aroldo de Azevedo). Alinhamentos de escarpas e cristas sublitorâneas (Serra do Mar e Serra de Quebra-Cangalhas), planaltos em blocos (Bocaina, Campos do Jordão) e extensas áreas de morros mamelonares ("meias-laranjas" da bacia do Paraíba), destacam-se no dorso do Planalto, auxiliando a compartimentação dêsse conjunto maciço de terrenos antigos. Nessa parte do relêvo brasileiro, a despeito da existência de níveis de erosão escalonados, dominam formas de maturidade média esculpidas dentro dos ditames das condições de climas tropicais úmidos imperantes na região.

Êsse conjunto sul-oriental do Planalto Atlântico brasileiro corresponde a uma faixa de terrenos arqueanos e proterozóicos que se estende desde os altos da Bocaina (1800-2100 m) até a Serra de Paranapiacaba (800-1000 m), ao longo de uma região que corta o Estado de São Paulo, de nordeste para sudoeste, paralelamente à linha de costa.

A essa fachada de altas terras amorreadas do território paulista, que faz transição entre o Brasil Leste e o Brasil Meridional, a Secção Regional de São Paulo da Associação dos Geógrafos Brasileiros reservou o título altamente expressivo de *sub-região* serrana do Planalto Atlântico.

O critério de divisão geográfica em *regiões, sub-regiões* e *zonas,* que serviu de base para classificação da Associação dos Geógrafos

Brasileiros (Monbeig, 1949, p. 20), foi inspirado numa redefinição da terminologia oficial do Conselho Nacional de Geografia. Os geógrafos paulistas, ao tomar a iniciativa de fazer a sua divisão regional do Estado de São Paulo, estabeleceram o seguinte critério para a conceituação daqueles têrmos: 1.º — "*as regiões* correspondem a vastas unidades fisiográficas; 2.º — *as sub-regiões* são delimitadas levando-se em conta, essencialmente, a paisagem geográfica; por isso mesmo, sua nomenclatura deverá, tanto quanto possível, fazer resaltar o traço dominante dessa paisagem; 3.º — *as zonas* são encaradas sobretudo tendo-se em vista os fatos econômicos e, particularmente, as relações regionais que se organizam em função de um centro urbano".

Atendendo ao fato de que existem vários compartimentos, bem individualizados dentro do *Planalto Atlântico*, uma das quatro grandes regiões do Estado de São Paulo (*in* Monbeig, 1949), os geógrafos da Associação dividiram o quinhão paulista do Planalto Atlântico Brasileiro em três sub-regiões: 1. — sub-região serrana; 2. — a planície do Paraíba; 3. — a sub-região da Mantiqueira. Feita essa divisão inicial em sub-regiões paisagísticas, passou-se a uma divisão em zonas. A sub-região serrana, que é a de nosso particular interêsse, foi repartida em quatro zonas: a) — zona da Bocaina; b) — zona do Alto Paraíba; c) — zona de São Paulo; e, d) — zona da Serra de Paranapiacaba.

Lembramos que esta classificação pôde prescindir do critério mais largo prèviamente estabelecido, porque na realidade aquilo que se designou por *zonas*, no caso particular da sub-região serrana coincidia com de uma série de pequeninas unidades geomórficas de fácil identificação e delimitação. Aliás, lembramos que a única região paulista onde as sub-regiões e as zonas podem corresponder a legítimas *unidades geomórficas*, de proporções menores, é a região do Planalto Atlântico. Excepcionalmente, nesse caso, os compartimentos geomórficos da grande região fisiográfica são tão bem individualizados, que podem constituir a base para a dvisão em subregiões e zonas, sem que se torne necessário usar outros critérios complementares para sua identificação e delimitação.

Na realidade, qualquer revisão do assunto, ainda que rápida, conduz à identificação de quatro pequenas unidades geomórficas no conjunto das áreas serranas paulistas: a distinção da *Bocaina* como planalto em bloco e um fragmento das mais altas superfícies de erosão dos maciços antigos do sudeste do Brasil; a existência da região serrana do *alto vale do Paraíba*, na categoria de vastas áreas de espigões e cristas residuais de níveis escalonados e de escultura mamelonar, com seus mares de morros; a caracterização da superfície de erosão, pouco reentalhada dos altos da *Serra de Paranapiacaba*, que descai para o interior, em transição suave com o relêvo dos terrenos paleozóicos da periferia oriental da bacia sedimentar do rio Paraná. Exatamente no entroncamento entre os quadros de relêvo serrano do Alto Paraíba e as áreas de maciços altamente desgastados da Serra de Paranapiacaba, destaca-se sobremaneira o compartimento de relêvo no qual se estende a bacia sedimentar paulistana, domínio extensivo das cotas hipsométricas de 800 m.

Espremida entre as áreas de relêvo relativamente acidentado do Planalto Atlântico e colocada em posição de patamar de relêvo suave, em relação à gigantesca ruptura de declividade da Serra do Mar, a região de São Paulo se comporta como um compartimento especial das terras altas do sudeste do Brasil. Fato tanto mais importante, porque a esplanada de relêvo correspondente à região de São Paulo, encontra na região litorânea fronteiriça condições portuárias invejáveis e excepcionais, dentro da fachada costeira atlântica paulista. O sistema regional de festonamento da Serrra do Mar, desfeita em escarpas e esporões subparalelos, representa por seu turno um complemento geográfico para a circulação dos homens e das riquezas, pois possibilitou tradicionalmente as ligações entre o litoral e o planalto.

Distingue-se, portanto, a região de São Paulo, como pequeno compartimento de relêvo e pequena unidade geomórfica, tanto dos maciços e cristas da série de São Roque (850-1275m), como dos contrafortes ocidentais da Mantiqeuira (1000-1800m), das regiões serranas do Alto Paraíba (750-1100m), das cabeceiras do Tietê (850-950m), como, enfim, das áreas pouco rejuvenescidas da Serra de Paranapiacaba (850-1050). Por alguns traços de sua morfologia e estrutura, possui feições familiares com as colinas da bacia sedimentar do médio vale superior do Paraíba, muito embora, por sua posição geográfica, forma da bacia e gênese de seus terrenos, guarde diferenças de variada natureza.

Somos de opinião que existe uma região de São Paulo na Geografia Brasileira, da mesma forma que existe um Recôncavo Baiano, uma região da Guanabara, uma região do médio vale superior do Paraíba, ou uma Baixada do Ribeira de Iguape. Trata-se de pequenos quadros regionais típicos que formam compartimentos fisiográficos distintos no meio das grandes extensões das terras pouco diferenciadas e monótonas que caracterizam a maior parte do território brasileiro. Inegàvelmente, essas pequeninas regiões de fácil individualização fisiográfica possuem uma ordem de grandeza diminuta quando comparadas aos extensos tratos de terras que até há bem pouco eram tomados como regiões geográficas do Brasil. Se pudéssemos nomear o grau de sua ordem de grandeza, diríamos que se trataria de unidades geomórficas de terceira ordem, não muito comuns no território brasileiro.

Por uma questão de simplificação, imposta por questões de técnica de redação, não repetiremos o título da ordem de grandeza geomórfica regional, no decorrer do presente tabalho. Para quaisquer referências indicaremos sempre o pequeno quadro geográfico regional como sendo a *região de São Paulo*. Preterimos, assim outras denominações geográficas, tais como *zona de São Paulo, bacia de São Paulo* ou *planalto paulistano*, tal como recentemente foi proposto pelo nosso colega Fernando Flávio Marques de Almeida.

Entenderemos por bacia de São Paulo exclusivamente o conjunto de terrenos pliocênicos flúvio-lacustres da bacia sedimentar paulistana, reservando portanto para aquela designação apenas a acepção geológica do têrmo. Enquanto que, por bacia do alto Tietê, entenderemos o quadro de geral de todos os terrenos drenados pelo Tietê desde as nascentes do rio, na região de Salesópolis, até a região de Salto de Itú, onde se inicia o médio vale superior do tradicional rio paulista.

A região de São Paulo inclui-se totalmente na bacia hidrográfica do Alto Tietê, muito embora não abranja tôda a região drenada pela bacia superior do referido rio. Existem, pelo contrário, três secções hidrográficas, bem diferenciadas, no Alto Tietê: a *serrana*, correspondente à área granítico-gnaissica de Salesópolis; a *paulistana*, correspondente à região em que o rio secciona e atravessa morosamente os terrenos sedimentares da bacia de São Paulo, na categoria de curso *antecedente;* e, finalmente aquela que poderíamos chamar de *apalachiana*, situada entre Baruerí e Salto, onde o Tietê secciona os maciços e as cristas da série São Roque, na categoria de curso *conseqüente epigênico*, trecho êsse onde êle construiu uma "fall zone" e possui uma ativa "fall line" na área de contacto com os terrenos paleozóicos da periférica paulista (James, 1942; Ab'Sáber, 1953).

Um compartimento do Planalto Atlântico Brasileiro

Em têrmos de fisiografia geral brasileira, a região de São Paulo é um pequeno compartimento topográfico, de grande individualização morfológica no extenso conjunto de maciços antigos que constituem a porção sudeste do Planalto Atlântico. Pela sua situação geográfica e por seu quadro de relêvo, é uma das áreas onde melhor se destaca a grande assimetria observável entre o Planalto e os paredões abruptos das escarpas costeiras atlânticas do país. Por outro lado, separa-se perfeitamente da área geomórfica serrana do alto vale do Paraíba, possuindo diversos colos de acesso para atingir a porção mediana superior do referido vale, onde se situa em plano altimétrico bem mais baixo, a bacia sedimentar de Taubaté.

Inicia-se alguns quilômetros após a cumiada continental da Serra do Mar, numa área de relêvo contígua às abas internas da Serra do Cubatão e numa faixa de território postada frontalmente à Baixada Santista (Ab'Sáber, 1952-53, p. 87). Comporta-se como um dos *reversos* continentais mais suaves do Planalto Atlântico, em face do gigantesco alinhamento de escarpas da Serra do Mar, residindo, nisso, um dos principais fatôres de sua originalidade geográfica.

Trata-se de uma área drenada pelo Alto Tietê, rêde hidrográfica que nascendo nos maciços antigos das abas continentais da Serra

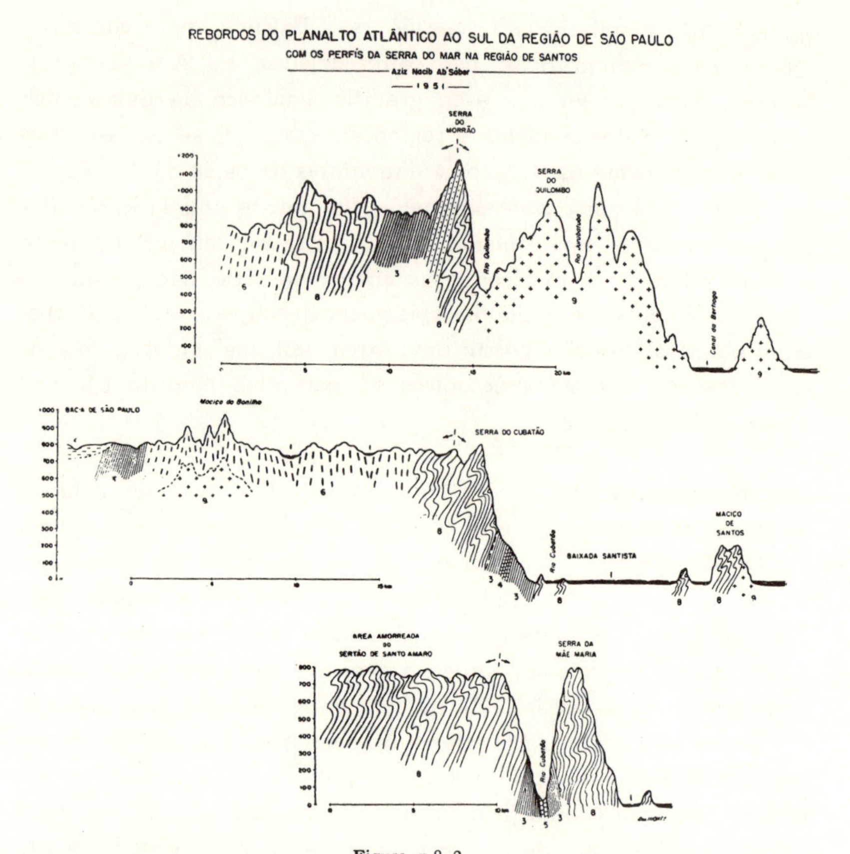

Figura n.º 2.
1. — Depósitos fluviais, marinhos e flúvio-marinhos. 2. — Camadas fluviais e flúvio-lacustres da bacia de São Paulo. 3. — Filitos e outras rochas cristalofilianas. 4. — Quartzitos. 5. — Calcáreos cristalinos. 6 — Micaxistos. 8. — Gnaisses. 9. — Granitos.

do Mar, dá costas ao oceano, descaindo para o interior do Planalto, através de um gradiente bastante fraco, em busca do eixo hidrográfico da bacia sedimentar do Rio Paraná. Já lembramos que a região de São Paulo, embora esteja muito próxima do reverso continental da Serra do Mar, é drenada por uma rêde hidcgráfica cujo *nível de base geral* se localiza a alguns milhares de quilômetros de distância, após perfazer vasto roteiro pelo interior do continente (Ab'Sáber, 1952-53, p. 90). Tôda a história pós-cretácea da região de São Paulo estêve ligada a essa bacia hidrográfica, quer por fases erosivas responsáveis pelo reentalhamento do peneplano das cristas médias (De Martonne, 1940), quer por fases deposicionais no plioceno e rejuvenescimentos ligeiros, epicíclicos, pós-pliocênicos, responsáveis pela elaboração das linhas atuais do relêvo.

A topografia regional se traduz por um relêvo ondulado e colinoso, onde se sucedem *colinas* tabuliformes de diversos níveis, *terraços* fluviais descontínuos e alongadas *planícies de inundação*, ficando as altitudes regionais compreendidas entre os limites de 720-730 metros (nível dos talvegues, planícies e baixos terraços fluviais) e 790-830 metros (nível das plataformas interfluviais principais e colinas mais elevadas).

Muito embora pertença, sob o ponto de vista geológico, ao quadro de terrenos criptozóicos do escudo Austro-Brasília, a região de São Paulo tem a singularidade de possuir uma pequena e pouca espêssa bacia sedimentar flúvio-lacustre pliocênica, entalhada na forma de colinas tabulares suavizadas. Êsse fato guarda excepcional importância geográfica devido às conseqüências intrínsecas que acarretou para o estabelecimento da vida urbana na região. Foi, sem dúvida, a existência dessa pequena bacia pliocênica, alojada no dorso do embasamento cristalino regional, que veio criar o relêvo pouco movimentado e homogêneo do sistema de colinas que servem de sítio urbano para a Metrópole paulistana. Com efeito, as colinas da bacia de São Paulo, pela sua extensão e pelas suas formas de relêvo, deram oportunidade para o crescimento de uma grande cidade, em pleno centro de uma vasta região serrana, relativamente acidentada.

No pequeno quadro topográfico da região de São Paulo, as altitudes variam de 720 a 1100 metros, distribuídas por níveis intermediários de arranjo complexo, devido ao seu caráter básico de relêvo a um templo poli e epicíclico e devido à interferência de processos na elaboração geral do relêvo (Ab'Sáber, 1952-53, pp. 90-94). Dominam, entretanto, na região de São Paulo, de modo altamente generalizado, cotas hipsométricas de 790-825 metros, em relação às plataformas interfluviais principais do Tietê-Pinheiros e seus afluentes principais. Trata-se da *superfície de erosão de São Paulo,* identificada pela primeira vez, com maior precisão, sob o nome de *peneplano pleistocênico*, pelos estudos de Morais Rêgo e Sousa

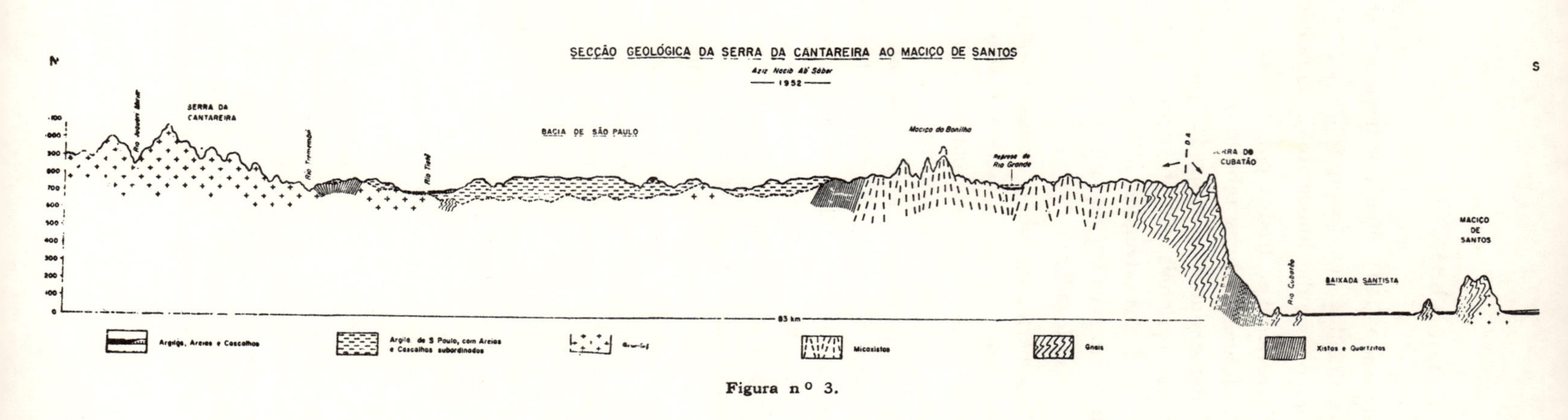
SECÇÃO GEOLÓGICA DA SERRA DA CANTAREIRA AO MACIÇO DE SANTOS
Aziz Nacib Ab' Sáber
1952
N
S
SERRA DA CANTAREIRA
Rio Juqueri
Rio Tremembé
BACIA DE SÃO PAULO
Rio Tietê
Maciço do Bonilha
Represa do Rio Grande
CUBATÃO
Rio Cubatão
BAIXADA SANTISTA
MACIÇO DE SANTOS
83 km
Argilas, Areias e Cascalhos
Argila de S. Paulo, com Areias e Cascalhos subordinados
Micaxistos
Gnais
Xistos e Quartzitos

Figura n° 3.

Santos (1938, p. 134). Essa superfície permanece embutida, em pleno sentido da palavra, dentro do nível de 11000-1200 metros, conhecido por *pleneplano eocênico* (Morais Rêgo, 1932) ou superfície das cristas médias (De Martonne, 1940).

Dentro dessa ordem de fatos, torna-se fácil especificar as razões da originalidade do quadro de relêvo da região de São Paulo.

Em primeiro lugar, estamos em face de uma pequena bacia sedimentar flúvio-lacustre, anichada nas bordas de um velho bloco de planalto soerguido, cuja hidrografia dá costas à fachada costeira atual, dirigindo-se para a drenagem altamente centrípeta superimposta a uma gigantesca bacia sedimentar gondwânica do interior do continente. Por outro lado, não se trata apenas de uma pequena bacia lacustre anichada no dorso de um planalto, mas de *todo uma superfície de erosão de extensão regional* embutida nìtidamente nos desvãos de um nível de erosão mais antigo e elevado. E é exatamente êsse aspecto dúplice de pequena bacia sedimentar encaixada e de superfície de erosão regional embutida em antigo peneplano recortado que define e caracteriza a região de São Paulo, sob o ponto de vista geomorfológico, imprimindo-lhe feições de um pequeno compartimento de relêvo de um vastíssimo Planalto.

Geogràficamente, o importante a assinalar é que a Metrópole paulistana, cidade típica de planalto, encontra-se justaposta ao mosaico de colinas e espigões tabuliformes esculpidos depois do plioceno pelo Tietê e seus afluentes, através de sucessivas retomadas de erosão epicíclicas. Para uma compreensão razoável dos elementos que constituem o sítio urbano da grande cidade, indispensável se torna uma análise minuciosa das formas de detalhe do relêvo regional.

A rêde de drenagem regional e seus traços essenciais

A drenagem do alto Tietê, na região de São Paulo, apresenta uma tendência bem marcada para concentração, exata- à altura da bacia sedimentar paulistana. Das fraldas meridionais da Serra da Cantareira até às fraldas setentrionais do maciço do Bonilha, através de uma faixa de 30 a 35 km, os cursos d'águas controlados pelo Tietê são grosseiramen-

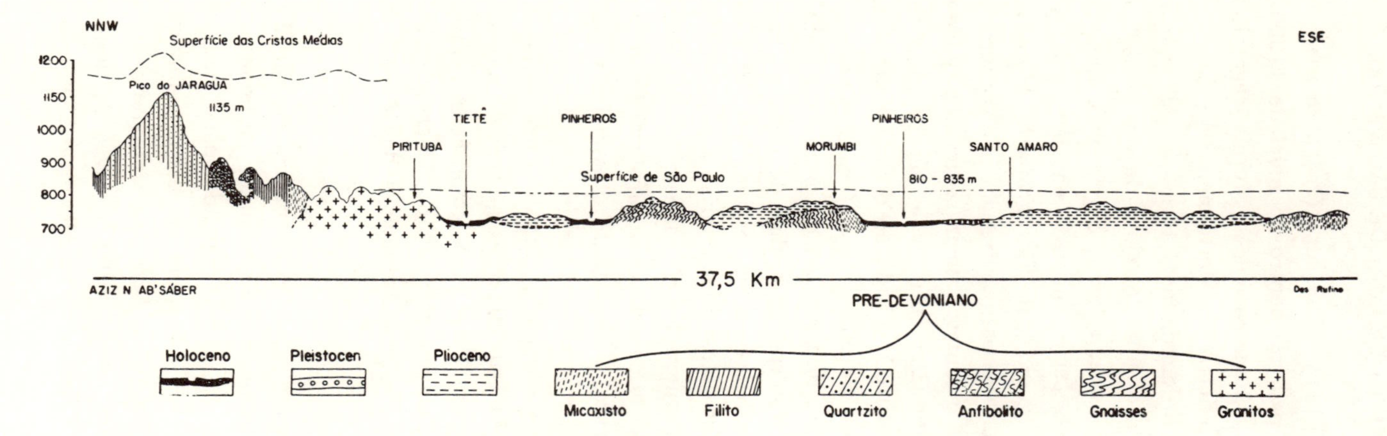

Figura n.º 4.
Secção geológica do pico do Jaraguá às colinas de Santo Amaro.

te centrípetos à porção central da bacia de São Paulo, e, indiscutìvelmente *pós-cedentes* em relação à sedimentação pliocênica. Apenas ao norte da Cantareira e ao sul do Bonilha, encontram-se traçados hidrográficos que antecederam ao ciclo deposicional regional, e, por essa razão mesma, possuidores de cursos mais diretamente relacionados com a estrutura dos maciços antigos rejuvenescidos da região.

Analisando-se com mais cuidado o traçado dos principais rios da região de São Paulo, percebe-se que ao norte do maciço do Bonilha de São Bernardo para Santo André e Ipiranga os cursos d'água se orientam de sul para norte, infletindo-se para noroeste já nos últimos quilômetros que precedem sua barra com o Tietê. Ao contrário, ao sul do maciço do Bonilha, dominam traçados tìpicamente direcionais, orientados de leste para oeste, sentido principal dos rios que antecederam a deposição terciária no compartimento de planalto da região de São Paulo. Tais cursos leste-oeste, bem representados pelo Jurubatuba e Pequeno, constituem as cabeceiras do rio Pinheiros, o qual possui, como se sabe, um traçado sul-norte e sul-sudeste nor-nordeste, em seus últimos 30 quilômetros de curso. Desta forma o rio Pinheiros apresenta a característica de possuir um baixo e médio vale *pós-cedente* e as cabeceiras nìtidamente *antecedentes* à deposição flúvio-lacustre pliocênica do Alto Tietê.

De certa forma, os rios Juqueri, ao norte da Cantareira e os rios Grande ou Jurubatuba e o Pequeno, situados ao sul do maciço do Bonilha, são os únicos elementos denunciadores da direção geral pré-pliocênica da drenagem da região de São Paulo. Tais rios refletem bem de perto a orientação regional das faixas de xistos, gnaisses e micaxistos, encravadas entre granitos. Todos êles são oriundos da fase pós-cretácica e pré-pliocênica do entalhamento regional, repetindo um pouco do traçado que os altos formadores do Paraíba do Sul (Paraitinga e Paraibuna) possuem nas abas continentais da Serra do Mar, na região serrana do Alto Paraíba. Tal como seus vizinhos do Alto Paraíba, êles são cursos subseqüentes, orientados segundo o eixo principal dos dobramentos laurencianos do Brasil Atlântico, possuindo notável paralelismo geral entre si (De

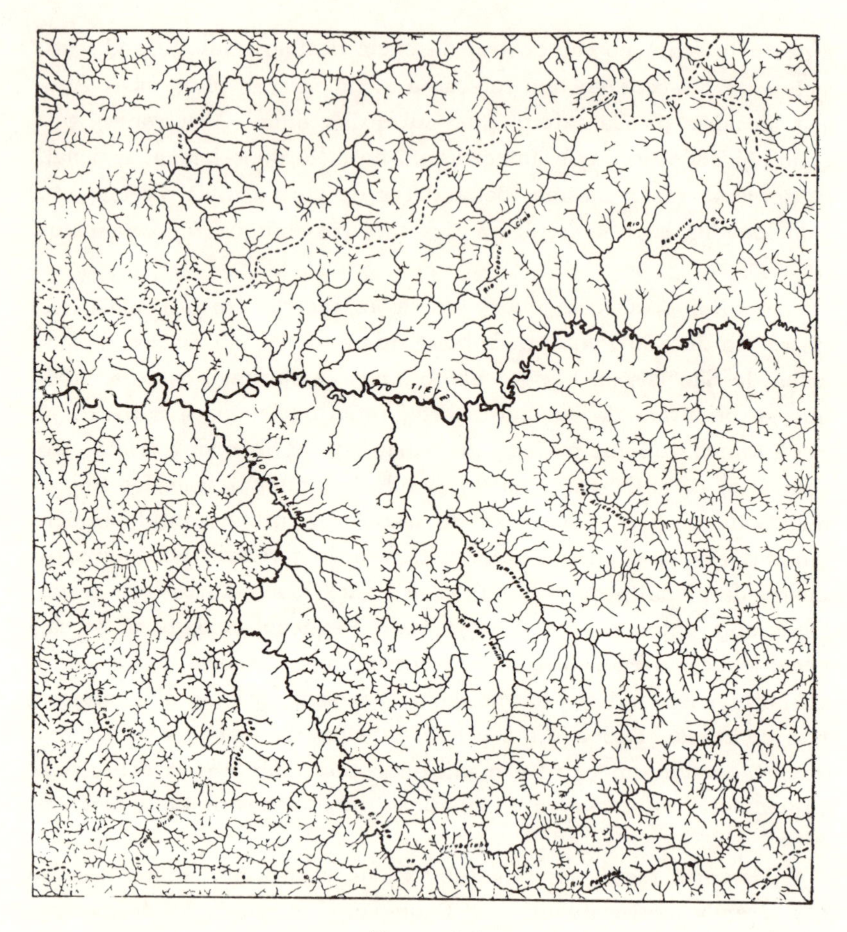

Figura n.º 5.
Rêde de drenagem da região de São Paulo (Baseada na (Fôlh- do Município da Capital" — Com. Geogr. e Geol de S. P., s-d).

Martonne, 1940), justificado pela sua categoria de cursos direcionais típicos. Êles confluem através de sucessivos traçados em *baioneta*, oriundos do entalhamento cíclico e epicíclico tradicional que dirigiu o encaixamento da drenagem na região (Ab'Sáber, 1953). Têm-se evidências, no caso dos rios Grande e Pequeno, na região de S. Paulo, que os mesmos foram capturados pela área de influência da sedimentação pliocênica da Bacia de São Paulo, passando a fornecer sedimentos para a referida bacia, a partir de um certo momento no decorrer do ciclo deposicional da região. No passado, antes da formação da bacia sedimentar do Alto Tietê, os rios Grande e Pequeno prosseguiam ainda para oeste ou oeste-sudoeste, indo ter ao Tietê após sucessivos desvios para o norte, em um ponto situado bem à jusante da atual confluência Tietê-Pinheiros, pôsto que em posição altimétrica relativa, superior a uma centena de metros do seu talvegue atual.

Hoje, quando se observam os cursos que melhor definem a irregular hidrografia do Alto Tietê, à altura da região de São Paulo, destaca-se bem o quadrilátero grosseiro formado pelo curso leste-oeste do Tietê, ao centro da região, e pelo Grande e Pequeno, igualmente leste-oeste, ao sul, unidos entre si pelo Pinheiros, com seu traçado sul-norte no flanco ocidental da porção central da Bacia de São Paulo. Ao norte da Cantareira, por outro lado, o rio Juqueri relembra a direção tradicional leste-oeste da drenagem das vizinhaças da bacia de São Paulo.

Enquanto os grandes traços da rêde hidrográfica regional nos põem em contacto com problemas que interessam à própria geomorfogênese da bacia sedimentar flúvio-lacustre de São Paulo, o estudo dos padrões locais de drenagem, ou seja, da *morfologia da drenagem*, nos põem em contacto com minuciosas questões de relação entre a rêde de drenagem e as rochas e estruturas regionais. No caso, o estudo geral da rêde hidrográfica e o particular dos padrões de drenagem são complementares, interessando igualmente à melhor compreensão da geomorfologia regional.

Padrões de drenagem na região de São Paulo

Devido à relativa heterogeneidade das rochas e estruturas da região de São Paulo, é possível discriminar-se, na trama dos cursos d'água que percorrem a região, uma série de padrões de drenagem típicos.

A forte pluviosidade da região, que gria em tôrno dos valores médios de 1200 a 1800 mm, foi suficiente para determinar uma densa ramificação de drenagem, na forma geral *dendrítica*. Entretanto, os cursos d'água, mormente os de tamanho médio, escavaram seus vales obedecendo a imposições das rochas e estruturas, criando uma série de padrões individualizados e anomalias locais de drenagem.

A presença da bacia sedimentar do Alto Tietê, com rios oriundos de uma superimposição *pós-pliocênica*, e a existência de maciços antigos, de variada constituição litológica, envolvendo a bacia de São Paulo, por todos os quadrantes, são fatos que muito influíram na diversificação dos padrões de drenagem regionais. Acresce a isso o fato de o entalhamento da região ter sido marcadamente *epicíclico* (Ab'Sáber, 1952-53) e o fato de possuírem os vales principais, no momento atual, extensas e largas planícies de inundação, com meandros divagantes. Êsses foram outros tantos fatôres que modificaram a padronagem geral da hidrografia da região, criando tipos especiais de rêde de drenagem.

Por último, haveira a acentuar algumas questões de anomalias locais no traçado da rêde hidrográfica da região, as quais são encontradas principalmente nas zonas periféricas da bacia sedimentar. Tais anomalias, representadas por cotovelos bruscos e meandros encaixados, constituem verdadeiros pequenos problemas geomofológicos locais, estando relacionados principalmente com os diferentes arranjos antigos das estruturas na periferia da bacia sedimentar e com a marcha dos processos de superimposição pós-pliocênicos da região.

Procurando sistematizar os padrões de drenagem da região de São Paulo, chegamos à conclusão de que havia a necessidade de se estudar as rêdes peculiares a quatro áreas geográficas e geológicas da região:

1. Padrões de drenagem da porção central da bacia sedimentar paulistana. Zona de predomínio de padrões *dentríticos* e *paralelos*.
2. Padrões de drenagem dos maciços antigos que envolvem a bacia sedimentar paulistana. Zona de predomínio de padrões *dendríticos, retangulares,* e, eventualmente, *radiais*.
3. Padrões de drenagem das grandes planícies aluviais regionais. Zona de predomínio de drenagem *labirinticas* simples.

4. Padrões de drenagem e drenagens anômalas da faixa marginal da bacia, onde os fenômenos *epigênicos* foram mais complexos.

Entalhando as colinas da porção central da bacia de São Paulo, ao longo do grande ângulo interno de confluência do Tietê e Pinheiros, vamos encontrar uma drenagem que associa padrões dendríticos e paralelos em sua nervura geral. Nas cabeceiras dos pequenos córregos que sulcam a região, domina uma padronagem dendrítica espaçada. Os retalhamentos mais acidentados do Espigão Central das colinas paulistanas se devem exatamente a êsses pequenos cursos de cabeceiras mais ramificadas (alto Aclimação, alto Itororó, alto Pacaembú, alto Água Branca). Ao contrário, no médio vale dos aludidos córregos e mormente no trecho onde êles seccionam o nível de 740-750 m, existe uma drenagem tìpicamente *paralela*. Aí, os riachos foram obrigados a funcionar localmente como cursos conseqüentes estendidos, tendo realizado sua extensão ao longo das abas baixas do Espigão Central, a partir da retomada de erosão posterior à formação do nível de 740-750 m. Como o Tietê e o Pinheiros, nessa ocasião, tenderam a abrir o seu atual ângulo interno de confluência, os córregos se estenderam até à posição nova da calha dos dois rios principais da região. Os trechos paralelos ou subparalelos do Aricanduva, Tatuapé, Tamanduateí, Anhangabaú, Pacaembú e Água Branca, traduzem bem êsse curioso aspecto da drenagem dos pequenos rios que seccionam as colinas médias e baixas da região de São Paulo. Trata-se, aliás, dos vales de maior importância para a estrutura e as paisagens urbanas de porções essenciais da Metrópole paulistana.

De modo geral é nas regiões cristalinas, granítico-gnaissícas dos arredores de São Paulo que a drenagem se torna mais tìpicamente dendrítica. Êsse é, aliás, o tipo de padronagem hidrográfica que aparenta possuir maior generalização em todo o Brasil tropical atlântico. As fortes precipitações recebidas pela região, aliada à profunda e generalizada decomposição das rochas e às formas de maturidade dominantes nos altos maciços antigos da região, favoreceram realmente o desenvolvimento de densas rêdes dendríticas. Entretanto, essa dendritificação, que é universal para a região, serve assim como que apenas de pano de fundo para a padronagem geral da rêde hidrográfica regional. Ela é composta apenas de minúsculos cursos d'água das cabeceiras da drenagem ou sulcos de enxurradas, nem sempre permanentes das encostas dos espigões amorreados. Trata-se de inumeráveis pequenos córregos *inseqüentes*, desenvolvidos em pleno manto de decomposição devido à existência de precipitações fortes na região. Êles existem, porque existe água suficiente para alimentar uma densa rêde de canais e canaletes fluviais e porque a infiltração das águas é relativamente pequena nas regiões cristalinas e cristalofilianas regionais.

Fazendo-se, entretanto, abstração dêsses inúmeráveis pequenos cursos inseqüentes dendríticos, resta um esqueleto de drenagem mais influenciado pela estrutura. Na realidade muitos são os exemplos de pequenos rios e córregos de tamanho razoável que possuem trechos inteiros de seus cursos, orientados por imposçções tectônicas (rêde de diacláses dos granitos e direção da xistosidade dos gnaisses). Daí existir nas zonas granítico-gnáissicas da região um padrão de drenagem que associa uma fina trama dendrítica a um mosaico bem marcado de rios orientados segundo ângulos retos. Ela é por excelência uma rêde dendrítco-retangular, por essa razão mesma.

No caso das regiões xistosas, possuidoras de grandes variedades de rochas, é comum, por outro lado, a existência de trechos bem marcados de rios direcionais, de padronagem retangular, a despeito da tendência dendrítica das cabeceiras de drenagem e dos sulcos de enxurrada. Devido às precipitações acentuadas, porém, a padronagem retangular da drenagem regional está muito longe de apresentar aquêles característicos observáveis nas regiões xistosas proterozóicas de Minas Gerais e da Bahia, para não falar dos padrões de drenagem peculiares às regiões semiáridas do Brasil Nordeste.

Nas regiões cristalinas que envolvem a bacia de São Paulo é comum observar-se pequenos cursos que se orientam pelo contacto de xistos com bossas graníticas, como é o caso de alguns vales das proximidades da estação de Taipas, na E.F. Santos-Jundiaí. Comuns, também, são os casos de pequeninos córregos situados no contacto de gnaisses e granitos, como se pode observar nos arredores da estação de Itapeví, na E.F. Sorocabana, assim como nos arredores do vilarejo de Embu. Em ambos os casos, os detalhes morfológicos das duas vertentes dos vales podem ser fàcilmente observados na paisagem: de um lado, onde dominam granitos, são comuns as grandes cicatrizes de matacões graníticos aflorantes, enquanto, na vertente oposta, o manto de decomposição de xistos e gnaisses é mais profundo e homogêneo, escondendo inteiramente o *bed rock*.

A seção de batolito constituída pela Serra da Cantareira (Rêgo e Santos, 1938), que, em seu conjunto, possui drenagem dendrítica, apresenta porém, em zonas de contacto com xistos e em áreas de diaclasamento muito acentuado, aspectos *dendrítico-retangulares*. A Cantareira, por outro lado, em sua porção granítica principal, mais saliente e isolada, apresenta um caso local de irradiação de drenagem. Realmente há alí como que um ponto de fuga para inúmeros pequenos córregos e riachos, os quais nascendo em porções internas elevadas do maciço granítico rejuvenescido, caminham para a periferia, através de sinuosos traçados *dendrítico-retangulares*. No conjunto, é iniludível a presença local de um tipo especial de drenagem *radial*, perfeitamente explicável em face do corpo intrusivo saliente e rejuvenescido alí existente.

Por seu turno, a grande lente rejuvenescida dos quartzitos do Jaraguá (Ab'Sáber, 1948, 1952), forçou a existência de um quadro local de drenagem radial bem mais definido que o próprio caso da Cantareira. Tem-se, portanto, que lentes maciças de rochas resistentes, encravadas em extensas massas de rochas bem menos resistentes funcionam exatamente como se fôssem bossas de rochas intrusivas, domos, aparelhos vulcânicos ou corpos intrusivos restritos, criando quadros locais de drenagem radial. Fato valido, entretanto, principalmente para a fase de maturidade de maciços antigos rejuvenescidos, como é o caso do Jaraguá e da Cantareira. Por último, haveria a dizer que os dois casos citados de drenagens radiais dos arredores de São Paulo são expressões dos complexos rearranjamentos de drenagem assistidos pela região após o entalhamento e a dissecação da antiga *superfície das cristas médias*.

Nas grandes e largas calhas aluviais do Tietê e Pinheiros, assim como ao longo de alguns de seus afluentes principais, existiam, antes dos serviços de retificação, rêdes de drenagem típicas de planícies de soleira, fortemente submersíveis. Dominava de Osasco a Mogí das Cruzes, no vale do Tietê, assim como no Pinheiros, drenagem extremamente sinuosa, com meandros divagantes labirínticos. Em vários pontos, devido à profusão de meandros, lagoas de meandros, ilhas fluviais estabelecidas em antigos meandros de pedúnculos cortados, assim como ligeiros trechos de drenagens anastomosadas, era possível reconhecer-se uma drenagem divagante labiríntica. Entretanto, comparadas com a bizarra morfologia das drenagens labirínticas brasileiras da Amazônia e do Pantanal, as planícies aluviais paulistas poderiam enquadrar-se num terceiro tipo, correspondente ao mais simples dos padrões de drenagens labirínticas do Brasil.

Anomalias e casos particulares de rêde de drenagem na região de São Paulo

A despeito de ser possível maior número de exemplos, julgamos especialmente dignos de menção os seguintes casos de anomalias de drenagem, observáveis nos arredores da cidade de São Paulo, em áreas marginais da bacia sedimentar paulistana, onde os fenômenos epigênicos pós-pliocênicos em geral foram mais complexos:

1. o meandro encaixado do morro de São João, ao norte de Osasco;
2. o cotovêlo brusco, absolutamente anômalo do rio Embu (M'boy), próximo do vilarejo de Embu;
3. as anomalias de drenagem dos cursos do rio Piqueri e Cabuçu-de-Cima, nos sopés norte-orientais da Serra da Cantareira;
4. a drenagem apalachiana local dos outeiros e morros baixos de zona pré-Serra da Cantareira, ao norte de Cumbica;
5. os cotovelos de captação encaixados das cabeceiras de pequenos rios do planalto, capturados depois do plioceno para o lagamar santista e a baixada de Itanhaem.

O meandro encaixado que envolve o morro de São José, ao norte de Osasco, é uma das mais curiosas anomalias da drenagem paulistana. Ali, o Tietê, que até então apresentava tão sòmente largas planícies, com meandros divagantes, bruscamente contorna um morro gnáissico, formando um meandro encaixado típico. Acontece, porém, que o pedúnculo do meandro está seccionado, apresentando um largo vão aparentado com os *wind gap*. Nesse vale morto, situado entre as colinas de Osasco, e morro de São João, observam-se espessas e contínuos cascalheiros na forma de terraços fluviais, indiscutìvelmente pertencentes a uma drenagem antiga do próprio Tietê. Trata-se de depósitos de terraços, exatamente similares aos que se encontram mais para leste-sudeste, no bairro de Presidente Altino; todos êles ìntimamente ligados ao eixo geral do vale do Tietê. Conclui-se, portanto, que o Tietê, ao tempo dos depósitos terraços de Osasco e Presidente Altino, possuía um braço d'água mais direto, grosso modo cruzando o pedúnculo do atual meandro encaixado do morro de São João. Havia, a êsse tempo, segundo tudo leva a crer, um anastomosamento complexo em tôrno do morro de São João, drenagem bipartida que depois se desfez, tendo o rio preferido seguir o caminho mais longo, correspondente à grande curva do próprio meandro inciso. Daí a grande anomalia, ali observável.

Tudo leva a crer que o meandro se encaixou, ou, mais precisamente, iniciou o seu processo de encaixamento a partir do nível de 750-760 m, nível das porções mais elevadas do atual morro de São João. Tratava-se, na época, de um meandro divagante, similar a muitos outros que devem ter existido ao tempo em que se formaram os níveis mais elevados dos terraços fluviais do Tietê e Pinheiros, na região de São Paulo. O fato de o anfiteatro de escavação do meandro ter correspondido a uma área de gnaisses fortemente diaclasados, obrigou o rio a se guiar pelas direções dúplices da xistosidade dos gnaisses e da rêde de diáclases que os fraturavam. Por outro lado, o fato e estar o pedúnculo do meandro situado mais ou menos ao longo de linha de contacto entre o embasamento gnáissico irregular e as formações terciárias, favoreceu o entalhamento concomitante do pedúnculo do meandro, durante a fase de maior dendritificação da rêde de drenagem regional. É

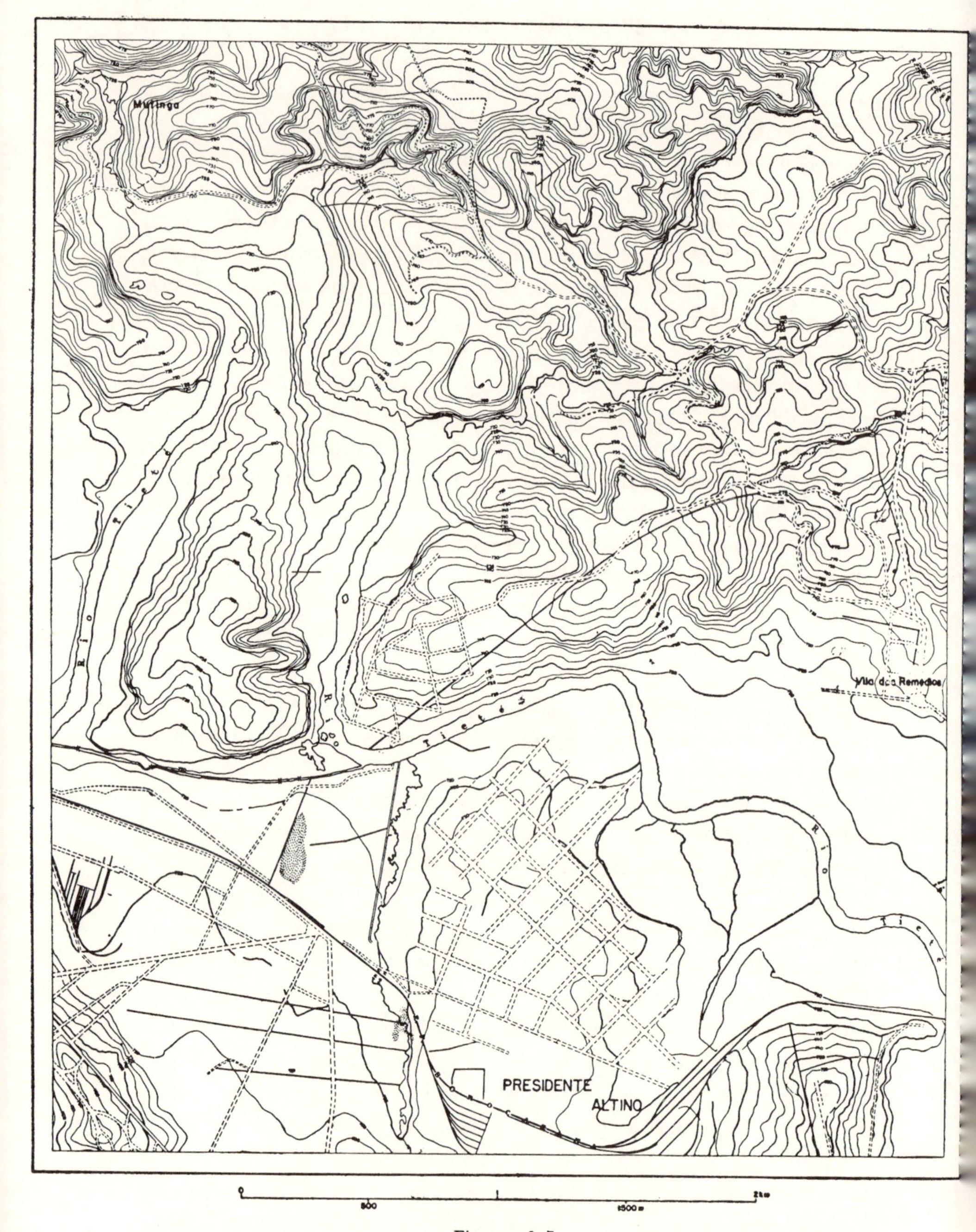

Figura n.º 7.
Meandro encaixado do Tietê no morro de São João, em Osasco. Terraços fluviais de Presidente Altino e Osasco. (Fragmento do "Mapa Topográfico do Município de São Paulo", da SARA Brasil, S.A., 1930).

possível que bem antes da deposição dos seixos fluviais dos cascalheiros dos terraços de Osasco e Presidente Altino, o Tietê tenha corrido pelos dois leitos que ilhavam o morro de São João. Curioso notar, entretanto, que, exatamente após a formação dos baixos terraços fluviais do nível de 722-728 m, o Tietê teve dificuldade em manter seu curso pelos dois leitos, restringindo-se à grande curva que contorna o morro de São João. Uma vez mais, temos um exemplo regional de cascalheiros funcionarem como rochas mais resistentes do que as rochas cristalinas, sujeitas a decomposição mais rápida e profunda. No encaixamento e na manutenção do meandro inciso, papel importante, por seu turno, deve ter cabido às diáclases sul-norte, que aí orientam o leito do rio, na vertente leste do morro de São João (5).

No quadrante sudeste da região de São Paulo, nas proximidades do vilarejo de Embu (M'boi) existe uma das mais complexas anomalias de drenagem de tôda a rêde do Alto Tietê: os ribeirões da Ressaca e Ponte Alta, após caminharem de SSW para N NE, passando por Embu, infletem bruscamente para o S, e, depois, para L até encontrar o rio Guarapiranga na região do Santo Amaro. Trata-se de riachos de vales maturos, perfeitamente definidos e hierarquizados, sendo que o cotovêlo situado a 2 km a NE de Embu se encontra encaixado através de epiciclos erosivos iniciados a partir do nível de 800-830 m. Trata-se da superfície da região de São Paulo que ali possui sensível expressão topográfica até os altos patamares do Morro do Vento (900-950), grande bossa

(5) Repetindo o curioso caso do meandro encaixado do morro de São João em que lóbulo interno foi isolado por um encaixamento feito a partir de um alto nível de terraço (*strath terrace*), existe no bairro de Vila Anastácio uma miniatura expressiva do mesmo processo genético. Aqui, entretanto, o encaixamento que determinou o insulamento de um largo e raso lóbulo interno de meandro, foi executado a partir de um nível de baixos terraços de 725 m. Nos mapas antigos pode-se observar o núcleo central de Vila Anastácio circundado por várzeas alagáveis em todos os seus quadrantes, restando a sêco apenas aquilo que correspondia ao lóbulo interno do meandro encaixado. Após a ligeira incisão do antigo meandro, houve esrtangulamento do pedúnculo e o Tietê na região adquiriu o traçado que até hoje possui. A lagoa em forma de ferradura correspondente ao antigo braço morto do rio foi colmatada parcialmente e hoje aterrada para possibilitar a ampliação dos atuais espaços industriais da Lapa e Vila Anastácio. Destruiu-se pràticamente todo um outeiro, da margem direita do Tietê, próximo a ponte da E. F. Santos-Jundiaí, a fim de aterrar a área onde hoje se situam os Armazéns Gerais da Lapa.

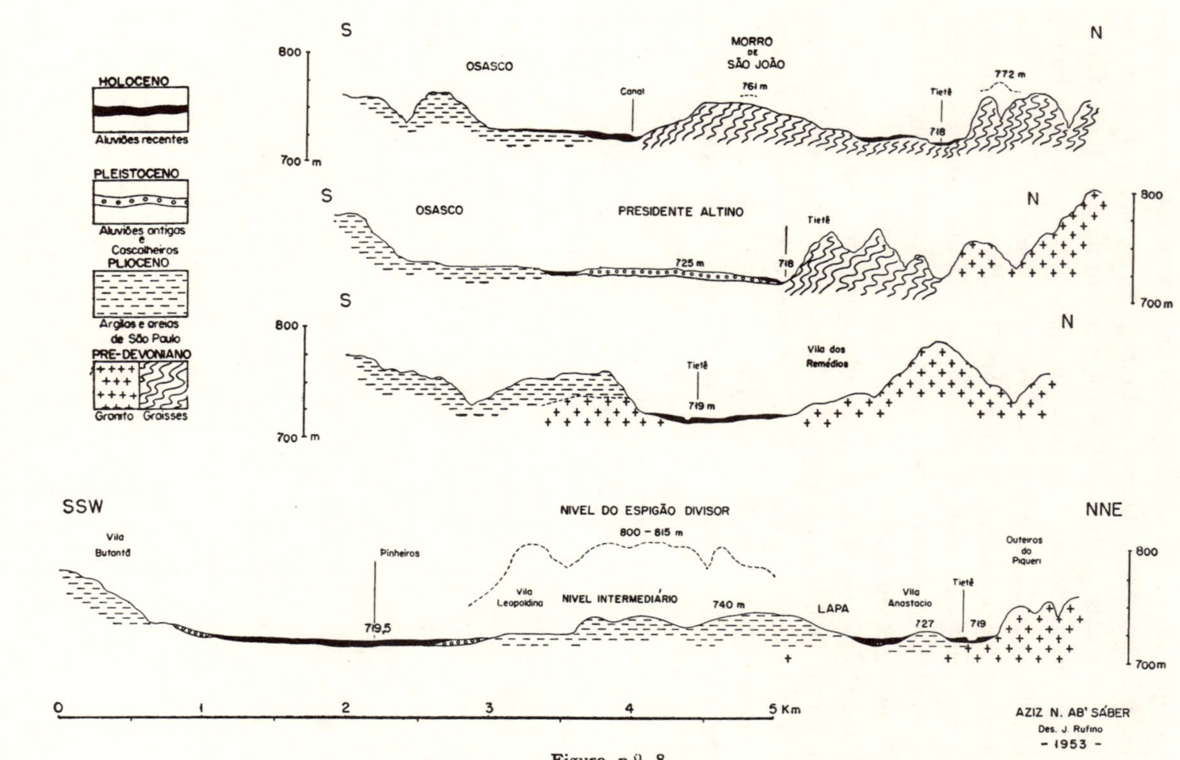

Figura n.º 8.
Os vales do Tietê e Pinheiros pouco antes de sua confluência e secções geológicas do vale do Tietê à saída de São Paulo.

granítica, que pode ser compreendida como um resíduo rebaixado da superfície das cristas médias na região. Tem-se, portanto, que o traçado altamente irregular da drenagem regional nada tem a ver com capturas recentes mas com anomalias originais da drenagem que se superimpôs ao nível da região de São Paulo durante a peneplanização regional plio-plestocênica.

É bem possível que a fase de peneplanização que marcou o fêcho da sedimentação na bacia de São Paulo se tenha estendido até as abas superiores dos maciços de Cotia, Itapecerica da Serra e Morro do Vento. A sedimentação nesse quadrante era pouco espêssa e descontínua, a não ser localmente, ao longo das indentações correspondentes aos eixos dos vales do Pirajuçara, Guarapiranga e M'boi Guaçu. Frente a êsse quadro estrutural pretérito, ao se processar a superimposição hidrográfica pós-pliocena na região, os cursos d'água adaptaram-se ao mosaico de terrenos sedimentares e cristalinos ali existentes. Por um lado procuraram seguir as indentações dos terrenos terciários, e, por outro, as linhas de maior fragilidade dos terrenos cristalinos regionais (contactos entre granitos, gnaisses e micaxistos e áreas de xistos menos resistentes). À medida que o rio Pinheiros se encaixava, as ondas de erosão regressiva percorriam tôda a região, obrigando ao aprofundamento dos vales segundo o traçado inicial herdado da superimposição pós-pliocênica. Desta forma ter-se-ía fixado no terreno o cotovêlo do rio Embu-mirim, sendo ilusórios os aspectos de captura recente que a rêde de drenagem anômala da região parece sugerir quando observados apenas planimètricamente. Não haveria razões, aliás, para que se processasse uma captura para o SSE, se é que os rios de nível de base mais baixos na região são exatamente os que se dirigem para o baixo Pinheiros.

Lembramos, por último, que o conjunto da rêde de drenagem do quadrante sul-sudoeste da região de São Paulo, a despeito das anomalias que vimos de estudar, orienta-se para leste e nordeste, correspondendo a uma orientação geral herdada da superimposição pós-pliocênica, de caráter marcadamente centrípeta em relação à bacia sedimentar paulistana.

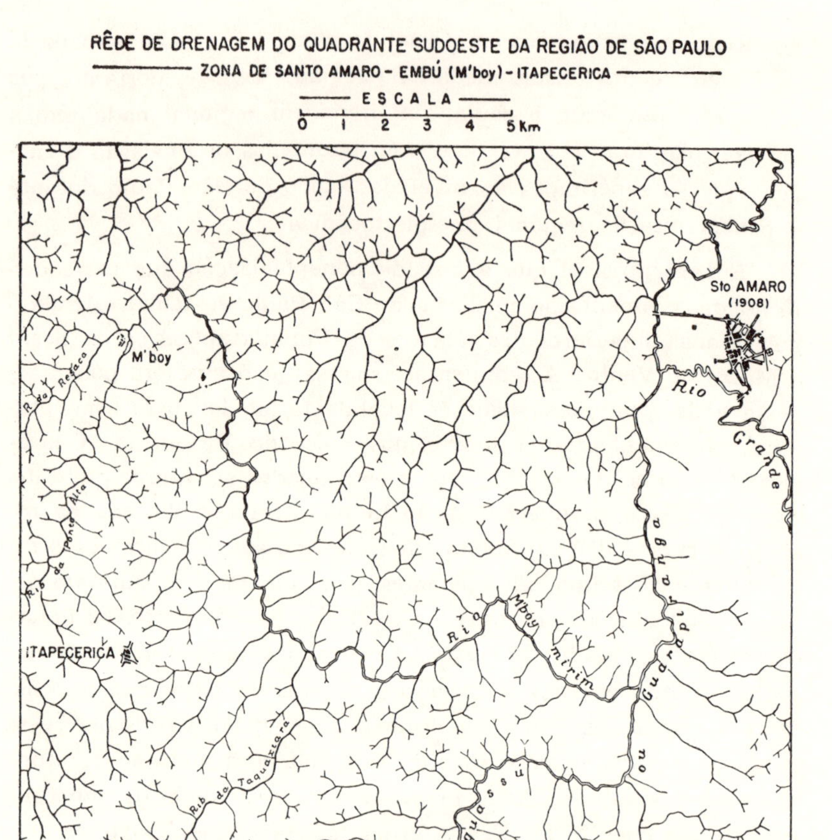

Anomalias de drenagem na área de contacto entre os terrenos cristalinos e a bacia sedimentar paulistana
Extraído da Folha de São Roque da Com. Geogr. e Geol. S.P. (1908)

Figura n.º 9.

Das anomalias de drenagem apresentadas nos diversos quadrantes da região de São Paulo, a única que mereceu um estudo criterioso por parte de pesquisadores do passado foi a dos sopés norte-orientais da Serra da Cantareira. Nessa área o rio Cabuçu possui em sua porção supeiror um traçado SW-NE e W-L para depois correr no sentido N - S, até atingir o Tietê. Por seu turno, o

TOPOGRAFIA DA REGIÃO ITAPECERICA-EMBÚ
(M'BOY)
— Vale do Embú-Mirim —

— 1:100.000 —
Extraida da Folha de São Roque
Com. Geogr. e Geol. (1908)

Figura n.º 10

rio Piqueri, situado no mesmo alinhamento geral do Cabuçu de Cima, um tanto mais para sudoeste, repete exatamente o traçado anômalo de seu vizinho. Morais Rêgo e Sousa Santos (1938, pp. 136-138), que muito bem estudaram a região, mostraram a tendência direcional dos vales situados mais próximos dos sopés da Cantareira eo caráter conseqüente dos rios afluentes e dos baixos cursos que vêm ter diretamente ao Tietê. Os rios Piqueri e Cabuçu, em suas cabeceiras, são cursos que seguem a orientação das linhas de contacto entre as intrusões graníticas e os xistos e quartzitos da zona pré-Serra da Cantareira. Em seu médio e baixo curso, porém, êles se comporam como meros afluentes centrípetos da bacia de São Paulo, fugindo às injunções estruturais devido ao seu caráter epigênico. Pequenas interferências de drenagens e readaptações às condições estruturais são referidas por Morais Rêgo e Sousa Santos (1938), p. 137), quando se referem ao atual arranjo da drenagem do rio Cabuçu de Baixo.

Em tôda a região de São Paulo aponta-se apenas um caso típico de drenagem *apalachiana* local. Trata-se da zona xistisa situada ao norte da Base Aérea de Cumbica, nas fraldas norte-orientais da Serra da Cantareira. Ali, uma série de pequenos corregos paralelos, orientados do norte para o sul, seccionam normalmente feixes de xistos orientados grosso modo segundo a direção W - L. Desta forma, originou-se uma treliça nìtidamente apalachiana nessa área, pôsto que de modo restrito e em caráter de exceção. Tratase de um caso de superimposição local pós-pliocênica, tendo os riachos da região entalhado por epigênese o embasamento xistoso, a partir de uma delgada capa de sedimentos terciários, que outrora se estendia em plano até o nível dos outeiros e patamares de morros de zona pré-Serra da Cantareira. Desta forma, ali, ao invés de encontrar-se rios subseqüentes, como é o caso do Cabuçu de Cima e do Piqueri, encontramos uma série de riachos conseqüentes superimpostos ao nível da região de São Paulo. Trata-se de um curioso caso de drenagem, que vem enriquecer, ainda mais, com seu exemplo, a grande variedade de aspectos ofrecida pela drenagem do Alto Tietê na região de São Paulo.

Não poderíamos deixar de nos referir, por último, aos diversos casos de capturas fluviais observáveis nas abas continentais da Serra do Mar, em áreas contíguas à da região de São Paulo.

De tôdas as anomalias da drenagem ali existentes, a mais importante e a mais berrante sob o ponto de vista planimétrico, é a das cabeceiras do Rio Branco da Conceição, curso isolado da vertente atlântica paulista, que vai ter à Baixada Itanhaem através de complicado roteiro. Tem-se noção da complexidade da drenagem regional quando se observa o traçado anômalo do Alto Capivari, nome local das cabeceiras do rio Branco. Em seus primeiros 10 km de curso, o rio Capivari é S-N; após o cotovêlo de captação, situado a 4 km ao S SW de Eengenheiro Marsilac (estação da E. F. Sorocabana — ramal Mairinque-Santos), passa a correr de W para L, por alguns quilômetros. Próximo da estação de Evangelista de Sousa, o aludido curso se inflete para o S, até seccionar os gnaisses da borda da Serra do Mar, por meio de um traçado nìtidamente obseqüente. Daí, por diante, após uns 15 km de curso êle passa a correr para S SW, com o nome de rio Branco da Conceição, apertado entre a escarpa da Serra do Mar, aí localmente interiorizada, e o esporão costeiro destacado da mesma, conhecido por serra do Guaperuvu e Serra do Barigui. Finalmente, na Baixada de Itanhaem, o coletor principal da planície de nível de base da região, possui um traçado N - S, que é exatamente o oposto daquele que nos é apresentado pelas cabeceiras do rio Capivari.

Não é preciso grande esfôrço de interpretação para se concluir que os trechos superiores S-N do rio Capivari e do ribeirão da Ponte Alta constituem braços de uma drenagem *antecedente* que ia ter à bacia de São Paulo durante o plioceno e até uma boa parte do quaternário antigo. Posteriormente, com a marcha regressiva do rio Capivari na direção do planalto, houve uma interferência na drenagem do Alto Capivari e no ribeirão da Ponte Alta, que redundou num desvio dos mesmos para L. Desta forma, o curso que capturou o rio antecedente da região foi uma ramificação subseqüente do Alto Capivari. Observando-se a rêde de drenagem do rio Cubatão de Cima, pode-se perceber a existência de uma significativa ramificação em forma de treliça frouxa, e, a nosso ver, foram essas trelças frouxas das cabeceiras das drenagens que vão ter diretamente ao Atlântico, que possibilitaram capturas complexas como as do Alto Capivari e ribeirão da Ponte Alta. Tais interferências de drenagens entre cursos d'água de gradientes extremamente desiguais, invertem gradualmente a direção das drenagens antecedentes do planalto, criando um rejuvenescimento extensivo na bor-

ESBOÇO GEOLÓGICO DA SERRA DA CANTAREIRA

ÁREA NORDESTE

0 500 1000 2000m

Extr. do levant. geol. de Moraes Rego e Sousa Santos (1938)

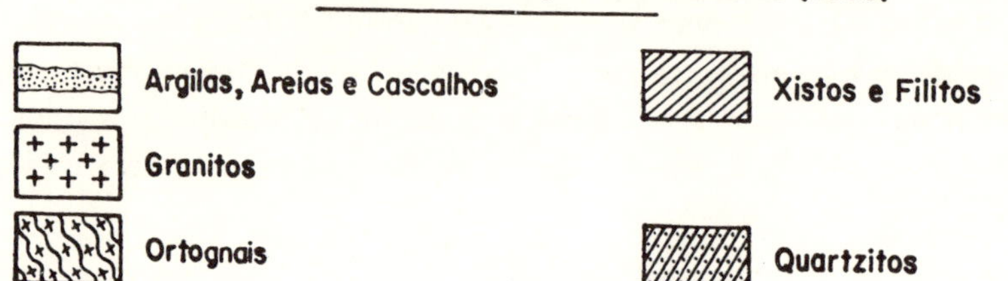

Figura n.º 12.

RÊDE DE DRENAGEM DA ÁREA NOROESTE DA SERRA DA CANTAREIRA

Rêde mixta de tipo dendrítico - retangular com anomalias locais

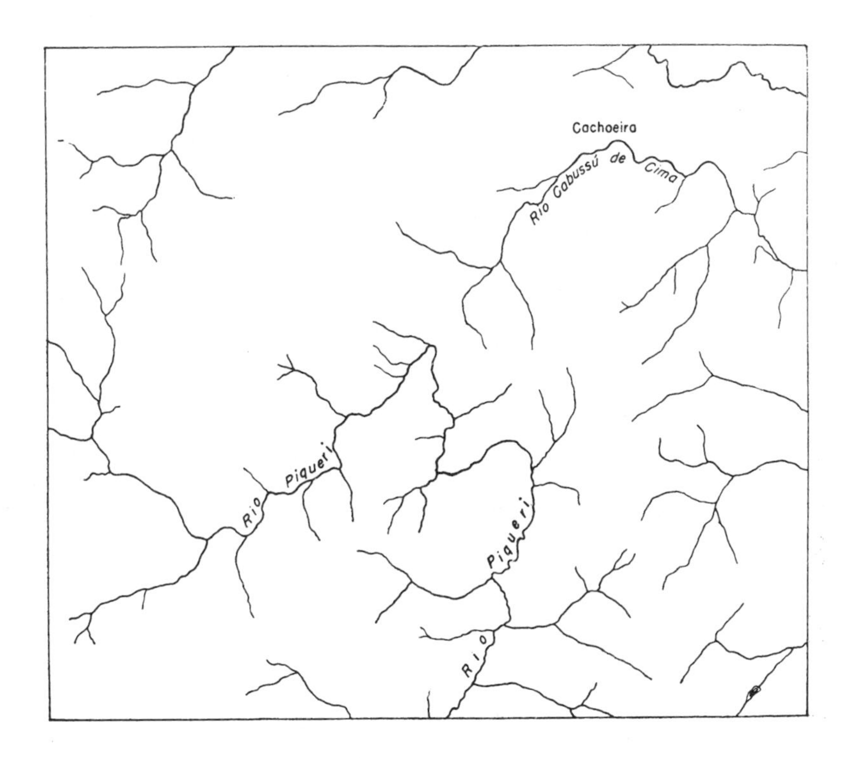

Figura n.º 11.

da do mesmo. Ali, o encaixamento da drenagem ainda não foi tão grande como aquêle que se observa nos vales do Cubatão e do rio Branco, exatamente devido ao volume d'água exíguo dos rios capturados, à resistência relativa das rochas regionais e à juventude sensível do processo de captura, que pode ser tido com tôda certeza como pós-pliocênico.

Estudando a região onde se processou a captura, percebe-se que o ribeirão da Ponte Alta e o Alto Capivari eram tributários de uma das indentações meridionais da bacia sedmentar flúvio-lacustre de São Paulo. Com a decaptação por êles sofrida, os testemunhos terciários da extremidade sul-ocidental da bacia de S. Paulo ficaram como que em plano suspenso, em área bem próxima dos divisores atuais da drenagem continental em relação à drenagem atlântica.

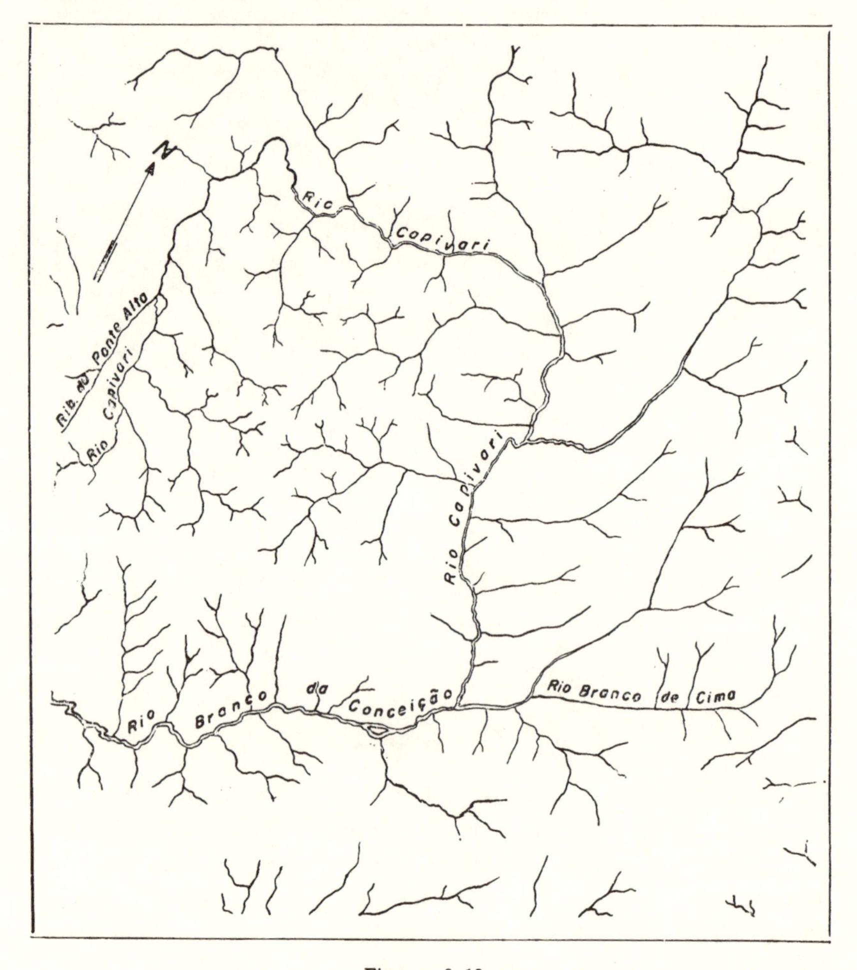

Figura n.º 13.
Rêde de drenagem anômala da área sudoeste da região de São Paulo, denotando capturas fluviais de rios do planalto pelos cursos d'águas litorâneos.

II — MORFOLOGIA DO SÍTIO URBANO DE SÃO PAULO

4. OS SÍTIOS URBANOS NAS REGIÕES SERRANAS DO PLANALTO ATLÂNTICO

Os problemas dos sítios urbanos no Planalto Atlântico

As regiões serranas do Planalto Atlântico brasileiro, com sua paisagem de morros mamelonares e pequenos maciços montanhosos, acidentados e irregulares, criaram sérios problemas para a localização das aglomerações urbanas. Nelas dominam enormes extensões de velhos terrenos de topografia movimentada, em que se alternam morros de vertentes convexas, maciços descontínuos de rochas mais resistentes, um ou outro bloco de planaltos soerguidos e, por tôda parte, vales de perfis tranversais bem marcados, pertencentes a rêdes hidrográficas excessivamente densas.

Tais condições naturais, no que tange ao relêvo, obrigaram muitas cidades a adaptar sua estrutura urbana às imposições da topografia local, a fim de poderem apresentar um sítio urbano relativamente plano. Daí, também, os numerosos exemplos de pequenos centros urbanos alojados no fundo de vales estreitos cu em compartimentos alargados de planícies aluviais, com suas várzeas e baixos terraços, em disposição marcadamente alveolar.

No Estado do Rio de Janeiro, as regiões serranas de Petrópolis, Teresopólis e Nova Friburgo apresentam apenas minúsculas planícies de soleira, de conformação alveolar, onde as cidades se anicharam incômodamente, comprimidas entre a planície rasa e os sopés relativamente íngremes dos morros de grandes blocos de esfoliação. Exceção feita das planícies estreitas e alongadas, sòmente alguns raros patamares de morros ou ligeiras encostas de declive mais suave deram asilo às edificações urbanas. Neste particular, a cidade de Petrópolis apresenta-nos um belo exemplo de sítio urbano que forçou a interpenetração do sistema de ruas e pequenas praças por entre a trama dos vales que desembocam na planície alveolar principal da região.

A solução intentada, nos tempos coloniais, pelas ricas cidades mineiras da zona aurífera foi bem outra; após a ocupação das estreitas planícies do fundo dos vales, onde estavam as aluviões auríferas, passou-se a ocupar os morros, através da incorporação de seus patamares intermediários e encostas de topografia menos acidentada. Íngremes ladeiras e ruas transversais tortuosas puseram em ligação os diversos núcleos dos pequenos e complexos organismos urbanos ali desenvolvidos. As cidades, que não chegaram a possuir riqueza e fôrça econômica suficientes para construir e manter igrejas, praças e grandes edifícios nos altos patamares de morros, cresceram acanhadas, acompanhando o eixo sinuoso dos vales e dos caminhos principais.

Assim sendo, se para pequenas aglomerações se torna difícil encontrar-se, no Planalto Atlântico, o indispensável espaço geográfico favorável, imagine-se o teor das dificuldades em relação aos problemas de sítio urbano quando se trata de grandes cidades. Na verdade, no interior dêsse acidentado planalto, raros são os compartimentos de relêvo suficientemente amplos para alojar, sem maiores complicações, organismos metropolitanos de população superior a meio milhão de habitantes.

Três tipos de exceções locais, entretanto, podem ser reconhecidos:

1. os compartimentos de relêvo pràticamente nulo, situados a montante de soleiras rochosas, sob a forma de planícies e baixos terraços de extensão excepcionalmente ampliada;

2. as superfícies de erosão locais, de relêvo suave, situadas em áreas de antigas planícies e baixos terraços destruídos por ligeiro rejuvenescimento;

3. as bacias sedimentares de formação recente, de origem flúvio-lacustre, localizadas em compartimentos especiais do planalto, resultantes de complicações tectônicas e páleo-hidrográficas dos fins do terciário.

O sítio urbano da cidade de Juiz de Fora ilustra bem o tipo geográfico de espaço urbano do primeiro caso, passível de ser encontrado em raros pontos do Planalto Atlântico. Quem demanda aquela cidade de Minas Gerais, vindo de sul ou de sudeste, perce-

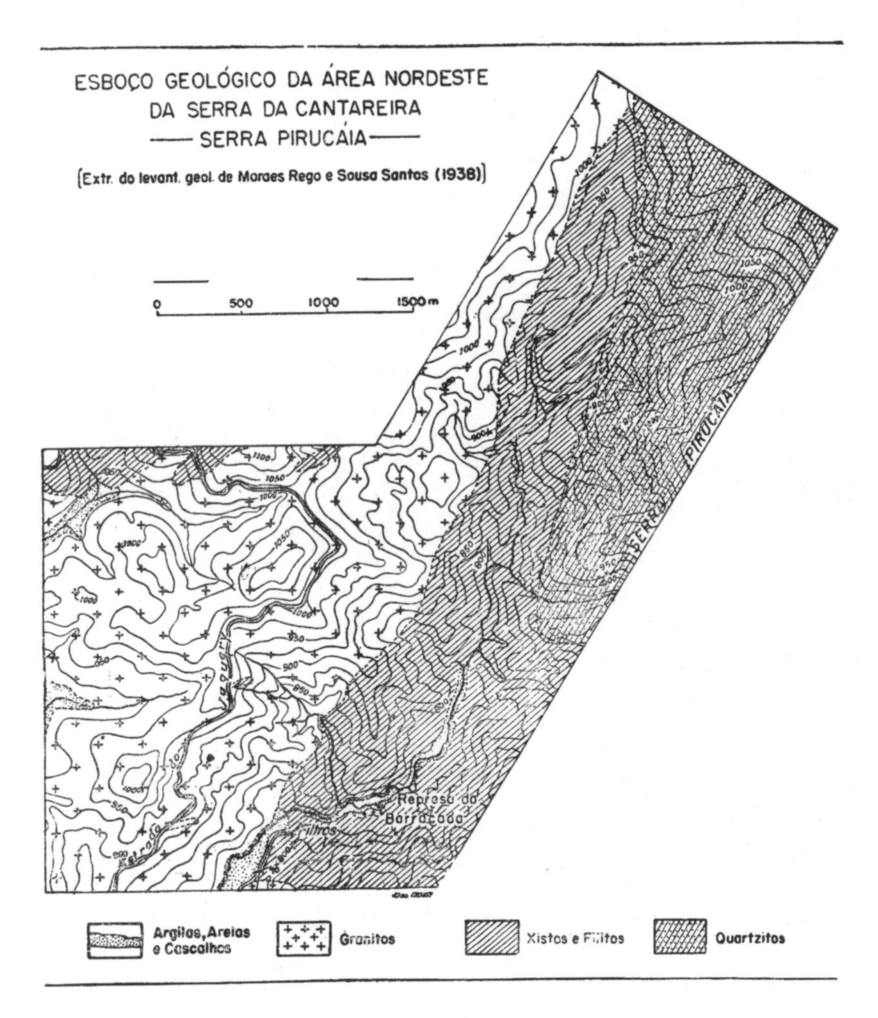

Figura n.º 14 A

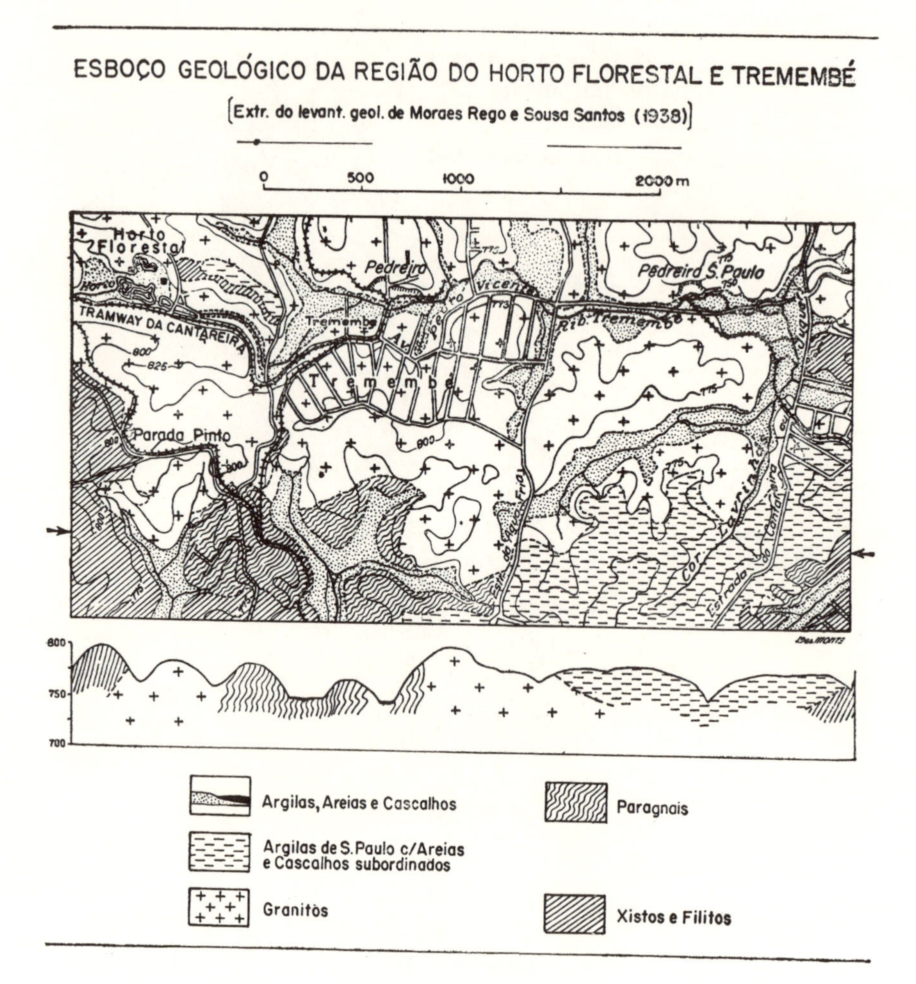

Figura n.º 14 B

be logo a grande dificuldade existente para a localização de núcleos no meio da morraria arredondada que caracteriza a Zona da Mata mineira. Bruscamente, entretanto, entra-se em contacto com uma larga planície situada a montante de uma resistente soleira rochosa, que faz parte de um pequeno maciço residual a SE da cidade. Trata-se do único compartimento de relêvo relativamente plano, que se pode encontrar, desde as raias de Minas Gerais com o Estado do Rio de Janeiro, passível de asilar uma aglomeração urbana da importância de Juiz de Fora. Inegàvelmente, trata-se de um pequeno quadro geográfico de exceção, no conjunto do relêvo serrano regional, cuja explicação geomorfológica, aliás, está ainda a pedir uma interpretação acurada.

Por seu turno, *Belo Horizonte* exemplifica o segundo tipo de sítio urbano de grande cidade, que pode ser encontrado no Planalto Atlântico. No caso, não se trata de uma simples planície de soleira, mas de todo um nível de erosão local (a "superfície de Belo Horizonte", de Francis Ruellan), desenvolvida a montante de um blcco maciço de velhas montanhas rejuvenescidas. A cidade permaneceu embutida em um compartimento de relêvo muito suave, situado após um dos blocos mais acidentados das formações proterozóicas de inas Gerais. O assoalho urbano da moderna capital mineira é constituído, quase exclusivamente, por formações arqueozóicas, rebatidas a um baixo· nível de erosão local, que ficou como que encaixado profundamente no meio das formações proterozóicas dominantes na porção centro-sul do Estado.

O terceiro tipo de sítio urbano pode ser encontrado em pequenas bacias sedimentares, de origem flúvio-lacustre, formadas em fins do terciário, em que um sistema de colinas e plataformas interfluviais acaba por construir pequenas unidades geomórficas, de topografia suave e homogênea. Tais áreas de exceção do Planalto Atlântico oferecem as maiores e as mais bem situadas áreas para a localização de centros urbanos, no conjunto de terras altas do país. Por isso mesmo, a bacia do *médio Paraíba*, pela sua própria forma e extensão, pôde asilar um rosário de cidades de tamanho razoável, quer em terras paulistas, quer no território fluminense. Em condições notàvelmente semelhantes, duas outras ba-

FOTO n.º 8. — Estrutura urbana da Metrópole entre o Tietê (alto da foto) e o Pinheiros (base da foto). Ao centro, à esquerda, vê-se a extremidades ocidental do Espigão Central, com os caprichosos arruamentos oitavados do bairro do Sumaré. As estradas de ferro (Sorocabana e Santos-Jundiaí), situadas entre os baixos terraços e as planícies alagáveis do Tietê, limitam sensìvelmente a área de expansão mais contínua do organismo urbano na direção daquele rio (margem esquerda). Em contraposição, como a aerofoto bem o demonstra, as planícies do Pinheiros, após a retificação do rio e as obras de urbanização ali levadas a efeito pela Companhia City (Alto de Pinheiros), foram incorporadas aos espaços urbanos utilizáveis, dentro de padrões invejáveis. Entre a área de urbanização mediana de Cerqueira César e a moderna de Alto de Pinheiros, o núcleo antigo do tradicional bairro dos Pinheiros restou isolado e expremido através de acanhado sistema de ruas tortuosas, apoiando-se no sítio favorável de um retalho de baixo terraço fluvial. (Foto dos Serviços Aerofotogramétricos Cruzeiro do Sul — Esc. aprox. de 1:25.000 — Levant. em nov. de 1952 — Gentileza da Associação dos Geógrafos Brasileiros).

cias sedimentares viram nascer e desenvolver duas metrópoles estaduais: Curitiba, capital do Paraná, em plena fase de crescimento, e a cidade de *São Paulo,* o mais importante centro urbano de todo o Planalto Brasileiro.

Traços essenciais do sítio urbano de São Paulo

As colinas, que movimentam o relêvo dos últimos quilômetros que precedem a confluência do Tietê com o Pinheiros, constituem o domínio geográfco que sustenta o corpo principal da capital paulista.

Trata-se de uma área de cêrca de 300 km^2, onde exatamente se encontram representadas as mais diversas formas de relêvo da bacia sedimenar de São Paulo; ali se escalonam níveis topográficos e formas de relêvo dotadas de feições muito próprias e de uma diversificação bastante grande para uma bacia relativamente restrita, como é o caso da que veio conter a metrópole bandeirante. Disso resulta que a sua estrutura urbana teve de se adaptar a um sítio urbano de amplitude altimétrica absoluta relativamente fraca, mas variada nos detelhes do relêvo e no número de elementos topográficos que comporta.

Do fundo dos principais vales da região (Tietê-Pinheiros, 720 m) até as colinas mais elevadas do espigão divisão (810-830 m) existe uma amplitude de pouco mais de uma centena de metros. Entretanto, a despeito dessa diferença entre valores altimétricos extremos, os maiores desníveis entre as colinas e os vales que as sulcam raramente vão além de 40 ou 60 metros.

Quem, de avião, deixa o aeroporto de Congonhas, situado ao sul da cidade, em demanda do norte, tem oportunidade de observar um dos mais característicos elementos do sítio urbano de São Paulo: trata-se do que denominamos de *Espigão Central,* alongado e estreito divisor de águas entre as bacias do Tietê e do Pinheiros. Nada mais é do que uma plataforma interfluvial, disposta em forma de uma irregular abóboda ravinada, cujos flancos descaem para NE e SW, em patamares escalonados, até atingir as vastas calhas aluviais, de fundo achatado, por onde correm as águas do Tietê e do Pinheiros. A avenida Paulista superpôs-se exatamente ao eixo principal dêsse espigão, enquanto o interminável casario dos bairros recobre seus dois flancos. Nos patamares tabulares médios, constituídos pelas baixas colinas da margem esquerda do Tietê, o bloco de quarteirões compactos da área central da cidade torna-se, muitas vêzes, ainda mais maciço, projetando verticalmente a silhueta dos arranha-céus e dos grandes edifícios. Neste trecho, mais do que noutros, os elementos do relêvo encontram-se inteiramente mascarados pelas linhas quebradas e irregulares das grandes construções urbanas.

Um contraste relativamente sensível existe entre as duas *vertentes do Espigão Central*. Na do Tietê, os flancos do importante divisor apresentam um escalonamento e um espaçamento de níveis intermediários, muito mais pronunciados do que na vertente do Pinheiros. É fácil perceber-se que, da avenida Paulista para o sul e sudoeste (vertente do Pinheiros), existe uma série de ladeiras, de rampas acentuadas, dotadas de certo alinhamento e continuidade. Esta face do Espigão Central é pouco festonada e os declives são rápidos e diretos, desde os altos rebordos até o nível tabular suavizado do Jardim Paulista e do Jardim Europa. Pelo contrário, a face norte e nordeste do espigão (vertente do Tietê) descai através de uma série de espigões secundários, separados pelos sulcos bem marcados de pequenos vales paralelos e pouco ramificados. O tôpo dêsses espigões secundários é caracterizado por alternâncias de rampas ligeiramente inclinadas e patamares aplainados escalonados, de extensão variável. O mais extenso e importante dêles corresponde ao nível das colinas do "Triângulo" histórico e da Praça da República (745-750 m), que é uma réplica exata do nível tabular suavizado do Jardim Paulista e do Jardim Europa (745-750 m). Trata-se de esplanadas tabulares de grande significação para o sítio urbano, já que asilam o corpo principal do organismo urbano.

A posição dêsse nível tabular intermediário, colocado entre as altas colinas e as áreas de planícies e baixos terraços fluviais ("fill terraces"), dos dois principais cursos d'água paulistanos, não deixa dúvidas quanto à sua natureza genética: constitui um nível de

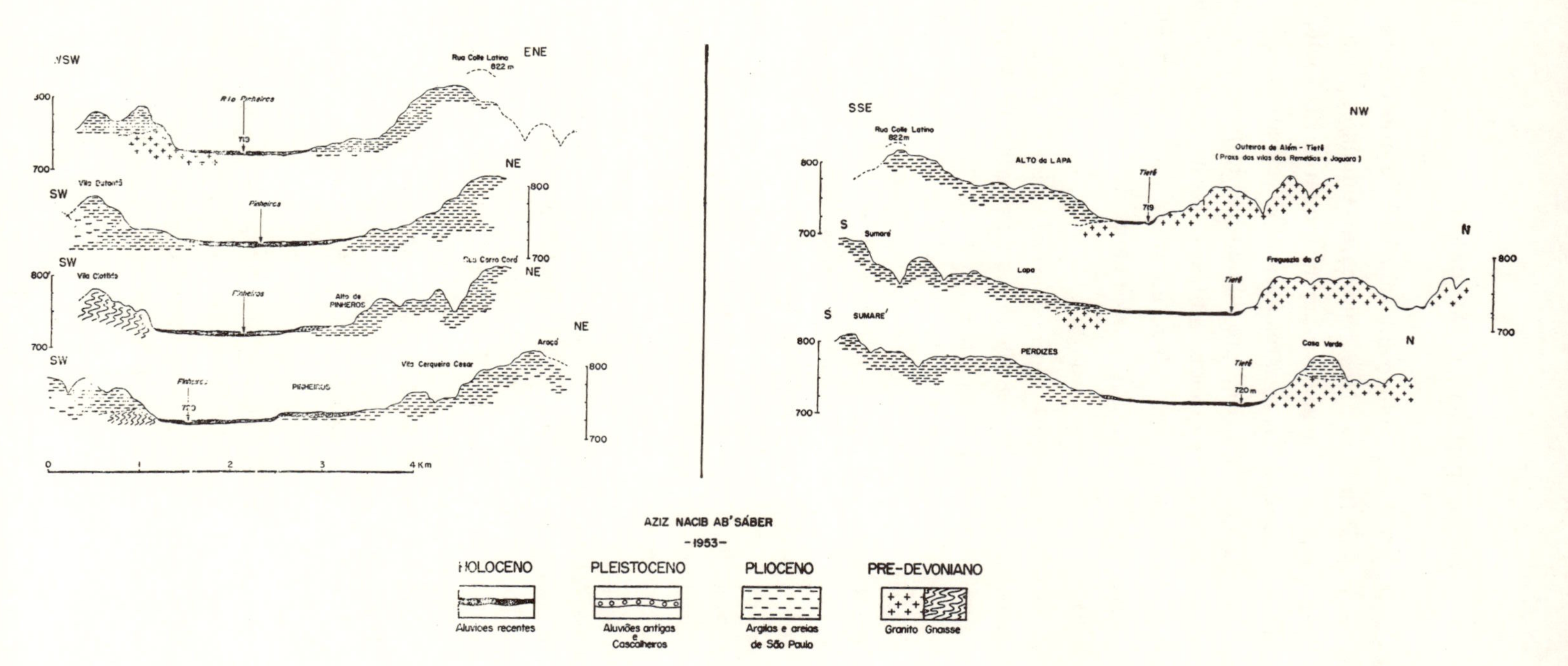

Figura n.º 15.

Secções geológicas sucessivas transversais aos vales do Tietê e Pinheiros. Note-se a assimetria dominante nos perfis tranversais de ambos os vales.

terraceamento antigo, ou seja, um nível de "strath terrace" do Tietê e do Pinheiros.

Nas *porções enxutas da planície do Tietê,* assim como nos *terraços aluviais marginais* e nas *zonas de transição* entre os terraços e os flancos mais suaves das colinas terciárias (seguindo "grosso modo" a orientação E-W do Tietê), alinham-se as instalações ferroviárias e as áreas industriais principais da cidade. As ferrovias seguiram as zonas de transição entre as planícies aluviais e as colinas mais suaves, superpondo-se, muitas vêzes, nos principais tratos de terraços fluviais que a região de São Paulo apresenta. Essas áreas baixas e mal drenadas, que por muito tempo permaneceram abandonadas, isolando as principais colinas urbanizadas, constituem, hoje, o sítio básico do parque industrial paulistano. Nota-se, imediatamente, que a maior porcentagem dos bairros residencias coincide oom os diversos níveis das olinas, ao passo que a grande maioria dos bairros industriais e operários justapõe-se aos terraços e planícies aluviais do Tietê e alguns de seus afluentes.

Ao centro da larga e contínua *planície do Tietê,* seccionando indiferentemente meandros abandonados, diques marginais antigos e ligeiras depressões alagáveis, destaca-se a silhueta inconfundível do canal de retiicação. Desta forma, esboça-se a recuperação geral do único elemento do relêvo regional que ainda não participara da área urbanizada; e chega a ser impressionante a extensão dos espaços urbanos passíveis de recuperação, nesse trecho de baixadas aluviais.

As colinas, os outeiros e morros baixos, que se alinham não longe da *confluência do Tietê com o Pinheiros,* caracterizam-se por seus perfís abruptos e dissmétricos em relação às baixadas, os terraços e patamares intermediários escalonados, existente no *ângulo* interno da referida confluência. Faltam, ali, principalmente, os níveis intermediários que tão bem caracterizam as margens opostas. As encostas dos pequenos outeiros e morros aproximam-se muito da planície aluvial, descaindo ràpidamente através de perfís convexos: fato que se observa tanto na vertente do Pinheiros, como na do Tietê. Daí uma flagrante disimetria nos perfís transversais dos dois principais vales regionais.

Cumpre observar que, a despeito dessa dissimitria generalizada, os níveis dos topos das altas colinas e outeiros da margem direita do Tietê e da esquerda do Pinheiros estão nivelados a altitudes grosso modo equivalentes às do Espigão Central. Com efeito, dominam na região altitudes que oscilam entre 770 e 820 m, que correspondem aos testemunhos geomórficos do que poderemos chamar a *superfície de São Paulo*. Tal superfície secciona, indiferentemente, formações cristalinas antigas as mais diversas e camadas sedimentares dos testemunhos e das indentaçõe locais da bacia de São Paulo.

5. OS ELEMENTOS TOPOGRÁFICOS DO SÍTIO URBANO DE SÃO PAULO

Os elementos topográficos

Para a melhor compreensão das características do sítio urbano de São Paulo, nada mais útil do que a discriminação dos elementos topográficos que participam da condição de base das edificações urbanas. Um perfil topográfico, orientado de SW para NE, transversalmente ao Espigão Central, constitui tarefa indispensável para a compreensão dos níveis de altitudes e das formas de relêvo da principal porção do sítio urbano da capital. Em ambos os flancos daquêle espigão divisor definem-se patamares escalonados, que descaem até os baixos terraços fluviais e planícies de inundação dos dois cursos d'água que drenam a bacia da São Paulo.

Tomando por base tal critério, poderemos reconhecer os seguintes componentes do sítio urbano do trecho principal da metrópole paulista:

1. *Altas colinas de tôpo aplainado do Espigão Central.* — Áreas típicas: trechos percorridos pela rua Domingos de Morais e avenidas Paulista e Dr. Arnaldo. Altitude média: 805-830 m.

2. *Altas colinas dos rebordos dos espigões principais.* — Dentro delas, cumpre distinguir: a) altos esporões dos espigões principais (colinas do Sumaré); b) altas colinas isoladas ou ligeiramente isoladas em relação aos rebordos dos espigões principais (colinas da Aclimação). Trata-se das regiões relativamente acidentadas, onde se localizam as cabeceiras dos pequenos afluentes da margem esquerda do Tietê e direita do Pinheiros. Altitudes variando entre 780 e 830 m, com desníveis absolutos de 60 até 110 m, em relação ao talvegue dos rios principais.

3. *Patamares e rampas suaves escalonados dos flancos do Espigão Central.* — Trata-se de patamares elevados e relativamente

FOTO n.º 9. — *Altas colinas da extremidades ocidental do Espigão Central, ao sul do Sumaré.* Área de urbanização e circulação difícil, onde estão se multiplicando bairros de classe média, com habitações assobradadas construídas em apertados lotes de encostas. Foto Ab'Sáber, 1953.

FOTO n.º 10. — *Altas colinas do Paraíso* (815-820 m), no trecho em que o Espigão Central após o seu trecho Norte-Sul, inflete-se para W-NW. Aí, entre os bairros do Paraíso e Aclimação foram construídas algumas das mais íngremes ladeiras paulistanas. Foto Ab'Sáber, 1950.

planos, dispostos na forma de largos espigões secundários perpendiculares ao eixo do divisor Tietê-Pinheiros. Tais patamares descontínuos e decrescentes, esculpidos nas abas do Espigão Central, foram retalhados pela porção média e superior dos vales dos pequenos afluentes do Tietê e Pinheiros. Áreas típicas: patamares e rampas encontradas a diversas alturas das avenidas radiais que demandam o Espigão Central, mormente na vertente do Tietê (Lins de Vasconcelos, Liberdade, Brigadeiro Luís Antônio, Consolação, Angélica, Cardoso de Almeida, Pompéia). Altitude dos patamares e rampas: 750 a 800 m.

4. *Colinas tabulares do nível intermediário.* — Plataformas tabulares de grande importância como elementos do sítio urbano, dispostas de 15 a 25 m acima do nível dos baixos terraços fluviais e planícies de inundação do Tietê e do Pinheiros. Êsse nível foi seccionado, de trecho em trecho, pelos médios vales dos principais subafluentes do Tietê e do Pinheiros, restando sob a forma de suaves tabuleiros e baixas colinas. Áreas típicas: colinas do "Triângulo", Praça da República, Santa Ifigênia, Campos Elíseos, Jardim Europa, Jardim Paulista, Vila Nova Conceição, Brooklin, Indianópolis, Santo Amaro, Belém, Tatuapé. Altitude média muito constante, variando entre 745 e 750 m.

5. *Baixas colinas terraceadas.* — Aparecem contíguas aos primeiros terraços fluviais mantidos por cascalheiros. Areas típicas: Itaím e Parque São Jorge. Altitude entre 730 e 734 m.

6. *Terraços fluviais de baixadas relativamente enxutas.* — Mantidos por cascalheiros e aluviões arenosas e argilosas. Áreas típicas: Brás, Pari, Canindé, Presidente Altino, Maranhão, Jardim América, Pinheiros, além de trechos de Vila Nova Conceição, Itaim, Santo Amaro e Lapa. Altitudes médias variando entre 724 e 730 m, na calha maior dos vales principais.

7. *Planícies de inundação sujeitas a inundações periódicas.* — Zonas largas e contínuas, domínio de aluviões argilo-arenosas recentes e solos turfosos de várzea. Altitude variando entre 722e 724 m.

8. *Planícies de inundação sujeitas a enchentes anuais.* — Zona de "banhados" marginais e meandros abandonados, com solos

argilosos escuros, permanentemente encharcados. Altitude variando entre 718 e 722 metros.

O Espigão Central das colinas paulistanas

O alongado e estreito espigão, de tôpo aplainado, que avança de SE para NW, a partir aproximadamente do centro da Bacia de São Paulo, constitui a principal plataforma interfluvial do sistema de colinas da região paulistana. Trata-se do mais importante e bem definido dos elementos geomórficos do sítio urbano da capital paulista.

O espigão central adquire suas formas mais características a partir do Jabaquara, do Aeroporto de Congonhas e de Vila Mariana, ao sul da cidade, prolongando-se por 13 km na direção de NW, até perder sua linha de continuidade nas colinas do Sumaré. Entre Jabaquara e Vila Mariana, numa distância de 5 km, sua direção é rigorosamente S-N. Nos limites entre Vila Mariana e o Paraíso, o eixo do espigão inicia sua deriva para o ocidente, passando a ter o rumo SE-NW. Cumpre notar que, do Jabaquara até à porção central da avenida Paulista (Parque Siqueira Campos), serve êle de divisor de águas entre os afluentes da margem direita do Pinheiros e os pequenos e ativos riachos tributários do Tamanduateí (Ipiranga, Cambuci, Anhangabaú, Saracura Grande e Saracura Pequeno). É sòmente a partir do Parque Siqueira Campos que o Espigão Central passa a ser, diretamente, o principal divisor entre o Tietê e o Pinheiros.

Em quase tôda sua extensão, o Espigão Central apresenta altitudes homogêneas e relativamente constantes. No Jabaquara e no Aeroporto de Congonhas, onde se apresenta sob a forma de altas colinas tabulares suavizadas, sua altitude varia entre 790 e 805 m; possui, nesse trecho, largas e suaves secções de tòpo plano e rebordos mal definidos, que atingem 200 a 500 m de largura. Na área de transição entre Vila Mariana e o Paraíso, inicia-se um patamar ligeiramente mais alto, cujas altitudes variam entre 815 e 820 m; trata-se do pequeno trecho, rigorosamente tabular, que contém as praças Guanabara e Osvaldo Cruz, assim como a extremidade sul da avenida Paulista. Dali para diante, até à extremidde norte da

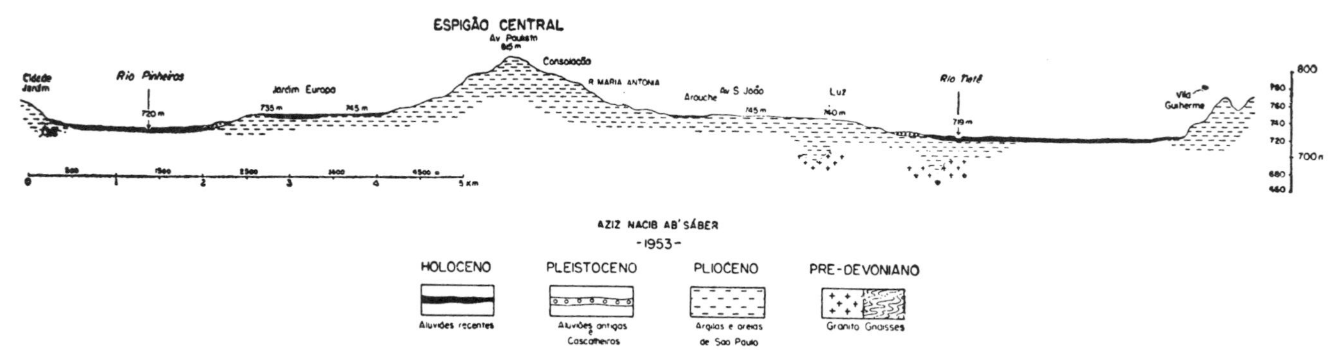

Figura n.º 16.
Secção geológica na porção central da bacia de São Paulo do vale do Tietê ao do Pinheiro. Note-se o perfil do Espigão Central (805-815 m), o nível intermediário esculpido em seus flancos (745-750 m) e os baixos terraços fluviais com cascalheiros (725-730 m).

Foto Ab'Sáber, 1950.

avenida Paulista, o Espigão Central torna-se bastante homogêneo e retilíneo, passando a ter de 100 a 300 m de largura, em sua porção plana superior, e mantendo-se na altitude média de 815-820 m.

No Sumaré, os estrangulamentos na plana cumiada do Espigão Central passam a ser mais freqüentes. Nesse trecho, ao mesmo tempo que excepcionalmente o espigão se eleva de alguns metros (820 830 m), perde sua linha de continuidade, desfazendo-se em altas colinas de tôpo ondulado, apenas interligadas por colos e suaves passagens. Lateralmente, em tôdas as direções, rupturas de declive bruscas e bem marcadas separam o nível ondulado superior dos profundos sulcos realizados pelos afluentes do Tietê e do Pinheiros. O ponto mais elevado dessa região, que é também a cota mais alta de todo o sítio urbano de São Paulo, possui uma altitude de 831 m e encontra-se próximo à avenida Prof. Afonso Bovero, contíguo ao Reservatório de Águas do Sumaré.

Têm-se evidências de que, até bem pouco tempo, dentro da cronologia geológica, as colinas do Sumaré e arredores formavam um dos blocos tabulares mais bem definidos de tôda a área de colinas da Bacia de São Paulo. Grandes bancos alternados de limonita, consolidando lentes de areias e cascalhos miúdos, conseguiram manter o edifício estratigráfico das camadas de São Paulo, na região, deixando-o a escapo de um rebatimento de nível de caráter generalizado. Foi devido, exclusivamente, à erosão diferencial que as colinas regionais puderam manter-se a um nível tão elevado. Não fôra isso, a posição das referidas colinas, nas proximidades da confluência do Tietê e do Pinheiros, teria sido razão suficiente para um arrasamento mais intenso das colinas regoanais; por outras palavras: o normal teria sido que o Espigão Central perdesse altitude do Jabaquara para o Sumaré e, não, em sentido inverso, como acontece na realidade.

Diversas são as formas de rebordos e terminações laterais, ao longo do Espigão Central. Às vêzes, trata-se de simples rampas suaves, dispostas em patamares escalonados; outras vêzes, porém, são encontradas formas de relêvo mais vigorosas, mormente nas raízes de vales situadas em zonas de maior resistência litológica e estrutural. O retalhamento excessivo das abas do espigão e as diver-

FOTO n.º 11. — Altas colinas terciárias situadas na extremidade ocidental do Espigão Central, no sul do bairro do Sumaré. Removendo os horizontes A e B do solo e criando barrancas e rampas íngremes no horizonte C, as companhias de loteamento aceleram a ação das enxurradas, comprometendo o equilíbrio entre o escoamento e a inclinação das vertentes. **Foto Ab'Sáber 1953.**

sas modalidades do recúo das vertentes principais explicam-nos, suficientemente, essas formas de detalhe do relêvo local. Ao estudo das altas e médias colinas formadas à custa da evolução das vertentes do Espigão Central dedicaremos algumas considerações especiais.

O Espigão Central é essencialmente composto de formações sedimentares da porção superior das camadas de São Paulo. Em nenhum ponto dos altos ou médios rebordos dêsse espigão foi encontrado um afloramento de rochas do embasamento cristalino. E' de se supor, mesmo, dada sua posição na bacia de São Paulo, represente êle um dos mais importantes pacotes de sedimentos remanescentes do ciclo de sedimentação pliocênico que afetou a região paulistana. Nada há que autorize pensar seja o Espigão Central um acidente "grosso modo" coincidente com o eixo da bacia de São Paulo; todavia, pode-se dizer, com segurança, que se encontra êle num dos eixos onde a bacia sedimentar alcança ponderável espessura média e maior continuidade de distribuição espacial.

Embora se notem diferenças sedimentológicas, que variam tanto no sentido vertical, como no horizontal, ao longo do Espigão Central, torna-se possível observar, em algumas de suas secções, uma alternância de camadas concordantes horizontais bem maior do que a estratificação dominante nos patamares baixos e nos testemunhos das bordas setentrionais e ocidentais da bacia. Os afloramenos dos rebordos do Espigão Central, nas cabeceiras do rio Saracura Grande, assim como os testemunhos das sondagens realizadas pelo Instituto de Pesquisas Tecnológicas, na área onde foram construídos os túneis da avenida Nove de Julho, revelam uma estratificação concordante e uma sucessão de camadas alternadas de argilas rijas e duras, entremeadas de camadas de areias finas e médias. À altura da área de transição entre o Paraíso e a Aclimação, as camadas de areias finas e médias aumentam consideràvelmente de espessura, dominando sôbre as argilas. Por outro lado, as crostas limoníticas são mais abundantes em diversos níveis de altitude, forçando o encaixamento dos vales regionais. No extremo sul do Espigão Central, voltam a dominar os sedimentos finos, sobretudo argilosos e variegados.

Anomalias bastante grandes na composição dos sedimentos são observadas nas altas colinas do Sumaré. Tanto no seu tòpo, como nos flancos médios os esporões abruptos da região, notam-se grossas camadas de areias mal consolidadas, de côr creme, interpenetradas por irregulares crostas limoníticas. Nos flancos médios, tais crostas são mais regulares e extremamente espêssas e duras, servindo de cimento ferruginoso para camadas de areias e arenitos conglomeráticos.

É muito freqüente encontrar-se, nos topos do Espigão Central e nos seus rebordos mais suaves, uma zona de oxidação superficial pronunciada, que cria solos argilo-arenosos finos de côr vermelha muito carregada. Trata-se de uma alteração local e superficial dos próprios estratos terciários — um verdadeiro e espêsso *horizonte pedogênico* — e, não, de uma seqüência de camadas diversas, como poderia parecer. O comportamento dessas camadas superficiais, sob o ponto de vista da mecânica dos solos, é bem diferente em relação aos sedimentos não alterados, o que levou os técnicos do I.P.T. a fazer uma distinção especial para tal horizonte,por êles denominado de zona de "argila vermelha porosa" (Pichler, 1950).

No que diz respeito às relações entre o organismo urbano e o Espigão Central, cumpre lembrar que nada menos do que cinco extensas avenidas da Capital se aproveitaram das altas e estreitas esplanadas suaves nêle existentes. Realmente, ao longo dos 13 km de extensão do Espigão Central, existem largas e importantes vias públicas que, em alguns trechos, chegam a ser pràticamente planas e relativamente retas, graças à tabularidade fundamental do relêvo: o trecho sul-norte asila a avenida Jabaquara (790-800 m) e a avenida Domingos de Morais (790-815 m), enquanto que o trecho sudeste-noroeste contém, primeiramente, a avenida Paulista (815-820 m) e, depois, as evenidas Dr. Arnaldo e a parte inicial da Prof. Afonso Bovero (820-830 m). Resta dizer, ainda, que uma série de antigos caminhos e estradas, hoje transformados em ruas ou arruamentos mais ou menos sinuosos, seguem o traçado das cumiada das altas colinas do Sumaré e arredores. Por outro lado, tôdas as radiais provenientes da área central da cidade são obrigadas a trans-

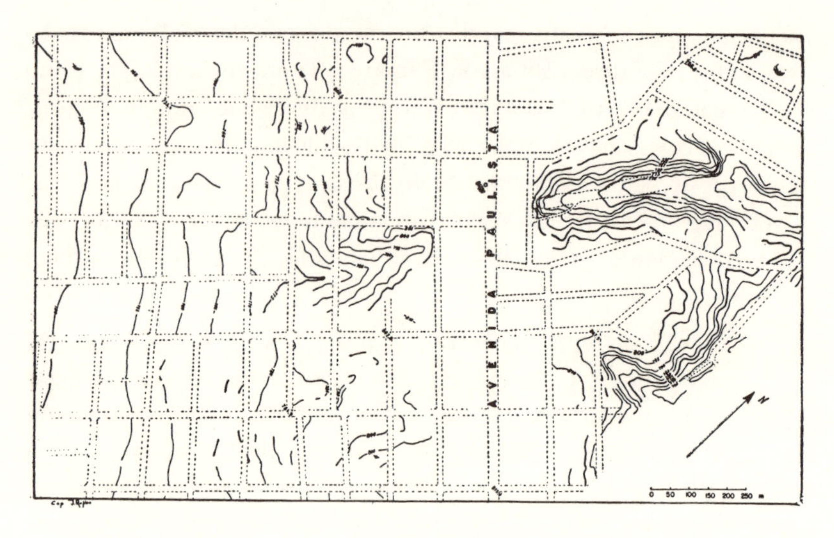

Figura n.º 17.

Topografia dos flancos do Espigão Central no local onde foi construído o Túnel da avenida Nove de Julho, que facilita a circulação direta entre os bairros do vale do Tietê com os do vale do Pinheiros. (Fragmento do "Mapa Topográfico do Município de São Paulo", da SARA Brasil S A., 1930).

por dificultosamente o Espigão Central e as irregularidades de suas vertentes.

As altas colinas dêsse importante divisor, devido ao seu relativo isolamento em relação às áreas industriais e comercias da metrópole e em função do seu micro-clima apreciado, a par da circunstância de encontrarem-se a uma distância relativamente pequena do centro da cidade, tiveram seu destino ligado quase exclusivamente à ocupação residencial; daí os inúmeros bairros residenciais, finos e médios, ali desenvolvidos. Sòmente as suas extremidades mais distantes possuem áreas de bairros em formação ou núcleos remanescentes de um povoamento desordenado e modesto. A tendência geral, todavia, é para uma rápida incorporação dos mesmos ao grande e denso conjunto de bairros residenciais dessa importante área urbana. Convém assinalar que a mais importante e aristocrática área residencial da cidade de São Paulo, nos primeiros 30 anos do século atual, correspondeu a uma das parcelas mais individualizadas do Espigão Central: a avenida Paulista.

A porção ocupada por essa avenida dista apenas de 2 a 3 km do centro da cidade. Por outro lado, um feixe de pequenos espigões secundários demandam as duas colinas tabulares que asilam o centro da cidade, concentrando-se em pleno coração da metrópole sob a forma de um cabo de leque. De tal fato resulta que os bairros situados nas abas do Espigão Central, na vertente do Tietê, dispõem de fácil acesso à área central, graças às radiais que seguiram o eixo dos esporões secundários. Em compensação, os bairros localizados ao sul da avenida Paulista, desenvolvidos nos últimos 30 anos, ficam um tanto isolados pela própria presença do alto e contínuo espigão divisor. As radiais pioneiras estenderam-se até às proximidades da planície do Pinheiros; entretanto, nem por sso, conseguem dar vazão rápida ao tráfego de veículos provenientes do centro da cidade. Daí terem sido procuradas outras soluções para os problemas de circulação interna entre os bairros e os núcleos das duas vertentes: ao invés de aproveitarem-se dos espigões secundários, utilizou-se a calha dos afluentes do Tietê e do Pinheiros; e avenidas de fundo de vales passaram a auxiliar o tráfego, que anteriormente estivera ligado exclusivamente aos espigões.

A avenida Nove de Julho constitui um primeiro tipo de solução, dentro dêsse critério: remonta ela o vale do Saracura Grande até às proximidades de suas cabeceiras, sendo, em seguida, complementada por dois extensos túneis, que perfuram a base do Espigão Central à altura do Parque Siqueira Campos, para alcançar a vertente do Pinheiros. A posição dessa avenida é excepcional, pois desemboca no vale do Anhangabaú, exatamente ao centro das duas colinas tabulares em que se assentam os dois núcleos da área central da cidade. Traçado e importância análogos terá a avenida Anhagabaú, pois deverá remontar o vale do Anhangabaú (ex-Itororó) até suas cabeceiras, no Paraíso, perfurando ali o Espigão Central por meio de outros tantos túneis.

Outra solução, muito comum nas áreas de loteamento moderno, situadas em colinas do relêvo movimentado, é o traçado de ruas em forma de anfiteatro ou ferradura; em geral, trata-se de arruamentos adaptados à forma da base das vertentes situadas entre dois esporões de altas colinas.

FOTO n.º 12. — *O bairro do Pacaembú e sua urbanização sui-generis.* O estádio tem como sítio um dos vales em calha das cabeceiras da drenagem regional. Note-se a adaptação da estrutura urbana ao relêvo. Foto Ab'Sáber, 1952.

FOTO n.º 13. — Artifícios da circulação interna na cidade de São Paulo: escadaria de ligação entre a avenida Nove de Julho e as ruas Frei Caneca e Caio Prado. Foto Ab'Sáber, 1952.

Tais exemplos são suficientes para demonstrar as complicações advinhas da existência de relevos acentuados nas colinas dos flancos do Espigão Central. A estrutura dos arruamentos tem procurado ajustar-se às imposições do relêvo, quer se trata das altas esplanadas planas de tôpo dos esporões, das colina semi-isoladas, dos paredões abruptos dos esporões estreitos e salientes, ou das cabeceiras dos vales responsáveis pelo retalhamento dos rebordos do Espigão Central.

As altas colinas dos rebordos do Espigão Central

A erosão das vertentes nos altos rebordos do Espigão Central criou uma série de pequenos acidentes de relêvo devidos ao festonamento excessivo das encostas superiores. Tal fato é particularmente notável nas áreas onde existem camadas resistentes de arenito ou crostas limoníticas, uma vez que, nelas, as minúsculas e bem marcadas bacias de recepção de águas dos afluentes do Tietê conseguiram retalhar os rebordos do espigão esculpindo diversos tipos de esporões lateriais e altas colinas, em processo inicial de isolamento em relação aos estreitos esporões que as vinculam ao divisor principal.

As colinas do Sumaré e arredore, pelo retalhamento fluvial tão pronunciado a que foram submetidas e pelo rebatimento pequeno de suas comiadas (820-830 m), constituem exemplos dos mais expressivos dessas formas de relêvo. O Espigão Central ali se desfaz em pequenos espigões secundários, de tôpo plano ou ondulado, com rebordos e encostas abruptas. Na paisagem, tais esporões estreitos e desordenados, assim como uma série de ligeiras "garupas" e altos patamares de encostas, ficam postados a cavaleiro dos níveis intermediários, localmente estreitados, existentes entre o Espigão Central e o fundo do vale do Tietê. A maior resistência das camadas sedimentares à erosão explica o domínio do entalhamento vertical sôbre o lateral, na evolução das vertentes locais.

O morro da Aclimação corresponde a um antigo esporão do Espigão Central, em fase inicial de isolamento, graças à dissecação ativa provocada pelas bacias de recepção de águas dos vales de dois pequenos riachos: o Aclimação e o Cambucí. Ali, como em algumas áreas do Sumaré, as cabeceiras dos pequenos córregos regionais entalham uma área de arenitos e argilas, entremeados por potentes crostas limoníticas. O entalhamento lateral perde projeção, mais uma vez, em face do entalhamento vertical.

Torna-se necessário assinalar que, na vertente do Pinheiros, muito embora existam colinas em vias de isolamento próximo de antigos esporões contínuos, não se observa um festonamento tão pronunciado dos altos rebordos do Espigão Central. As bacias de captação de águas, engastadas nos flancos superiores do divisor, são muito menos ramificadas. Os afluentes do Tietê foram mais ativos no entalhamento vertical do que no entalhamento lateral, ao passo que os afluentes do Pinheiros esculpiram formas mais homogêneas, conseguindo equilibrar o entalhamento dos talvegues com os processos de alargamento das vertentes dos espigões secundários. Cumpre notar que a capacidade de erosão regressiva dos afluentes do Tietê (tais como o Anhangabaú, o Saracura, o Pacaembu e o Água Branca) é muito maior do que a potência de expansão remontante das pequeninas rêdes hidrográficas dos afluentes do Pinheiros.

Só excepcionalmente restaram ligeiros esporões ou altas colinas semi-isoladas nos flancos do Espigão Central. Constituem exceções, que se explicam pela maior resistência das rochas, as colinas onduladas e os espigões secundários, de rampa suave, existents entre Cerqueira César e a extremidade WNW do divisor Tietê-Pinheiros. Algumas crostas limoníticas, alternadas com camadas de areias e argilas, existentes no tôpo das suaves elevações regionais, explicam suficientemente o porquê da permanência dessas formas do relêvo local.

Sob o ponto de vista rigorosamente genético, a variedade das formas de detalhe dos altos rebordos do Espigão Central é explicada pela associação das fôrças erosivas, a saber: 1. ravinamento pelos lencóis d'água de escoamento concentrado; 2. entalhamento fluvial remontante das pequeninas e múltiplas bacias de recepção deáguas; 3. estímulo das sucessivas retomadas de erosão cíclicas, peculiares ao conjunto do entalhamento fluvial regional.

Convém lembrar que os esporões e altas colinas semi-isoladas dos rebordos do Espigão Central sempre apresentaram sérios proble-

FOTO n.º 14. — Perfil de um dos altos esporões laterais do Espigão Central no bairro do Sumaré. A tabularidade relativa dos interflúvios favoreceu a expansão urbana pelos altos. As vertentes escarpadas, até há pouco, restavam a escapo da onda urbana. No último plano, à direita, a Serra da Cantareira (1100-1200 m), situada três centenas de metros acima das altas colinas. Foto Ab'Sáber, 1953.

mas à estrutura dos bairros. Constituindo formas de relêvo vigorosas e movimentadas, no quadro geral das colinas paulistanas, tais áreas foram motivo de grande dificuldade para a coupação urbana e fator de descontinuidade no processo da expansão dos bairros. Apenas os patamares tabulares as altas esplanadas dos esporões mais próximos da área central da cidade se viram incorporados à área efetivamente urbanizada. Os sulcos profundos das ravinas e dos pequenos vales, responsáveis pelo festonamento dos esporões, restaram como espaços desocupados e terrenos baldios ,como se fôssem verdadeiras "clareiras", de fundos de quintais e vegetação secundária, no seio do casario compacto da metrópole.

Nos derradeiros 20 anos, tais áreas acidentadas, principalmente as que se acham mais próximas do centro vêm sendo recuperadas, através de uma urbanização caprichosa e moderna. Enquanto a porção média dos vales favoreceu o traçado de sinuosas avenidas asfaltadas e arborizadas, as ladeiras das vertentes e, até mesmo, os abruptos dos altos esporões foram urbanizados, por meio de alamêdas e ruas de traçado elítico ou circular, que acompanham grosso modo as curvas de nível das encostas. As altas colinas do vale do Pacaembu exemplificam bem êsse tipo de adaptação local da estrura urbana a um caso particular de forma de relêvo; e o sucesso dessa solução deu margem a uma proliferação do mesmo estilo de urbanização para outras áreas de colinas similares, na região paulistana.

Nos pontos de concentração de drenagem, situados nas áreas de transição entre as bacias de captação de águas e os primeiros trechos dos canais de escoamento (onde, outrora, existem freqüentemente lagoas ou "tanques", devidos a barragens artificiais), existem hoje largas praças circulares, que facilitam o escoamento do tráfego, além de outros elementos particulares de urbanização e aproveitamento de espaços. O Estádio Municipal do Pacaembu constitui um dos elementos da cidade cujo sítio foi hàbilmente aproveitado pelos urbanistas paulistas: encontra-se êle alojado num desvão das cabeceiras de modesto córrego existente entre as altas colinas e esporões da Consolação e do Araçá; sua forma em mangedoura possibilitou o aproveitamento das vertentes elevadas, que

Figura n. 18.

Topografia das cabeceiras do vale do Pacaembú, onde foi construído o Estádio Municipal e onde se desenvolveu uma notável urbanização adaptada às condições do relêvo local. (Fragmento do "Mapa Topográfico do Município de São Paulo", da SARA Brasil, 1930).

passaram a servir de arrimo natural a construção das arquibancadas.

Os patamares e rampas dos espigões secundários vinculados ao Espigão Central

As plataformas interfluviais secundárias, esculpidas a partir dos altos rebordos e esporões do Espigão Central, descaem para os vales principais da região de São Paulo, através de uma série de patamares relativamente planos e rampas de declive ligeiro. Alternam-se, desta forma, ao longo dos espigões secundários que se vinculam ao Espigão Central, plataformas planas descontínuas e diversos degraus de ruptura de declive. Trata-se de altos níveis intermediários, nem sempre bem definidos, e, por essa razão mesma, de difícil discriminação geomorfológica. Embora não muito típicos, podem ser considerados como formas de relêvo aparentadas aos "strath terraces", em alguns casos, e, em outros, a terraços estruturais.

Entre as cotas de 750 e 800 m, existem dois ou três níveis dêsse tipo, mormente na vertente do Tietê, numa área contígua à parte central da cidade. Na vertente do Pinheiros, tais acidentes são muito menos característicos, restringindo-se a altos "ombros" de erosão ou a esporões intermediários mal definidos.

O fato de não haver correspondência exata entre os dois flancos do Espigão Central, no que se refere aos níveis dêsses altos patamares planos, cria uma dissimetria geral no perfil das duas vertentes. Enquanto, na vertente do Tietê, os patamares escalonados possuem uma extensão e um espaçamento razoáveis entre si, na vertente do Pinheiros tais acidentes ficam reduzidos a suaves irregularidades das ladeiras. As razões dessa dissemetria são, provàvelmente, as mesmas que explicam a inexistência de esporões festonados ao longo dos altos rebordos do Espigão Central, na vertente do Pinheiros.

Na vertente do Tietê, onde os níveis dòs altos patamares são mais bem definidos, o retalhamento fluvial recente foi mais pronunciado. Os vales dos pequenos afluentes do Tietê e Pinheiros encaixaram-se periòdicamente, estimulados pelos freqüentes abaixamentos cíclicos dos níveis de base regionais, criando sulcos bem marcados, paralelos e perpendiculares ao eixo do divisor Tietê-Pinheiros.

Um fato importante a salientar é que os patamares escalonados dos flancos do Espigão Central são tanto mais extensos e mais espaçados quanto mais baixos e próximos da calha dos vales principais; isto se dá porque o médio vale dos afluentes corresponde a uma área de concentração de drenagem, que se comporta como simples "canal de escoamento" para as inúmeras "bacias de recepção" de águas, dendríticas, encaixadas profundamente nos altos rebordos do Espigão Central. Sendo menos densa a drenagem que atravessa os patamares mais baixos, devido à gradual concentração da rêde hidrográfica, foi também muito menor a dissecação dos baixos níveis intermediários, a despeito das sucessvas retomadas de erosão, que se fizeram sentir. O alargamento dos patamares culmina no nível tabular de 745-750 m, que vai merecer, de nossa parte, uma atenção especial.

Os patamares escalonados paralelos aos flancos do Espigão Central, na vertente do Tietê, possuem de 200 a 400 m de extensão lateral, em média, sendo interrompidos de espaço a espaço pelas cabeceiras dos vales recentes, que os seccionaram. Idênticamente, a extensão no sentido do eixo dos espigões secundários varia de 200 a 400-500 m, com interrupções, por meio de degraus e rampas de rupturas de declive não muito acentuadas.

Quem observa as abas do Espigão Central, na vertente do Tietê, através do perfil do leito das ruas paralelas à avenida Paulista, percebe bem tal problema. Ao passo que a citada avenida foi construída em um plano quase absoluto, as ruas que lhe são paralelas possuem um perfil bastante ondulado. Não é só; pode-se notar que, em certos pontos, as ruas paralelas perdem sua continuidade, em virtude da interrupção ocasionada pelos sulcos profundos das cabeceiras dos vales do Anhangabaú, Saracura e Pacaembu. Outras estrturas de quarteirões e arruamentos, no passado e no presente, apareceram em tais áreas.

Na vertente do Pinheiros, as ruas paralelas à avenida Paulista, salvo poucas exceções, são mais contínuas e possuem um perfíl menos acidentado.

Desde fins do século XIX e primeiro quartel do século atual, os patamares e rampas escalonados das abas do Espigão Central, na vertente do Tietê, tiveram grande importância como elementos preferidos para a localização de bairros residenciais. Acompanhando o eixo das radiais que demandaram o Espigão Central, através dos espigões secundários, multiplicaram-se os bairros dessa categoria: Liberdade, Bela Vista, Consolação, Higienópolis, Perdizes, etc.

As colinas tabulares do nível intermediário principal

O nível intermediário mais bem definido e mais constante, existente no quadro de relêvo do sítio urbano de São Paulo, é o de 745-750 m. Aparece tanto na vertente do Tietê como na do Pinheiros, diferindo apenas no que concerne a detalhes esculturais. Trata-se de largas colinas e patamares de colinas, de dorso tabular ou ondulado, dissecadas por uma rêde não muito densa de pequenos afluentes paralelos dos rios principais. O nível geral dessas colinas gira em tôrno de 735-755 m, que corresponde ao da Praça da República, ao "Triângulo", ao Jardim América, ao Jardim Europa, à Vila Nova Conceição e a Santo Amaro. O têrmo médio das altitudes dominantes é a cota de 745 m.

Quem primeiro atinou com a identidade altimétrica existente nas duas áreas de colinas dos flancos do Espigão Central parece haver sido o historiador Afonso A. de Freitas. A título de documentação, aqui transcrevemos as observações de sua lavra, sôbre o assunto:

> "Não deixa de ser interessante o confronto das altitudes das vias públicas da Bacia do Pinheiros com as do planalto (sic) e, se o fizermos, encontraremos, na rua Groenlândia, esquina das ruas México e Venezuela; rua México, esquina da Costa Rica; rua Canadá, esquina da avenida Brasil; rua Colômbia, esquina da Peru; rua Panamá, esquina da Peru, etc., tôdas do bairro Jardim América, à altitude de 740 metros, igual à do largo de São Bento e aproximada à rua Conceição, esquina de Washington Luís (740,117); da rua General Osório, esquina da Santa Ifigênia (740,267), etc.; ainda no Jardim América, encontramos a rua Colômbia, na esquina da rua Hondu-

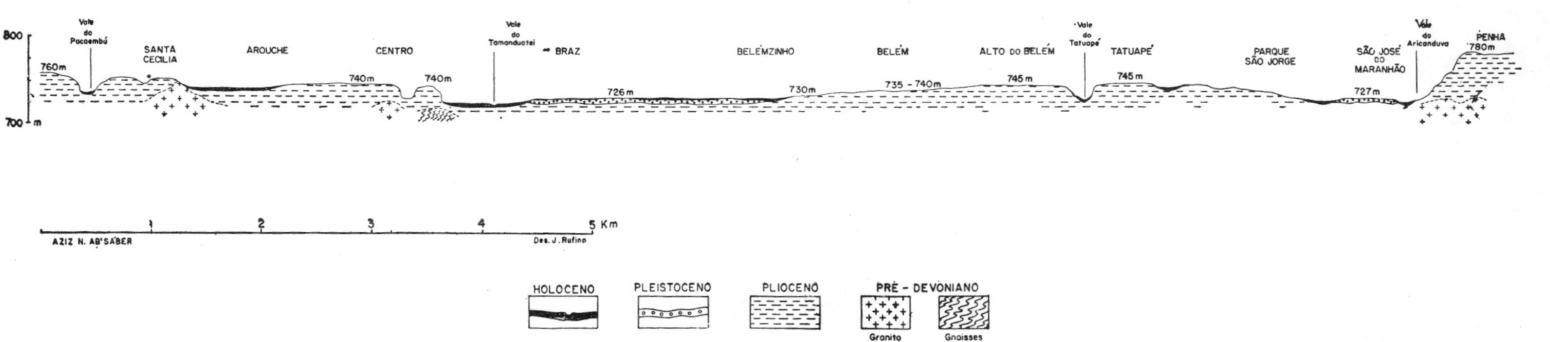

Figura n.º 19.

Secção geológica ao longo da margem esquerda do vale do Tietê, cruzando as colinas de nível intermediário (745-750 m) desde o bairro do Tatuapé até à área central da cidade. Note-se a grande extensão dos baixos terraços do Brás, Oriente, Canindé e Pari (725-730 m).

ras; a avenida Estados Unidos, em seu encontro com a rua Argentina; e as ruas Antilhas e Uruguai na altitude de 745 metros, correspondente à altitude de rua 15 de Novembro, esquina da rua do Tesouro (745,257) e superior às do largo do Paissandu, que acusa em sua parte mais elevada a de 742,847; da rua Aurora, entre as ruas Conselheiro Nébias e Triunfo, que varia de 744,827 e 740, 317 m, e também a do Largo dos Guaianases que acusa a de 743,857 m na esquina da rua General Rondon e a de 744,487 na da Duque de Caxias". (A. de Freitas, 1930, p. 111).

Trata-se, evidentemente, de uma identificação altimétrica cuidadosa e pioneira. Apenas faltou uma tentativa de explicação sôbre a gênese possível dos dois níveis de colinas, o que apresentamos no presente capítulo.

É fácil observar-se que, no conjunto da região de S. Paulo, as colinas intermedárias de 745-750 m constituem um nível de terraceamento antigo, ligado à calha-eixo dos vales do Tietê e do Pinheiros. Daí a curiosa disposição das colinas tabulares suavizadas dêsse nível, nas abas inferiiores da plataforma interfluvial Tietê-Pinheiros. Ao passo que os altos patamares foram excessivamente retalhados, rebatidos e mascarados pelas sucessivas interferências das retomadas de erosão cíclicas, o nível de 745-750 m, por ser um dos mais recentes e, ao mesmo tempo, um dos mais extensos, ficou mais bem definido e conservado no mosaico dos níveis que seccionam o quadro geral das colinas paulistanas. Por outro lado, é uma superfície de terraceamento, marcadamente tabular, que interessa a quase tôda a bacia de São Paulo, dada sua generalização ao longo dos vales principais. Em outras palavras: não é êle apenas um nível ligeiramente inscrito e mal definido nas abas do Espigão Central; muito pelo contrário, é um legítimo nível de terraceamento extensivo a uma boa porção do alto vale do Tietê.

Não se conferiu, ainda, às colinas de 745-750 m o título de *terraços fluviais* apenas por uma razão: na fase atual, após intenso retalhamento, as colinas do referido nível foram incorporadas maciçamente à topografia geral das colinas pliocênicas, tendo sido removidos quase todos os testemunhos sedimentários dos terraços an-

FOTO n.º 15. — O berço da Metrópole: a esplanada do Pátio do Colégio vista do vale do Tamanduateí. Note-se o desnível de 15 a 20 m que separa os dois planos do relêvo regional. Foto Ab'Sáber, 1952.

FOTO n.º 16. — Na paisagem urbana da porção central de São Paulo, até há pouco subsistiam vestígios do seu caráter de aglomeração em acrópole (arredores da ladeira do Carmo). A assimetria do vale do Tamanduateí se torna muito flagrante nessa área. Foto Ab'Sáber, 1953.

tigos. Trata-se de verdadeiros "asoalhos" de terraços antigos, desnudados completamente de seus depósitos aluviais primitivos e remodelados ativamente pelos epiciclos erosivos mais recentes. Na nomenclatura geomorfológica norte-americana, de caráter extremamente prático, tais formas de relêvo ligadas genèticamente a processos de terraceamento antigos, não mais documentados por capeamentos aluviais, receberiam a designação de "strath terraces".

A gênese dêsse nível intermediário ("strath terrace" de 745-750 m) das colinas paulistanas deve estar ligada a uma longa parada de erosão, que redundou no estabelecimento de vastas calhas fluviais, próximas da área de confluência do Tietê e do Pinheiros. Tais planícies de soleira antigas, recobertas possìvelmente por aluviões finas, foram posteriormente sujeitas a um rejuvenescimento rápido, que rebateu talvegues para 20-30 m abaixo do nível anterior. Durante o reentalhamento, os rios Tietê e Pinheiros, na forma de um leque que se abre tendencialmente, sofreram uma deriva gradual para os lados externos do ângulo geral de confluência. Tal fato teria ocasionado, por sua vez, obrigatòriamente, o aumento dos espaços planos e contínuos nos lados internos daquêle ângulo, ao mesmo tempo que criava uma dissimetria generalizada nas calhas dos dois vales. A deriva para os lados externos do ângulo de confluência, por outro lado, ocasinou uma ligeira extensão para o curso dos pequenos rios e córregos procedentes dos espigões divisores em direção ao Tietê e aos Pinheiros. Até hoje, a drenagem regional reflete êsse fato: os afluentes da margem esquerda do Tietê possuem uma linha de concentração de canais de escoamento secundários, mais ou menos à altura dos pontos em que se iniciam as colinas tabulares do nível de 745-750 m; por outro lado, existem córregos mais curtos e mais recentes, possuidores de vales menos encaixados, que nascem nos sopés das encostas médias e têm como área geográfica exclusiva, apenas, a dos terrenos pertencentes ao nível tabular — como é o caso do antigo ribeirão do Arouche, cujas cabeceiras se encontravam à altura da colina sôbre a qual foi construída a igreja-matriz da Consolação.

A retomada de erosão posterior à formação do nível tabular, aliada à ação de deriva lateral dos talvegues principais e à superimposição forçada dos subafluentes "estendidos", foram os responsáveis pela gênese da topografia atual da área central da cidade. Daí encontar-se, num trecho relativamente próximo da calha do Tietê, nível de colinas tabulares, de topografia bem marcada, sulcado por vales de perfis transversais acentuados e, de certa forma, juvenis (como os do Anhangabaú, do Tatuapé, do Pacaembu, etc.).

Cumpre recordar que, muito embora o nível tabular de 745-750 m esteja muito bem representado em ambas as vertentes do Espigão Central, é indiscutível que as colinas esculpidas a partir dêsses largos patamares intermediários diferem bastante quanto à sua morfologia. De modo geral a incisão dos vales afluentes a partir do nível intermediário é menor na vertente do Pinheros que na do Tietê.

Ligeiras diferenças de estrutura e litologia, existentes nas duas áreas consideradas, além de outras desigualdades relacionadas com a potência de erosão vertical dos pequenos subafluentes que descem das abas do Espigão Central, explicam suficientemente tais detalhes morfológicos.

De modo geral, as maiores diferenças existentes nos dois principais núcleos do nível tabular de 745-750 m ligam-se à presença ou não de depósitos aluviais recentes, sotopostos aos terrenos terciários. Na vertente do Pinheiros, certas áreas de concentração de minúsculos cursos, que desciam das abas do Espigão Central, favoreceram a deposição de cascalheiros, aluviões argilo-arenosas e solos turfosos de várzeas no dorso das próprias colinas tabulares. No Jardim Europa, tal fato é bastante comum e muito conhecido dos construtores que alí operam; uma espêssa camada de argila escura turfosa recobre quase tôda a superfície da região, acobertando indiferentemente terrenos terciários e depósitos de cascalhos dos terraços fluviais pleistocênicos dos subafluentes do Pinheros. Tal fato, porém, é uma anomalia determinada pela dificuldade de escoamento no nível tabular e pela excessiva concentração de canais em certos pontos do referido nível. Nas colinas tabulares suavizadas de Vila Paulista, Vila Nova Conceição, Indianópolis e Santo Amaro, o nível tabular torna-se bem evidente, separando-se nìtidamente dos terraços fluviais dos subafluentes do Pinheiros, assim como do nível das planícies de inundação principais.

FOTO n.º 17. — Estrutura dos bairros que circundam o Centro da cidade de São Paulo pelo seu lado ocidental. A foto abrange, na metade inferior da foto os bairros de Cerqueira César, Pacaembù, Consolação, Bela Vista, Higienópolis e Vila Buarque. Após a Avenida São João que corta transversalmente a foto (mais ou menos ao centro), vêem-se os bairros de Campos Elísios, Barra Funda e Santa Ifigênia, limitados ao norte pela faixa dos trilhos da Sorocabana e Santos-Jundiaí. Após as estradas de ferro, em baixas colinas terraceadas, baixos terraços e planícies aterradas, os bairros da Luz e do Bom Retiro.

Da Avenida Dr. Arnaldo (extremidade inferior, esquerda) até o rio Tietê medeiam aproximadamente 4 km e uma amplitude altimétrica de uma centena de metros. As avenidas Angélica e da Consolação, saindo das colinas de nível médio (vale do Tietê), ganham o Espigão Central, enquanto as avenidas Pacaembú e Nove de Julho remontam os pequenos vales afluentes do Tietê e Tamanduateí. (Aerofoto dos Serviços Aerofotogramétricos Cruzeiro do Sul — Esc. aprox. de 1:25.000 — Levant. em nov. de 1952 — Gentileza da Associação dos Geógrafos Brasileiros).

Preocupou-nos, sobremaneira, estudar as principais relações existentes entre o nível tabular de 745-750 m (nível do "*strath terrace*") e o nível dos terraços fluviais típicos (*fill terraces*), nos principais vales da região de São Paulo. Em quase tôdas as áreas pesquisadas, salientou-se sempre o fato de os depósitos de terraços estarem como que embutidos nos desvãos dos taludes das colinas intermediárias, através de uma separação bastante nítida, na maioria das vêzes. Na vertente do Tietê, as colinas tabulares do nível de 745-750 m encontram-se elevadas de 15-25 m acima dos terraços fluviais e planícies de inundação. Na vertente do Pinheiros, os depósitos de terraços dos subafluentes transgrediram em rampa suave pelas largas calhas secundárias, atingindo níveis excepcionais e anômalos, pois são encontrados até à cota de 740 m. Êsse verdadeiro afogamento das calhas dos subafluentes, pelos depósitos de cascalhos pleistocênicos, deu origem a ondulações suavìssimas, através de uma área de alguns km^2. Realmente, à altura da avenida Brasil, as colinas tabulares suavizadas do nível de 745-750 m deixam apresentar qualquer retalhamento análogo ao da vertente do Tietê, para se comportarem como um segundo nível de baixadas sobreelevadas, extensivamente capeadas por solos turfosos de várzeas recentes. O embasamento pliocênico, que sustenta os depósitos quaternários, só muito raramente pode ser observado. Todavia condições bem diferentes são observadas à altura de Vila Paulista e Vila Nova Conceição: ali, como ao longo das colinas da Estrada Velha de SantoAmaro, voltam a se definir as colinas tabulares suavizadas do nível de 740-745 m, retalhadas de espaço a espaço (500 a 1.000 m) por pequenos vales, apresentando-se os depósitos de cascalhos e aluviões pleistocênicos apenas reduzidos a estreitas línguas, que acompanham os vales em certos trechos.

Os conhecimentos a respeito da estrutura e da seqüência de estratos das colinas de nível tabular de 745-750 m são satisfatórios apenas no que se refere às colinas da área central da cidade. Inúmeras foram as sondagens realizadas pelo I.P.T. e por organizações particulares, na região tabular das colinas que se estendem desde a margem esquerda do Tamanduateí até à margem direita do Pacaembu. Trata-se de uma área que cobre e ultrapassa a área dos dois núcleos do centro da cidade. Foram as exigências de ordem técnica, derivadas da construção de arranha-céus, que possibilitataram um conhecimento razoável de subsolo regional.

Os perfis das sondagens e as secções geológicas minuciosas, elaborados pelos técnicos do I.P.T., na base de sondagens selecionadas (Vargas e Bernardo, 1945), revelam-nos grande variedade de estratos e diferenciação de "facies", quer em relação aos perfis transversais, quer no referente à distribuição especial dos sedimentos. Alternam-se camadas de areia, argilas e siltes, de diferentes spessuras e marcada descontinuidade horizontal. Por outro lado, as aretias incluem leito de argilas e os depósitos argilosos incluem leitos de areia, o que faz suspeitar a dominância local de "facies" flúvio-lacustres sôbre os "facies" lacustres ou fluviais puros. Entre as cotas de 720 e 730 m, as camadas de argilas reduzem-se em espessura, de acôrdo com a profundidade, perdendo definitivamente continuidade e transformando-se em simples lentes, na massa espêssa de sedimentos arenosos que passam a dominar.

Trata-se de uma estratificação muito mais variada que a dominante dois quilômetros para o sul, no Espigão Central, à altura do túnel da avenida Nove de Julho, conforme foi observado pelo Engenheiro Mílton Vargas, do I.P.T. Tal variedade, mormente na colina do "Triângulo" tradicional, é muito grande, acarretando sérios problemas em relação às fundações dos grandes edifícios ali concentrados.

As perfurações e sondagens feitas em centenas de pontos, ao longo do nível tabular de 740-745 m, constituem um excelente documentário sôbre as seqüências estratigráficas e as posições altimétricas do embasamento de rochas antigas, que serve de assoalho para as camadas de São Paulo, nessa área da bacia. Rochas graníticas e gnáissicas do embasamento cristalino alteradas por decomposição recente e profunda, foram encontradas a diversos níveis na região e, até mesmo, à flor da terra (como pudemos observar em afloramentos na avenida Angélica; entre a praça Marechal Deodoro e a alamêda Barros, a 740 m). O têrmo médio das profundidades onde se encontra o assoalho pode ser calculado em tôrno das cotas de 660-710 m, aproximadamente, tudo indicando que a topografia pré-pliocênica fôsse bastante acidentada e irregular, no local. Lembremos, ainda, que as plataformas planas do nível tabular, tais como as do setor mais recente da área central da cidade (Praça da República, rua Barão de Itapetininga, avenida Ipiranga, avenida São João), escondem e fossilizam uma topografia pré-terciária extremamente movimentada nos detalhes do relêvo.

Tôdas essas constatações, além de nos sugerir idéias de caráter geomorfológico e paleogeográfico sôbre a região de São Paulo, servem para mostrar, claramente, ainda uma vez, o papel desempenhado pelas camadas de São Paulo (particularmente as que formam o nível tabular) na criação de espaços propícios à urbanização, nesse recanto do Planalto Atlântico.

A importância do nível intermediário de 740-745 m, para o sítio e para a estrutura urbana da cidade, sem dúvida é das maiores. A capital paulista nasceu sôbre uma das colinas pertencentes a êsse nível, por sinal que uma das mais irregulares e estreitas das que constituem o quadro das colinas tabulares regionais. Por outro lado, a primeira expansão da cidade fêz-se em direção à colina vizinha, situada além do vale do Anhangabaú, a qual representa uma das extensões maiores e mais típicas daquêle nível (área compreendida entre a praça da República, a avenida Duque de Caxias, Estação da Luz e praça Ramos de Azevedo).

Os mais sérios problemas de estrutura urbana e de circulação interna, existentes com relação às colinas do nível tabular, referem-se aos vales e às ladeiras das vertentes; isto porque os vales, incisos a partir da plataforma tabular intermediária, encaixaram-se pronunciadamente, de 15 a 20 m, criando uma topografia localmente movimentada em face do organismo urbano que se lhe justapôs. Tal fato é particularmente sensível na área do primitivo sítio urbano, que compreende o ângulo interno da confluência do Tamanduateí com o Anhangabaú. Daí a presença de ladeiras, viadutos, escadarias, túneis e avenidas de fundo de vale, para resolver os inúmeros problemas de circulação urbana das porções centrais da cidade. Tôda a suntuosidade urbanística, que estamos acostumados a ver no centro de São Paulo, nas imediações do vale do Anhangabaú, deriva de soluções engenhosas, de que se lançou mão para restaurar, ainda que parcialmente, os planos de continuidade da superfície tabular tão retalhada pelos ativos subafluentes da margem esquerda do Tietê.

No conjunto do organismo urbano atual, porém, pode-se dizer que os mais diferentes tipos de planos de ruas e de estruturas urbanas têm sido ensaiados, ao longo das colinas do nível tabular de 745-750 m. Realmente, nas áreas menos retalhadas pelos vales afluentes do Tietê e do Pinheiros, todos os estilos urbanísticos, formas de arruamentos e estruturas de bairros têm sido experimentados, sem maiores complicações impostas pelo relêvo. As variações e as preferências têm variado ao sabor das diversas e sucessivas vagas de estilos dominantes, em cada época.

No primeiro arruamento de bairro planejados (como é o caso de Campos Elíseos), dominou o reticulado clássico dos quarteirões, cujas ruas se cortam em ângulo reto. Uma enorme diferença distingue essa solução pioneira das realizações posteriores, levadas a efeito nas áreas em que aparecem os "bairros-jardins": Jardim América, Jardim Paulista, Jardim Europa, Vila Paulista, etc., onde passou a dominar, extensivamente, o sistema de alamêdas e ruas recurvas, de estrutura inorgânica e labiríntica, pontilhada de espaços ajardinados. De modo geral, pode-se dizer que todos os espaços do nível tabular das duas vertentes do Espigão Central já foram absorvidos pelo casario da cidade. Restam, apenas, uns poucos espaços loteados e arruados, mas não construídos, na direção de Santo Amaro. Na direção da Penha, tôdas as colinas dêsse nível se apresentam, de há muito, preenchidas por bairros industriais e residenciais, o mesmo podendo ser afirmado com relação à área da Lapa.

As baixas colinas terraceadas Trataremos, agora, de reduzidos e descontínuos baixos "strath terraces", existentes em áreas contínuas aos terraços fluviais típicos ou "fill terraces". Traduzem-se, no relêvo, através de colinas de declives muito suaves, geralmente pouco extensas, constituídas por terrenos consistentes e enxutos, retalhados ligeiramente pelos baixos vales dos afluentes do Tietê e do Pinheiros. Dispostas aproximadamente, entre 730 e 735 m, possuem uma estru-

FOTO n.º 18. — Paisagem de uma das tradicionais ladeiras paulistanas que põe em ligação o Largo de São Francisco à Praça das Bandeiras (vale do Anhangabaú). Foto Ab'Sáber, 1954.

FOTO n.º 19. — *A ladeira João Bríccola* que liga a rua da Boa Vista à rua 25 de Março (vale do Tamanduateí). Foto Ab'Sáber, 1954.

tura dominante de camadas pliocênicas, em oposição aos terraços típicos, constituídos de aluviões e cascalheiros referenciáveis ao pleistoceno.

Sob o ponto de vista genético, trata-se de porções laterais ou centrais das áreas que foram interessadas pela cobertura sedimentar do terraceamento pleistocênico, posteriormente aliviadas, total ou parcialmente, das delgadas capas de sedimentos finos, que pròvàvelmente as recobriam. Assim sendo, constituem verdadeiros "assoalhos" mais salientes da antiga capa sedimentária aluvial dos terraços típicos. A desnudação das aluviões antigas e moderada fase de escultura recente transformaram essas secções antigas, do embasamento dos terraços típicos, em ligeiras extensões de baixos "strath terraces". Referimo-nos a êles com insistência porque a falta de consideração dêsse tipo de acidente pode redundar em dificuldades de interpretação para certas áreas de relêvo, contíguas aos terraços fluviais documentados por linhas de seixos e capas de aluviões antigas.

Um bom exemplo de pequena região, onde tais baixos "strath terraces" estão representados, é o bairro do Itaim, entre Vila Nova Conceição e o Jardim América, na vertente do Pinheiros. Trata-se de uma área relativament plana e baixa (730-735 m), completamente livre das inundações do rio Pinheiros e córregos vizinhos. Dominam, ali, camadas de argilas e areias pliocênicas, podendo-se verificar com facilidade a presença de pequenos taludes e rampas suaves, na transição entre as colinas regionais e os terraços fluviais e planícies de inundação, que circunscrevem a região. Em pontos raros, observam-se, ainda, ligeiros e muito delgados testemunhos dos seixos e aluviões, que capeavam o terreno. Nota-se, imediatamente, que tais horizontes adelgaçados de cascalheiros transgrediram gradualmente dos terraços fluviais típicos para o nível do "strath terrace".

Ocorrências de acidentes geomórficos análogos podem ser encontradas na zona de transição entre os terraços do Brás e da Mooca com as colinas do Belènzinho e Alto do Pari. Nas proximidades da confluência do rio Aricanduva com o Tietê, no baixo Parque São Jorge, contíguo aos terraços fluviais do bairro do Maranhão, reapa-

FOTO n.º 20. — *Leitos de seixos fragmentários, de quartzo e quartzito, pertencentes a um terraço da margem direita do Tietê* (próximo do cruzamento entre a Via Dutra e a Estrada da Penha a Guarulhos. Trata-se de um tipo de depósito *fanglomerático* pleistoceno, que reflete sérias variações climoto-hidrológicas, importante para os estudos da paleoclimatologia do Quaternário, entre nós. **Foto Ab'Sáber, janeiro de 1951.**

recem acidentes idênticos. Todavia, é na vertente direita do Pinheiros, nas áreas de transição entre as colinas tabulares intermediárias e os primeiros trechos dos terraços e planícies da calha principal do vale, que tais acidentes são mais característicos e comuns, embora descontínuos e reduzidos em área.

Em Vila Anastácio existem baixas colinas terraceadas, muito bem aproveitadas pelo núcleo central do bairro. Tais colinas rasas estão entre 4 a 6 m acima do nível das planícies aluviais da região, salientando-se pelos seus terrenos firmes e enxutos, sempre a escapo de quaisquer inundações. Há trinta anos era grande o contraste entre a porção enxuta de Vila Anastácio e as planícies que a circundavam. Para a construção dos "Armazéns Gerais" tornou-se necessário aterrar grandes áreas contíguas ao terraço principal. Lembramos que, para obter-se entulho para o aterramento das várzeas de Vila Anastácio, foi preciso destruir-se todo um outeiro granítico existente entre o Piqueri e as proximidades da ponte da E. F. Santos-Jundiaí (Ab'Saber, 1952, p. 32).

As baixas colinas terraceadas, existentes entre a ponte de acesso ao bairro do Morumbi e a parte baixa de Santo Amaro, pertencem ao mesmo caso. Ali, o Pinheiros sofre um ligeiro estrangulamento, em relação à largura de sua planície aluvial, fato muito bem aproveitado para a construção da ponte e da estrada de ligação entre Santo Amaro e o Morumbi.

Essas diversas ocorrências de baixas colinas terraceadas pôsto que muito descontínuas, mostram sua importância geográfica. Muitos bairros antigos da cidade tiveram o seu embrião de organismo urbano no dorso dêsses terraços de terrenos firmes e enxutos.

Os terraços fluviais de baixadas relativamente enxutas

Trata-se de baixas plataformas aluviais, relativamente enxutas, que ladeiam, de maneira descontínua, as principais baixadas da região de São Paulo. Os depósitos dêsses terraços são constituídos geralmente por aluviões sobrelevadas, de material arenoso ou argilo-arenoso, em que se incluem, quase invariàvelmente, um ou mais horizontes de seixos de quartzo e de quartzito, pequenos e médios, parte rolados, parte fragmentá-

FOTO n.º 21. — *Terraço fluvial da vertente esquerda do rio Pinheiros* (Porção baixa de Vila Nova Conceição próximo à Estrada Velha de Santo Amaro). Foto Ab'Sáber, junho de 1950.

FOTO n.º 22. — *Cascalheiros dos terraços de Vila Nova Conceição*. Dominam nos depósitos locais, seixos de 2 a 4 cm de diâmetro, parcialmente arredondados, de quartzo e quartzito. Quando estudados por métodos adequados, tais cascalheiros poderão trazer muitas revelações para a paleoclimatologia do Quaternário regional. Foto Ab'Sáber, junho de 1950.

rios. A distribuição de tais terraços, ao longo das calhas dos principais rios, possibilita sua correlação direta com o mosaico geral da hidrografia atual, salvo poucas exceções.

Os terraços fluviais dêste grupo filiam-se perfeitamente à classe dos chamados "fill terraces", devido à sua estrutura e composição aluvial. Encontram-se embutidos, 15 a 25 m abaixo do nível tabular intermediário das colinas pliocênicas paulistanas, embora elevados de 3 a 7 m acima das planícies de inundação do Tietê, do Pinheiros e de seus principais tributários.

Alguns bairros industriais e residenciais de classe média ou pobre, assim como grandes trechos das principais ferrovias que cruzam a cidade, justapuseram-se aos aludidos terraços. Por outro lado, o desenvolvimento da área urbanizada por sôbre os mesmos ocasionou uma verdadeira camuflagem do sítio original, dificultando o estudo do relêvo e da estrutura.

Nos derradeiros quilômetros que precedem a confluência do Tietê com o Pinheiros, os terraços do lado interno do ângulo de confluência apresentam-se com bastante evidência na topografia, a despeito de conformarem plataformas rasas, na maior parte das vêzes, descontínuas. A altitude média dos terraços fluviais, que ladeiam as grandes baixadas dos rios paulistanos é de 724-730 metros.

Existem dois tipos de rebordos nos terraços fluviais do Tietê e do Pinheiros: 1. rebordos com terminação em rampa suave e progressiva; 2. rebordos com terminação em pequenos taludes. Tais formas de relêvo podem aparecer numa só área. Descobertos os taludes terminais dos terraços, através das diversas modalidades de perfis de rebordos, fica facilitada, sobremaneira, a verificação de sua extensão horizontal e suas relações com os fatos da geografia humana. Casos há em que os limites das áreas de construções urbanas vê-se determinado pelo talude dos terraços.

As áreas de confluência entre os rios principais e seus afluentes correspondem aos trechos em que os terraços fluviais ganham expressão topográfica e são susceptíveis de observações mais detidas. Dispondo-se no terreno, sob a forma de pequenos ou extensos "funis", contínuos ou retalhados, os terraços espraiam-se por alguns km^2,

FOTO n.º 23. — *Terraço fluvial do vale do Tietê* (margem esquerda), entre Vila Maranhão e o Parque São Jorge, mantido por cascalho miúdo de quartzo e quartzito. Foto Ab'Sáber, julho de 1951.

FOTO n.º 24. — *Terraço fluvial do vale do Tietê* (margem direita), situado próximo ao cruzamento entre a Via Presidente Dutra e a estrada Penha-Guarulhos. Depósitos fanglometráticos de quartzito de grande valor para o estabelecimento da paleoclimatologia moderna da região. Foto Ab'Sáber janeiro de 1951.

na zona de conjunção entre o baixo vale dos afluentes com as grandes calhas dos vales principais. Nas margens de ataque dos rios atuais, os trechos dos terraços adquirem uma saliência muito maior, atingindo de 3 a 4 m de altura em relaçãoàs porções alagáveis das planícies adjacentes.

Dentro da área urbana, a maior extensão dos terraços fluviais típicos verifica-se no Brás, no Pari, no Canindé e na parte baixa da Mooca, zona de deposição preferencial, situada na área de confluência entre o Tamanduateí e o Tietê.

A separação entre os depósitos aluviais antigos dos terraços e os terrenos das planícies de inundação atuais faz-se de modo bastante nítido, mormente nos trechos onde os terraços são balizados pelos taludes já referidos. Por outro lado, os terraços encontram-se embutidos por entre os desvãos das baixas colinas de terrenos pliocênicos, através de uma discordância flagrante. Não é raro, porém, observar-se porções das camadas pliocênicas niveladas em relação aos depósitos dos terraços (caso dos baixos "strath terraces", do nível de 730-735 m). Diferenças de côr, fàcilmente perceptíveis, distinguem as exposições de terrenos pliocênicos em relação aos depósitos dos terraços: enquanto o solo das áreas pliocênicas tende para uma côr amarelada, creme claro ou vermelho, os depósitos dos terraços apresentam solo escuro, cinza claro ou cinza escuro. Um horizonte relativamente espêsso de seixos rolados, cujos diâmetros variam entre 1 e 5 cm, serve de baliza, de modo quase invariável, para os terraços principais. Essa linha de seixos aflora nos taludes, nas cacimbas, nos cortes de ruas ou estradas e nas valetas abertas pelo serviço público, testemunhando a extensão e a relativa homogeneidade dos depósitos dos terraços. Sua espessura varia entre 60 cm e 1,20 m, conforme os dados que pudemos obter no exame das ocorrências estudadas. Em alguns casos especiais, o número de leitos de cascalho é maior, a despeito de uma continuidade menos expressiva e uma ritmação apenas esboçada na seqüência dos afloramentos. Trata-se de depósitos de caráter nìtidamente fanglomerático, o que pode ser constatado não só pela disposição dos sedimentos, como pela forma dos seixos fragmentários e mal rolados, que os compõem.

FOTO n.º 25. — *Grande seixo de quartzito* encontrado em um terraço fluvial típico situado a sudoeste da região de São Paulo (estrada de Itapecerica-São Lourenço). Tais seixos, não de todo raros nos terraços situados nas bordas da Bacia de São Paulo, nos revelam condições *torrenciais* de transporte, inteiramente diferentes daquelas dominantes nos rios integrantes do sistema tropical úmido atual. Na verdade os rios atuais são incapazes até mesmo de transportar e elaborar seixos rolados de pequeno volume. Foto Ab'Sáber, julho de 1952.

O único fato que cria complicações, na delimitação da área dos terraços, é a existência de depósitos turfosos holocênicos, que transgridem, indiferentemente, desde as planícies aluviais atuais até os terraços e sopés de colinas, recobrindo e nivelando parcialmente extensas áreas pertencentes a formações diversas. Tal fato deve estar relacionado com os problemas da má organização da drenagem, na área dos terraços, planícies e baixas colinas, onde a falta de escoamento e a excessiva retenção de águas favoreceram a formação de verdadeiros *depósitos turfosos*, pôsto que ainda longe de constituírem turfeiras pròpriamente ditas.

As planícies aluviais do Tietê, Pinheiros e seus afluentes

Na terminologia popular paulistana são compreendidas pelo têrmo *várzeas*, todos os terrenos de aluviões recentes, desde os brejais das planícies sujeitas à submersão anual, até as planícies mais enxutas e menos sujeitas às inundações, existentes nas porções mais elevadas do fundo achatado dos vales.

Desta forma, as várzeas paulistanas são constituídas por alongadas planícies de relêvo pràticamente nulo, formadas pelas aluviões holocênicas dos principais rios que cruzam a bacia de São Paulo. A montante da soleira gnáissica do morro de São João, em Osasco, e da pequena soleira representada pelo tabuleiro raso do terraço fluvial de Presidente Altino, tais planícies aluviais recentes interpenetram-se pelo Tietê e Pinheiros e pelos baixos vales de seus afluentes principais, conservando uma largura não excedente de 3 km.

Trata-se de um conjunto de depósitos aluviais muito recentes, cuja gênese obedece às normas clássicas da sedimentação em planícies de inundação (*flood plains*); conjunto êsse que permaneceu embutido discretamente nos desvãos dos baixos terraços fluviais pleistocênicos e das colinas pliocênicas. Restaram, assim, tais planícies, como que preenchendo e colmatando extensivamente as irregularidades que por certo existiram no fundo da calha dos vales regionais, após a ligeira retomada de erosão epicíclica que criou os baixos terraços fluviais de 724-730 m. Os limites altimétricos, dentro dos quais estão compreendidas tais planícies, ficam balizados pelas cotas de 719 e 723 m, o que lhes dá uma amplitude altimétrica excessivamente modesta, nunca superior a 4 metros.

Prolonga-se o sistema de planícies aluviais paulistanas, na área de interêsse para o sítio urbano metropolitano, desde a Penha até Osasco, através de uma faixa orientada de leste para oeste, perfazendo aproximadamente 25 km e conservando em todo êsse trecho a largura média de 1,5 a 2,5 km. As várzeas do Pinheiros, pràticamente idênticas às do Tietê, perfazem 20 km, desde Santo Amaro até a confluência com o rio principal, conservando largura média de 1 a 1,5 km. Todos os pequenos afluentes do Tietê e Pinheiros, por sua vez, possuem tratos de várzeas, de menor largura, as quais são contínuas apenas em relação aos últimos quilômetros do baixo vale dos cursos d'água a que pertencem. Para montante, perdem continuidade, estrangulando-se, ou passando a constituir planícies alveolares de área restrita.

FOTO n.º 26. — A confluência do Tietê e Pinheiros, a W-SW de Vila Anastácio. A aerofoto mostra bem o estado em que se encontra a marcha da urbanização por volta de novembro de 1952, na área do ângulo interno da confluência Tietê-Pinheiros. Após a retificação do Pinheiros aumentou em muito a área de espaços vagos na sua margem esquerda, espaços êsses passíveis de recuperação fácil por parte da Metrópole. Entre o Alto da Lapa, extremidade ocidental do Espigão Central, e a Lapa e Vila Anastácio, a cidade tem maior continuidade em seu organismo urbano, enquanto os bairros que se situam além, nas altas colinas da margem direita, apresentam um aspecto nebular. (Foto dos Serviços Aerofotogramétricos Cruzeiro do Sul — Esc. aprox. de 1:25.000 — Levant. em nov. de 1952 — Gentileza da Associação dos Geógrafos Brasileiros).

Dentro do sítio urbano da cidade, apenas o rio Tamanduateí apresenta planícies aluviais passíveis de serem comparadas com as dos rios principais. Pode-se dizer mesmo que suas várzeas (que se alongam de SE para SW, com um traçado grosso modo paralelo às do Pinheiros) ocupam, quanto à ordem de grandeza, o terceiro lugar entre as planícies aluviais paulistanas. Prolongam-se de São Caetano ao Pari, através de 16 km de planícies de 200 a 400 m de largura, as quais permanecem embutidas entre baixos terraços fluviais pleistocênicos e colinas pliocênicas.

Em se considerando o trecho varzeano que vai de Osasco às proximidades da Penha, assim como os primeiros quilômetros das várzeas do Pinheiros, a montante de sua confluência com o Tietê, é possível distinguir-se dois níveis altimétricos, imperfeitamente delimitados no conjunto das planícies aluviais paulistanas:

a) — Planícies de inundação sujeitas apenas às grandes cheias, situadas entre 722 e 724 metros;

b) — Planícies de inundação, sujeitas a inundações anuais, situadas entre 719 e 721 metros.

As porções de planícies, correspondentes ao primeiro caso, são constituídas por alongadas e descontínuas faixas de terrenos aluviais mais enxutos, que permanecem a escapo das enchentes anuais. Trata-se das áreas menos encharcadas e relativamente mais elevadas das planícies holocênicas dos principais rios regionais, dispostas em níveis que oscilam entre 721 e 723 metros (área Osasco-Penha). Elas se levam aos poucos, de Osasco para montante, possuindo, também, níveis um tanto mais elevados ao longo dos rios afluentes. Tais várzeas relativamente mais enxutas, colocadas no fundo do vale na forma de "firmes" descontínuos, diques marginais antigos ou atuais, assim como, sob a aparência de rasos terraços desprovidos de quaisquer taludes, separam-se nìtidamente dos terraços fluviais típicos mantidos por cascalheiros ("fill terraces" de 724-730 m). Por outro lado, descaem em rampa quase imperceptível em direção às grandes várzeas sujeitas a inundações anuais. Sòmente uma linha discreta de separação existe entre as porções anualmente alagadas e aquelas que estão sujeitas apenas às grandes cheias periódicas.

FOTO n.º 27. — O "morro" do Pari que não passa de uma ligeira colina de granitos decompostos capeados por cascalheiros de quartzo e quartzito (735 m). Trata-se da única elevação mais saliente existente nos terrenos baixos que formam os bairros do Brás, Canindé e Oriente. Foto Ab'Sáber, 1955.

FOTO n.º 28. — Áreas conquistadas à planície do Tietê, a partir da base do "morro" do Pari. O material de entulho vem sendo retirado da própria elevação contígua, que domina as várzeas submersíveis. Foto Ab'Sáber, 1955.

A canalização do Pinheiros e as obras de retificação do Tietê, aliadas à ação do sistema hidráulico criado pela "Light", destruíram o regime hidrológico antigo da região, contribuindo para diluir a separação entre os dois níveis de inundação das planícies regionais. Em muitos pontos, porém, ainda se podem observar os sinais da separação antiga, os quais tendem a ser destruídos por completo com as obras de urbanização em processo.

A constituição geológica dos depósitos das várzeas paulistanas equivale ao registro clássico das planícies de inundação de cursos d'água que entalham formações cristalinas granitóides, sujeitas às condições climáticas e hidrológicas peculiares aos países tropicais úmidos. Grande é a marca de material quartzoso existente no seio das formações rochosas dos velhos *escudos*, fato que se traduz nas planícies aluviais por abundantes e extensas lentes de areias. Por outro lado, o material decomposto dos granitos, gnaisses e xistos argilosos é transportado seletivamente pelas enxurradas de águas calmas, durante todo o período de ascensão e declínio das águas de inundação. Acrescentam-se desta forma, cunhas horizontais de sedimentos argilosos no entremeio das vastas áreas de sedimentos arenosos flúvio-aluviais dos diques marginais e canais fluviais.

Em conjunto, os depósitos varzeanos constituem o saldo de alguns milhares de anos de aluvionamento em canais fluviais, diques marginais, baixadas laterais, lagoas de meandros e feixes de restingas fluviais ribeirinhas. Atestam tais aluviões, por outro lado, uma longa história sedimentar em planície de inundação ocupada por cursos d'água excessivamente divagantes. A despeito da caoticidade do acamamento observável segundo os perfis verticais, dominam as lentes e cunhas de areias sôbre as argilas e os cascalhos. Tal dominância sensível das areias fluviais sôbre os outros depósitos está ligada intimamente à natureza cristalina granítico-gnáissica das rochas das cabeceiras do Tietê e Pinheiros, assim como a apreciável porcentagem de areias existentes nos depósitos pliocênicos paulistanos.

Um aspecto de grande constância em tôdas as várzeas paulistanas é a presença de uma cobertura superficial de espêsso solo turfoso escuro, o qual recobre extensivamente as baixadas mais enxutas da planície, transgredindo ligeiramente até os sopés mais suaves das colinas e atingindo eventualmente as zonas deprimidas dos terraços e níveis tabulares intermediários.

Tais zonas de solos fortemente turfosos atingem de 0,75 m a 1,5 m de espessura, adelgaçando-se para os bordos da planície. Sob condições excepcionais de umidade do solo e superficialiade do lençol freático, foi possível formar-se até mesmo uma espécie de *turfa*, ainda impura e fortemente hidratada. Não se conhece, porém, na região de São Paulo nada de semelhante às turfeiras do médio vale superior do Paraíba.

A espessura dos depósitos flúvio-aluviais das várzeas paulistanas varia de 3 a 7 m, em média, estando os mesmos assentados sôbre gnaisses e granitos, e, eventualmente, sôbre terrenos terciários ou pleistocênicos. Como os dois principais rios de São Paulo, após as últimas retomadas de erosão epicíclicas, tenderam a abrir-se em leque, através de uma deriva tendencial para os lados da bacia sedimentar, êles encontraram em muitos pontos o embasamento granítico-gnáissico, passando a trabalhar diretamente em rochas nos talvegues.

Contrastando com o relêvo suavíssimo da planície aluvial, o assoalho que sustenta os terrenos holocênicos possui inúmeras irregularidades de detalhe. Além da soleira local mais importante, situada em Osasco (morro de São João), existe uma série de outros pequenos travessões rochosos que alojam em seus intervalos secções de terrenos aluviais, caòticamente acamados. Tais soleiras secundárias, freqüentes, sustaram sobremaneira o entalhamento vertical, auxiliando a extensão do aluvionamento, sendo comandadas pelo nível de base local da soleira gnáissica de Osasco.

Na base da ponte de Vila Maria, o leito de estiagem do Tietê deixa entrever as barras diaclasadas do granito Pirituba, enquanto em Osasco afloram pontas de gnaisses na soleira rochosa atravessada pelo rio, ao lado do morro de São João. Entre Piqueri e Vila Anastácio, por ocasião das vazantes, despontavam rochedos graníticos ao centro do rio. Mas é sem dúvida da Penha para montante, até Itaquaquecetuba, que afloram mais a miúdo, no leito de estiagem do rio e em suas margens de ataque, alguns blocos de rochas

FOTO n.º 29 — Paisagem da planície do Tietê, na região da Corôa. Trata-se da área onde outrora existia uma hidrografia labiríntica com anastomose local dos canais fluviais e lagoas de meandres. Foto Ab'Sáber, 1949.

graníticas ou gnáissicas, expostos pela ação de lavagem da correnteza do Tietê.

No rio Grande, no local onde se situa hoje a grande represa da "Light", encontrou-se o embasamento granítico, que aliás foi muito útil para a implantação da barragem, feitura dos túneis e fixação da máquina da usina de reversão de águas ali instalada.

Grandes matações de granito afloram no meio das aluviões da várzea do Tietê, em Vila Maria, ao longo de um baixo esporão vinculado à encosta do morro do Jardim Japão (cujo tôpo é constituído por uma espêssa coroa de terrenos terciários). Idênticamente, nas várzeas que circundam a colina da Penha, afloram matações esparsos, que os destacam aqui e acolá nas planícies rasas dos fundos dos vales. Entre a Lapa e o Piqueri, no Tietê, assim como nas várzeas próximas do bairro industrial de Jaguaré, junto ao Pinheiros, existem alguns raros matações pertencentes a soleiras rasas, pràticamente encobertas e afogadas pela extensão do aluvionamento.

Os poços abertos nas várzeas mais elevadas revelam que o nível hidrostático está quase que à flor da terra; após a abertura dos poços rasos, a água permanece entre 0,50 cm e 1 m de profundidade. Trata-se, no caso, de uma água turva, impregnada de impurezas e não potável. Nos terraços fluviais sustentados por cascalheiros, onde a topografia é mais elevada o nível hidrostático é naturalmente mais baixo e irregular do que nas várzeas, atingindo de 2 a 4 m de profundidade, sendo que a água sensìvelmente mais pura que as das várzeas.

Enquanto a cidade permanecia nas colinas e por elas se expandia nas mais diversas direções e planos altimétricos, as várzeas paulistanas mantiveram-se com uma história urbana muito modesta e marginal. Por muitos anos, foram uma espécie de quintal geral dos bairros encarapitados nas colinas. Serviram de pastos para os animais das antigas carroças que povoaram as ruas da cidade. Foram uma espécie de terra de ninguém, onde as mais diversas corporações militares da cidade fizeram seus exercícios bélicos. Serviram de terrenos baldios para o esporte dos humildes, tendo assistido a uma proliferação incrível de campos de futebol, de funcio-

FOTO n.º 30 — Afloramentos de granito no leito de estiagem do rio Tietê próximo à ponte de Vila Maria. Trata-se de um dos pontos mais estreitos do rio na região de São Paulo Foto Ab'Sáber, 1949.

Foto n.º 31 — Matacão granítico, de grandes proporções, existente na parte baixa do bairro de Vila Maria, aflorando acima do nível das várzeas turfosas e alagadicas. Afloramento destruído em 1956 para feitura de paralelepípedes. Foto Ab'Sáber, 1949.

namento periódico devido ao ritmo do clima e ao regime dos rios regionais. Durante as cheias, tais campos improvisados, que tão tão bem caracterizam grandes trechos das paisagens varzeanas, ficam com o nível das águas até o meio das traves de gol e deixam entrever apenas as pontas dos cercados retangulares que limitam os campos. Mais do que isso, porém, as várzeas serviram para o enraizamento dos primeiros clubes de beira-rio, aquêles mesmos que um dia se tornariam os grandes clubes de regatas e desportos da cidade.

Em seus terrenos mais firmes, as várzeas asilaram grandes chácaras, de aparência pobre, e humildes moradias de trabalhadores que viviam do rio ou da própria terra varzeana. Proliferaram, desta forma, por tôda sua extensão as olarias que ajudaram a construir a cidade. Portos de areia e cascalho pontilharam o dórso dos diques marginais dos rios, contribuindo com a porcentagem mais importante dos materiais de construção, que aos poucos foram empilhados nos arranhas-céus da metrópole.

Os exploradores de areia removem a capa superficial de solos turfosos escuros, que não raro atinge de 1 m a 1,5 m de espessura, e descobrem a zona dominantemente arenosa dis depósitos flúvio-aluviais das várzeas. Inúmeras cicatrizes de antigas "caixas" de exploração de areias restam na paisagem, devido à exploração desregrada e itinerante dos preciosos materiais de construção. Por seu turno, os oleiros caçam as lentes de argilas que se entremeiam localmente às areias, na forma de extensas cunhas horizontais. Outras tantas cicatrizes, não tratadas, são acrescentadas à paisagem das várzeas dando-lhe uma desagradável aparência de labirinto de grandes buracos rasos, com águas empoçadas. Felizmente estão proibidas tais explorações destrutivas dos terrenos varzeanos.

Contam-se nos dados os embriões de bairros que ousaram enraizar-se em terrenos de várzeas. Núcleos pequeninos de casas, é verdade, foram instalados medrosamente além da linha dos limites máximos das grandes cheias, em zonas aluviais. Mas, de resto, até mesmo os quarteirões mais humildes dos bairros operários ficaram presos ao dorso dos terraços fluviais e baixas colina terraceadas; fato que pode ser fàcilmente verificado tanto na Vila Maranhão,

Foto n.º 32 — A planície do Tietê vista das colinas da Casa Verde. Observe-se a notável interrupção da ocupação do solo urbano na faixa central das grandes várzeas regionais. Extensos terrenos baldios, pastos, matagais, águas empoçadas pertencentes a antigos braços do rio e meandros abandonados, e, sobretudo inumeráveis campos de futebol, constituem os traços mais comuns das paisagens varzeanas. Foto Ab'Sáber, 1951.

próximo à embocadura do Aricanduva, como no Alto do Pari, na Barra Funda e no Bom Retiro.

Recentemente, após as grandes mudanças artificiais provocadas no regime dos rios, alguns bairros ousaram penetrar nas áreas varzeanas do Pinheiros e do Tietê; mas permanecem engastados aos bairros que possuem sítios melhores, na forma de apêndices de extravasamento.

O bairro de Vila Maria, em sua porção baixa, é um dos poucos núcleos do organismo paulistano, que nasceram e cresceram em pleno domínio das várzeas (nível de 721-723 m). Foi uma grande e triste aventura a história dêsse bairro, que escolheu mal o seu sítio urbano. Suas casas, ruas e modestas praças, assentam-se sôbre o solo turfoso escuro de superfície das várzeas. A umidade impregna o ambiente, mofando as paredes alvas das casas recém-construídas. Durante as chuvas, as ruas não calçadas ficam intransitáveis, enquanto as poucas, que tiveram a sorte de ser pavimentadas, ficam enlameadas e encharcadas devido ao mau escoamento das águas. Os canais de escoamento, laterais às ruas, ficam permanentemente recobertos de água, durante as chuvas, invadindo as calçadas. Por outro lado, os humildes moradores do bairro têm a péssima tradição de construir suas casas encostadas ao nível do chão, sem a menor adaptação às condições topográficas e hidrológicas do sítio que asila o bairro.

Em 1929, as grandes cheias do Tietê quase atingiram o paredão do morro de Vila Maria, isolando inteiramente o bairro em relação à cidade e obrigando uma parte de seus moradores a se servirem de canoas para circular por alguns trechos das primitivas ruas do bairro. Examinando-se, aliás, as fotografias disponíveis sôbre as cheias de 1929, percebe-se fàcilmente que as águas abrangeram quase todos os níveis das várzeas, ascendendo pelas rampas suaves dos tratos de planícies não sujeitas a inundações anuais. Percebe-se fàcilmente que, nos pontos onde existiam quarteirões sôbre terrenos de várzeas, as águas atingiram o nível raso das ruas, na forma de canais, invadindo ou não o interior das residências. Os terraços fluviais mantidos por cascalheiros permaneceram completamente a espaço das grandes cheias, pôsto que, às vêzes, tenham ficado um tanto ilhados pela ascenção das águas ao longo dos córregos afluentes dos rios principais. Tais fatos nos indicam que teria sido necessário, desde o início, aterrar trechos laterais das várzeas, seguindo o nível do tôpo dos taludes dos terraços mantidos por leitos de cascalhos pleistocênicos. Por meio dessa medida, indicada pela própria evidência dos fatos, teriam sido evitadas muitas conseqüências desagradáveis ligadas às péssimas condições topográficas e hidrológicas das várzeas. A falta de previsão dos administradores com relação a êsses fatos corre, em grande parte, por conta da extraordinária rapidez do crescimento da cidade, que ultrapassou a tôda a capacidade de planificação e contrôle por parte dos poderes públicos municipais.

Foi o encarecimento da vida e a valorização crescente e incontrolável do preço de terrenos que determinou a extensão dos bairros de colinas por diversos trechos das grandes várzeas. Mas sempre, só foram incorporados aquêles tratos de planícies que, além de serem mais altos, eram contíguos ao corpo principal dos bairros preexistentes.

Atualmente, à medida que os serviços de retificação e canalização têm progredido, as várzeas têm sido invadidas por novos elementos urbanos: moradias esparsas, blocos residenciais populares, grandes fábricas isoladas, trechos de auto-estradas e, até mesmo, parques cenarizados por lagunas de várzeas. A via Presirente Dutra em seu trecho do Jardim Novo Mundo até a Ponte das Bandeiras de pronto acarretou um ciclo novo de valorização dos terrenos varzeanos, dando possibilidades à extensão do loteamento, sob novas bases econômicas e urbanísticas. Pressente-se uma grande transformação nas paisagens antigas das várzeas regionais.

As planícies aluviais paulistanas foram os primeiros elementos topográficos da região a ser utilizados para fins aeronáuticos. Nas várzeas, situadas entre a antiga ponte Grande e o Bairro de Santana, a 4 km ao norte da porção central da cidade, foi construído o primeiro campo de aviação da cidade (*Campo de Marte*). Por muito tempo, porém, o solo turfoso, fôfo e encharcado das várzeas, ao lado das extensas inundações anuais, dificulturaram as atividades aeronáuticas no local.

Quando se cogitou da construção do *Aeroporto de São Paulo*, que viria fomentar extraordinàriamente o desenvolvimento da aviação comercial da metrópole, escolheu-se outro sítio, inteiramente diverso tanto sob o ponto de vista geológico, como sob o ponto de vista topográfico. Passou-se de uma área dos fundos das planícies aluviais (722-723 m), para uma esplanada tabular suavizada do nível mais elevado das colinas pliocênicas (790-810 m), localizada a S SW do bairro do Jabaquara, 10 km ao sul da Praça da Sé.

Após a recuperação extensiva das várzeas, através dos serviços de retificação do Tietê e das modificações artificiais do regime do rio, impostas pelo sistema hidráulico da "Light", surgiram novas possibilidades para o aproveitamento das várzeas como campos de pouso. O antigo Campo de Marte foi remodelado, destinando-se apenas para as atividades de aeroclubes; enquanto isso, o Ministério da Aeronáutica construiu o grande Parque da Aeronáutica da 4a. Zona Aérea, em plena planície aluvial, numa área contígua ao pequeno campo civil. Atualmente, grandes aviões podem pousar na pista militar do Aeroporto de Marte, um dos três maiores da cidade de São Paulo.

A *Base Aérea de Cumbica*, situada a ENE de Guarulhos, a 23 km do centro da cidade, possui suas pistas e hangares em áreas das várzeas do rio Baquirivu-Guaçu, pequeno afluente da margem direita do Tietê. Ali, enquanto os quartéis, edifícios de instrução e operações foram construídos em suaves colinas e terraços fluviais, a gigantesca pista internacional foi construída em trechos enxutos da própria várzea.

Note-se que essa vocação aeronáutica das planícies paulistanas está ligada menos à natureza de seu solo e subsolo que às condições de sua topografia pràticamente horizontal e à sua condição de terrenos baldios, extensos e baratos.

Por ora, resta-nos lembrar que, contrastando extraordinàriamente com a densidade de ocupação urbana observável nos mais diversos níveis das colinas paulistanas, as planícies do Tietê e Pinheiros constituíram, até bem pouco, um dos elementos topográcos mais hostis à expansão da cidade. Tempo houve em que as linhas de limites entre as planícies aluviais e os sopés das baixas

FOTO n.º 33 — *Altas colinas da Freguesia do O'* (770-790 m), à margem direita do Tietê (canalizado). Passa-se diretamente das várzeas e alguns estreitos baixos terraços para a elevada alta colina urbanizada. Foto Ab'Sáber, 1952.

FOTO n.º 34 — *Antigo leito do Tietê*, abandonado em conseqüência das obras de canalização (bairro do Maranhão, entre o Parque São Jorge e a Penha). Foto Ab'Sáber, 1952.

colinas e terraços fluviais marcavam, com exatidão surpreendente, as fronteiras entre a área efetivamente urbanizada e as áreas de baldios e brejais abandonados.

Os bairros e embriões de bairros que se formaram além-Tietê e além-Pinheiros sempre permaneceram isolados do corpo principal da cidade, não pela existência dos rios, mas principalmente pela presença das largas várzeas submersíveis e malsãs.

O corpo principal da Metrópole ocupou aos poucos quase todos os níveis de colinas do pequeno fragmento de planalto compreendido pelo ângulo interno de confluência Tietê-Pinheiros. Por outro lado, cedo extravasou pelos baixos terraços do Brás, Mooca e Pari, além da várzea do Tamanduateí, ganhando idênticamente as colinas suaves compreendidas entre êste rio e o Aricanduva e alcançando o pequeno núcleo satélite, constituído pela antiga Freguesia da Penha. Restaram inteiramente isolados, por muito tempo, os diversos núcleos de bairros do ângulo externo de confluência Tietê-Pinheiros, divididos em dois agrupamentos distintos.

Desta forma, na história da formação dos grandes blocos do organismo urbano, as várzeas principais da região de São Paulo tiveram o importante papel negativo de verdadeiras fronteiras naturais. E, ainda hoje, podem ser observadas as conseqüências dêsse fato, através da existência de três blocos de bairros de além-Tietê, os bairros de além-Pinheiros e os bairros de além-Tamanduateí. Dêsses três, apenas o terceiro agrupamento está sendo incorporado maciçamente à área principal do organismo urbano metropolitano.

Diferem inteiramente os esquemas de retificação e canalização aplicados aos dois principais rios da região de São Paulo. Enquanto o Tietê foi retificado segundo o eixo central da planície, o Pinheiros foi canalizado ao longo da margem esquerda do vale, restando encostado à base dos outeiros e altas colinas que caracterizam aquela margem. Desta forma, no caso do Tietê, a planície principal será dividida ao meio pelo extenso canal de retificação, obrigando a esforços especiais de urbanização em relação aos terrenos ribeirinhos das duas margens. No caso do Pinheiros, ao contrário, foram recuperadas enormes áreas das planícies para a margem direita do vale, conseguindo ampliar-se a área dos espaços urbanos contínuos da principal zona residencial da cidade.

O importante a considerar é que, em ambas as planícies, vão se processar, dentro em breve, grandes obras de urbanização, representadas pela formação de novos bairros, construção de avenidas marginais, novos traçados ferroviários, e, sobretudo, uma verdadeira revolução para a circulação interna da metrópole paulista.

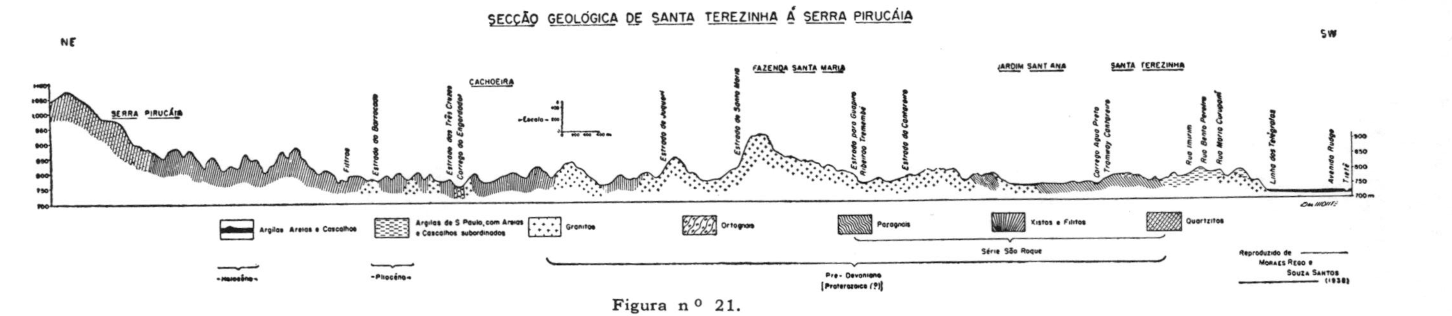
SECÇÃO GEOLÓGICA DE SANTA TEREZINHA Á SERRA PIRUCÁIA
NE
SW
SERRA PIRUCÁIA
CACHOEIRA
FAZENDA SANTA MARIA
JARDIM SANT ANA
SANTA TEREZINHA
Filtros
Estrada do Barrocada
Estrada dos Três Cruzes
Corrego do Engenho
Estrada de Juquerí
Estrada de Santa Maria
Estrada para Guapira
Ribeirão Tremembé
Estrada da Cantareira
Corrego Agua Preta
Tramway Cantareira
Rua Imirim
Rua Bento Pereira
Rua Maria Curupaiti
Linha dos Telégrafos
Avenida Rudge
Tietê
Escala
Argilas Areias e Cascalhos
Argilas de S. Paulo, com Areias e Cascalhos subordinados
Granitos
Ortognais
Paragnais
Xistos e Filitos
Quartzitos
Holocêno
Pliocêno
Série São Roque
Pre- Devoniano
[Proterozoico (?)]
Reproduzido de Moraes Rego e Souza Santos (1938)

Figura nº 21.

6. AS COLINAS DE ALÉM-TIETÊ, ALÉM-PINHEIROS E ALÉM-TAMANDUATEÍ

As colinas e outeiros de além-Tietê

Formando um contraste generalizado com a vertente esquerda do vale, onde se escalonam baixos níveis terraceados, a vertente direita do Tietê é constituída por uma série de pequenos outeiros e flancos de altas colinas. Enquanto, na maior parte da margem esquerda do vale, se torna preciso caminhar vários quilômetros para atingir níveis superiores a 750 m, na vertente direita, logo após a várzeas, encontram-se íngremes ladeiras de acesso às colinas e outeiros dos espigões secundários da superfície de São Paulo (790-810 m), vinculados à Serra da Cantareira. São bastante raros, sobretudo, os níveis intermediários e os níveis de terraços fluviais; na maioria dos casos, passa-se diretamente dos terrenos aluviais da planície rasa para as encostas das colinas e outeiros.

Geològicamente a região representa as indentações setentrionais da bacia de São Paulo, que aí se apresenta menos espêssa e contínua. O embasamento pré-devoniano, representado por xistos e granito, aparece com freqüência, na base dos vales e nos flancos das colinas, enquanto o tôpo das mesmas é coroado por coberturas sedimentares de espessura variável, remanescentes da extensão antiga dos depósitos pliocênicos. Não é raro faltar a cobertura pliocênica em algumas colinas e outeiros; em muitos casos, porém, pode-se dizer que um dia a cobertura, ainda que delgada, deve ter existido, mesmo porque o tôpo de alguns outeiros cristalinos estão em nível bem mais baixo que o dos testemunhos pliocênicos mais elevados da região.

Para o norte, após as elevações da Capela do Alto e após pequenos trechos de vales subseqüentes, estabelecidos no contacto entre o cristalino e o terciário, alteiam-se os primeiros morros dos baixos esporões da Serra da Cantareira, maciço granítico que barrou

ESBOÇO GEOLÓGICO DO BAIRRO DA CASA VERDE E VIZINHANÇAS

[Extr. do levant. geol. de Moraes Rego e Sousa Santos (1938)]

ESCALA 1:25.000

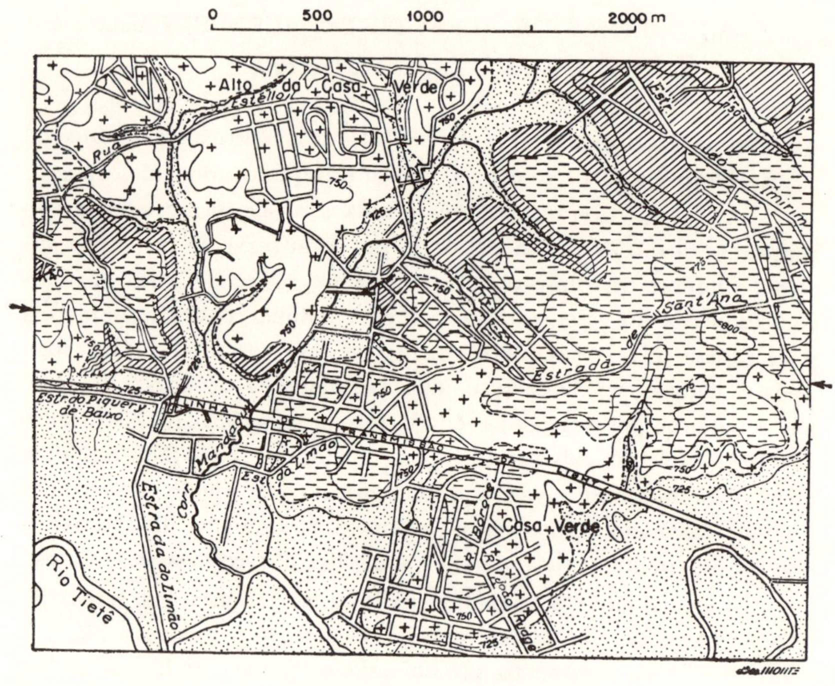

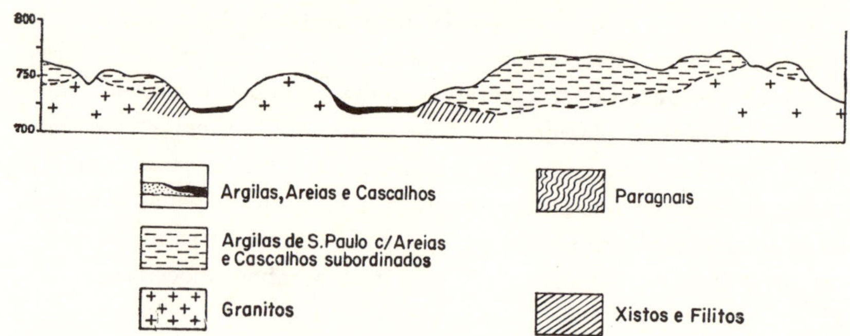

Figura n.º 22.

a sedimentação terciária para o lado setentrional da bacia. No costado dos morros graníticos da zona pré-Serra da Cantareira, podem ser observados ombros de erosão, relativamente nítidos, que marcam o limite da superfície de São Paulo, estabelecido durante a fase de peneplanização parcial plio-pleistocênica, que atingiu a bacia do Alto Tietê. (Ab'Sáber, 1952-53, pp. 91-93).

Através dos excelentes trabalhos de campo de Moraes Rêgo e Sousa Santos (1938), possuímos uma documentação geológica e fisiográfica das mais completas a respeito das colinas e outeiros que se estendem desde a margem direita do Tietê até a Cantareira. Talvez seja essa a área mais estudada do sítio urbano da Metrópole, a despeito de ser a mais complexa, tanto sob o ponto de vista geológico, como geomorfológico.

Desde as altas colinas de Guarulhos e os outeiros e colinas da Casa Verde, a cobertura sedimentar pliocênica coroa o tôpo das elevações principais, suavizando o relêvo das porções altas e homogeneizando o nível geral da topografia (770-800 m). Em contrapartida, a base dos outeiros e altas colinas, em muitos casos, é constituída por terrenos graníticos ou xistosos, apresentando um modelado de vertentes bem mais heterogêneo e acentuado. Daí, dominar, para o conjunto, um relêvo de morros baixos, outeiros e altas colinas, irregularmente orientados em espigões secundários e sinuosos, vinculados à Serra da Cantareira. São exíguas as planícies aluviais existentes no fundo dos vales que seccionam as colinas e os outeiros regionais, fato que concede uma importância ainda maior ao relêvo das colinas e outeiros como elementos essenciais dos espaços urbanos metropolitanos na região.

Se procurássemos anotar os conhecimentos de que se dispõe sôbre a estrutura regional, desde Cumbica até a Freguesia do Ó e o Piquerí, obteríamos dados interessantes sôbre a variedade do arranjo entre o embasamento pré-devoniano e a cobertura sedimentar pliocênica, na região. Em Cumbica, dominam colinas pliocênicas ao longo de tôda a margem esquerda do Baquirivu-Guaçu, fato que se prolonga até as várzeas do Tietê, onde os terrenos terciários mergulham por sob as aluviões quaternárias. Já em Guarulhos, as vertentes dos outeiros e altas colinas são constituídas de

FOTO n.º 35 — *Ruptura de declive principal da colina de Santana*. Entre a várzea do Tietê e os "altos" do tradicional bairro existe alguns escalões de terraços, às vêzes com a forma de "glacis". Foto Ab'Sáber 1949.

FOTO n.º 36 — *Paredão terminal das altas colinas do Jardim Japão*: um triste exemplo de ausência completa de urbanização. Cortada a base do morro na forma de paredões íngremes, as enxurradas passaram a cair em cascatas, talhando sulcos fundos e retilíneos nos sedimentos terciários. Foto Ab'Sáber, 1949.

gnaisses e granitos, possuindo encostas íngremes e bem marcadas. Apenas alguns testemunhos terciários, pouco espessos, capeiam o tôpo das altas colinas regionais. Na direção de Vila Maria, os sedimentos pliocênicos tendem a aumentar um tanto de espessura, deixando à mostra, apenas em um ou outro ponto, o embasamento pré-devoniano, alí constituído por granitos e eventualmente gnaisses. Da porção média do Morro de Vila Maria e Jardim Japão, destaca-se um baixo esporão para SSE, o qual é inteiramente granítico, deixando à mostra grandes matações. Trata-se no caso de um dos raros representantes do nível de 745-750 m na margem direita do Tietê. Entre Vila Guilherme, Vila Camargo e Santana, estende-se um dos principais pacotes de sedimentos terciários da margem direita do Tietê.

À altura da Casa Verde, apenas o tôpo central do outeiro que asila o bairro é constituído por pequenos e delgados testemunhos pliocênicos; o restante é constituído, apenas, por granitos que circundam tôda a parte média e baixa dos outeiros e colinas regionais. Ali, também, enquanto o tôpo das altas colinas é relativamente plano e suave, as encostas dos mesmos são bem marcadas e movimentadas.

Das proximidades da Freguesia do O', na direção do Piqueri e Pirituba, estendem-se apenas granitos, através de um sucessão de outeiros conjugados em sinuosos e baixos espigões, que se vão entroncar na zona pré-Serra da Cantareira. Nos altos dos morrotes, outeiros e altas colinas regionais os granitos estão sempre presentes em altitudes que oscilam entre 770 e 805 m; enquanto que o fundo dos vales próximos possuem exíguas planícies aluviais, grosso-modo oscilantes entre 725 e 730 m. Na maior parte dos casos, faltam os níveis intermediários no relêvo dessa área cristalina pertencente ao quadrante NW da região de São Paulo. Entretanto, é extremamente nítida a delimitação da superfície de São Paulo em face da zona pré-Serra da Cantareira, conforme se pode verificar próximo da Vila Brasilândia, 3 km a NW da Freguesia do O'.

Desde Guarulhos até a Freguesia do O', o povoamento antigo dos outeiros e altas colinas de além-Tietê obedeceu surpreendentemente a um mesmo estilo. Quase todos os pequeninos núcleos, ali formados até o século XIX, nasceram no tôpo suave das primeiras colinas que se encontravam logo após as grandes várzeas do Tietê. Desta forma, aquí e alí se implantaram núcleos e povoados, em tôrno de rústicas igrejas ou capelas, enquanto em outros pontos altos foram localizadas sedes de fazendas ou chácaras, pertencentes a moradores abastados da cidade. Sitiocas modestas, entremeadas de matas espêssas, existiam por tôdas as encostas e vales, até as proximidades da Serra da Cantareira.

Por muito tempo, exceção feita de Santana, os núcleos de povoamento situados a cavaleiro das altas colinas regionais permaneceram como aglomerados de casinholas e povoados modestíssimos, isolados entre si pelos vales afluentes da margem direita do Tietê, e muito distante da antiga cidade de São Paulo. Em relação a muitos dêsses povoados, o centro da cidade de São Paulo ficava à vista, de 3 a 5 km em linha reta, porém muito distantes na realidade, devido aos caminhos irregulares, mal conservados, e, principalmente, devido ao sistema vagaroso de transporte animal.

E' curioso notar que todos os núcleos de povoados de além-Tietê, na região de São Paulo, nasceram e se desenvolveram por três séculos à sombra do transporte animal, pertencendo inteiramente ao chamado *ciclo do muar*. Situados no tôpo de íngremes colinas só eram atingidos por animais de sela e de carga. Daí as íngremes ladeiras de acesso que a partir das várzeas, se dirigiam para o cocuruto dos morrotes e altas colinas.

Aconteceu com a região o mesmo fato apontado pelo Professor Roger Dion, com relação à Penha; passou-se ali do transporte animal diretamente para o transporte motorizado, herdando-se uma incômoda estrutura de ruas, pertencentes ao ciclo do muar. É êsse fato que nos explica a existência daquelas incríveis ladeiras de Santana e da Casa Verde, que obrigaram os trilhos dos bondes elétricos a procurar traçados especiais para atingir o alto dos bairros ali formados no século atual.

A cidade extravassou extensivamente para as colinas e outeiros de além-Tietê, nos últimos trinta ou quarenta anos, a partir do eixo radial de certos caminhos e pontes. Desprezando-se as várzeas, mas cruzando os bairros da cidade atingiram os antigos núcleos isolados de além-Tietê, ampliando desmesuradamente sua área de ocupação urbana e suburbana. Tanto as esplanadas suaves dos outeiros e altas colinas foram ocupadas, de preferência, como também, as encostas e os outeiros circunvizinhos.

Atualmente, o povoamento estende-se desde Santana até os sopés da Cantareira, no bairro de Tremenbé, interligando-se contìnuamente devido à presença de avenidas e estradas de espigão, sinuosas e pitorescas. Não se completou, ainda, porém, a ligação entre os diversos núcleos de colinas e espigões isolados. Até há alguns anos atrás, era pràticamente impossível passar-se de um bairro para outro, sem que antes se necessitasse vir ao Centro da Cidade, a fim de fazer baldeação para outro caminho radial de acesso àqueles bairros, esquisitamente contíguos. Trata-se de herança, ligadas em parte às imposições de relêvo, e, em grande parte, à marcha histórica do povoamento e das rotas de ligação regionais.

As colinas e outeiros de além-Pinheiros Repete-se com a vertente esquerda do Pinheiros o mesmo quadro geomórfico observável na vertente direita do Tietê. Na realidade ali também, após as planícies aluviais do fundo do vale, seguem-se flancos íngremes e encostas bem marcadas de outeiros alinhados e de altas colinas de nível de 790-810 m. Faltam os terraços fluviais típicos, as baixas colinas terraceadas e as colinas tabulares do nível intermediário principal, tão nìtidamente observáveis na margem direita do vale. Isto porque o Pinheiros, em tôdas as retomadas de erosão epicíclicas, pós-pliocênicas, tendeu a escavar mais à margem esquerda. Apenas, aqui e acolá, alguns resíduos estreitos dos níveis mais baixos restaram engastados à base das colinas mais elevadas que dominam a topografia regional. Junto ao Butantã, nas proximidades da Cidade Universitária e em alguns pontos da Vila Industrial Jaguaré, existem testemunhos inexpressivos dos terraços fluviais típicos de São Paulo (*fill terrace* de 725-730 m). Mas é sòmente em Presidente Altino, já na zona de confluência Tietê-Pinheiros, que tais terraços adquirem maior expressão espacial e geomórfica.

ESBOÇO GEOLÓGICO DA REGIÃO DE SANTANA JARDIM PAULISTA E VILA CAMARGO

(Extr. do levant. geol. de Moraes Rego e Sousa Santos (1938))

ESCALA 1:25.000

0 500 1000 2000m

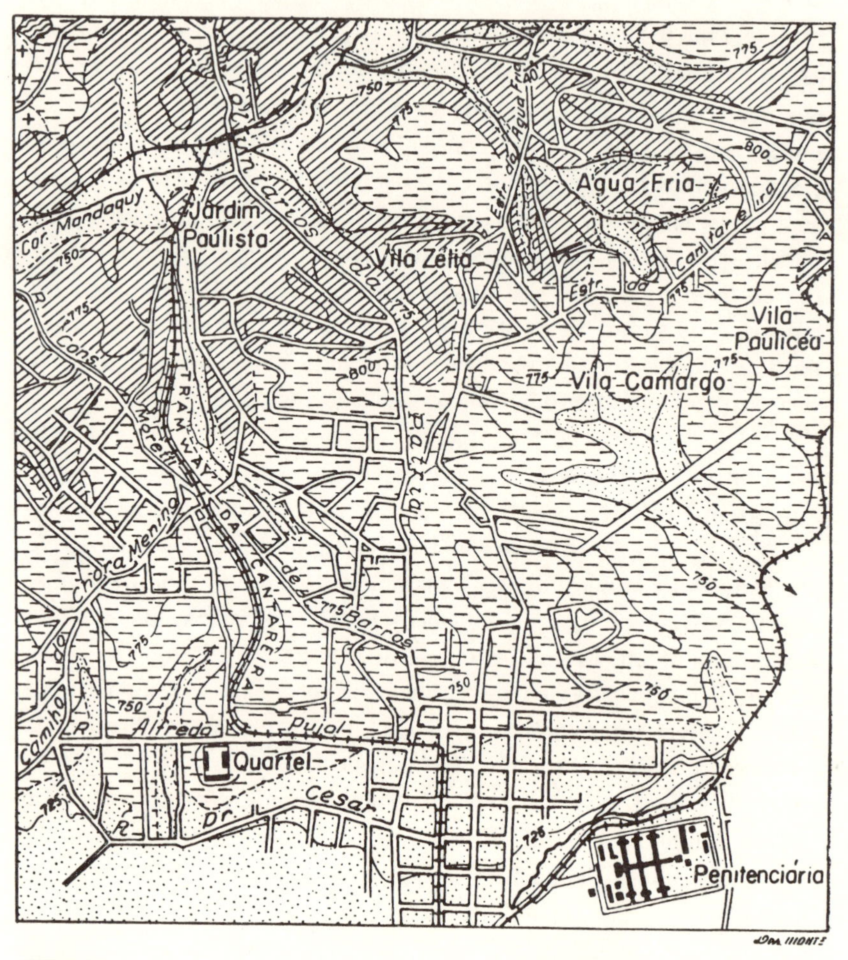

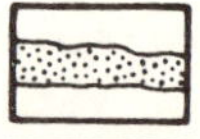

Argilas, Areias e Cascalhos

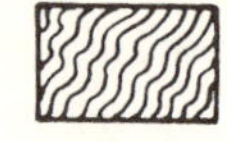

Paragnais

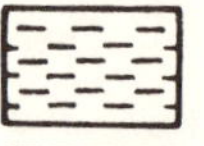

Argilas de S. Paulo c/ Areias e Cascalhos subordinados

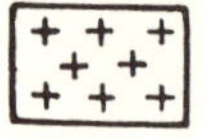

Granitos

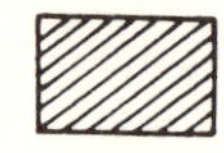

Xistos e Filitos

Figura n.º 23.

Topografia da área central da Cidade de São Paulo

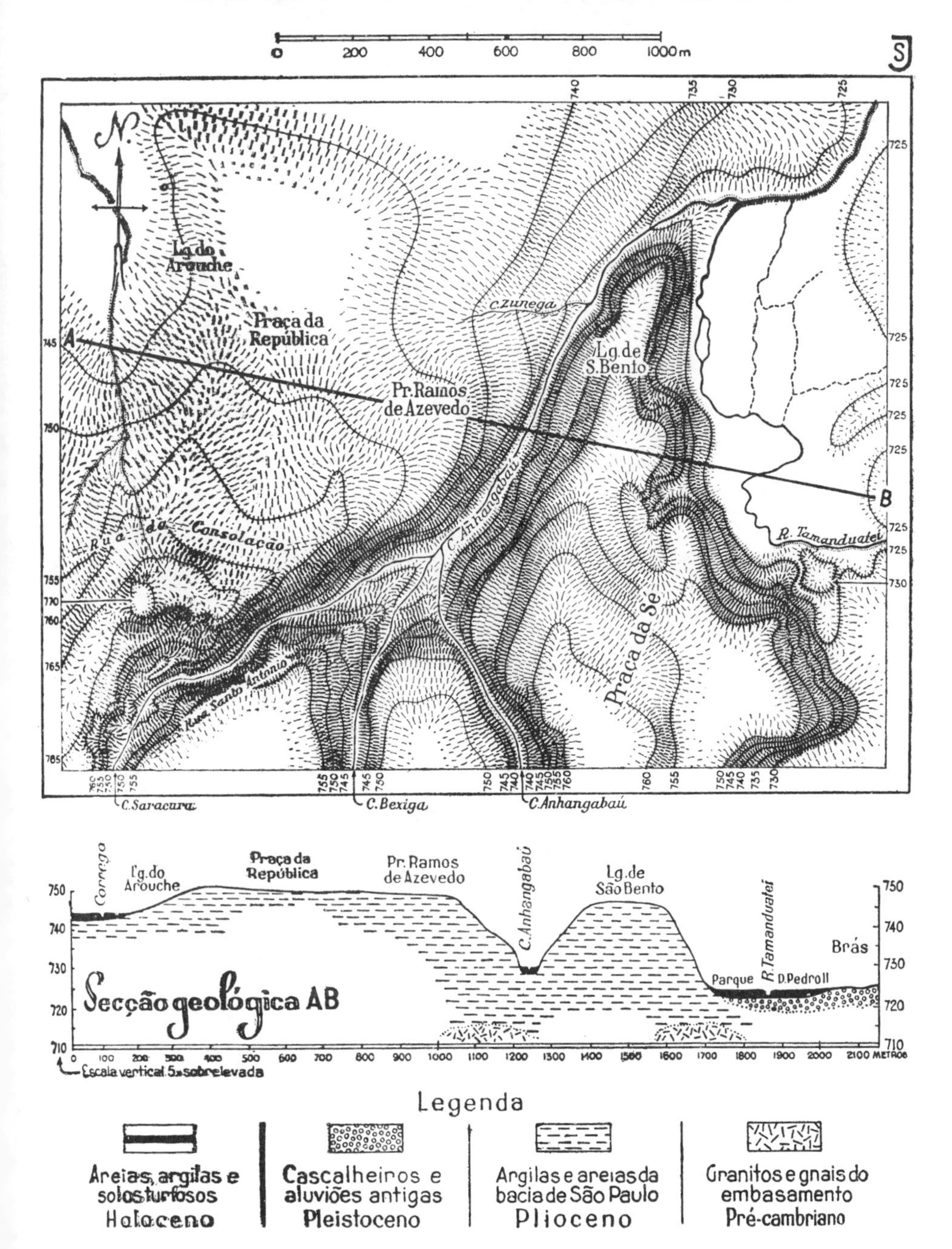

Figura n.º 24

[Concepção gráfica de Nice Lecocq Müller, Walter Faustini e Aziz Ab'Sáber. Desenho e adaptação artística do cartógrafo João Soukup. Base topográfica: "Mapa Topográfico do Município de São Paulo", da SARA do Brasil, S. A., 1930. — Publicado por gentileza da Associação dos Geógrafos Brasileiros — Seção Regional de São Paulo].

As altas colinas da vertente esquerda do Pinheiros são dominantemente constituídas por estruturas areno-argilosas pliocênicas, existindo, porém, diversos afloramentos de gnaisses e micaxistos na base e flancos de alguns dos espigões secundários das altas colinas regionais. Não é difícil encontrar-se as linhas de contacto entre o embasamento pré-devoniano e as camadas sedimentares pliocênicas: na região do Morro do Morumbí o contacto encontra-se a 760-790 m, e a 780 m nos altos do Jardim Bonfiglioli enquanto entre a Cidade Jardim e o Butantã desce êle para 750 m, ascendendo para 740-745 m na zona da Vila Industrial Jaguaré. Em muitos pontos, porém, a base das camadas encontra-se abaixo do nível das planícies regionais, mergulhando por sôbre as aluviões e cascalheiros holocênicos e pleistocênicos. Os outeiros alinhados e altas colinas que vão do Morumbí até as proximidades de Santo Amaro, são constituídos inteiramente por granitos e gnaisses. O assoalho pré-pliocênico na região é muito acidentado, deixando entrever a existência de sulcos relativamente fundos e largos dos vales que antecederam a fase deposicional do plioceno. Trata-se de uma série de indentações marginais da bacia sedimentar flúvio-lacustre regional.

Hoje, após o entalhamento pós-pliocênico da bacia, houve diversas readaptações da rêde de drenagem às imposições das estruturas, assim como algumas epigenias locais. Enquanto alguns rios se encaixaram diretamente no cristalino através de uma herança de posição relacionada com a cobertura sedimentar pliocênica, outros procuraram seguir a linha de fragilidade representada pelos contactos entre o terciário e o cristalino. O baixo e o médio vales do rio Pirajuçara constituem um bom exemplo de rio subseqüente ou direcional, pois foi entalhado exatamente ao longo do contacto entre as camadas pliocênicas e os gnaisses ali existentes.

Nas colinas de além-Pinheiros há um contraste muito pronunciado entre as encostas dos outeiros e altas colinas voltadas para o rio, em face do sistema de colinas que se desdobram a partir do tôpo ou reverso das mesmas. A começar da cumiada dos espigões, estendem-se suaves colinas e ondulações discretas, muito bem representadas pelo relêvo dos novos bairros-jardins ali construídos: Jardim Leonor e Jardim Guedala. Trata-se de largas plataformas

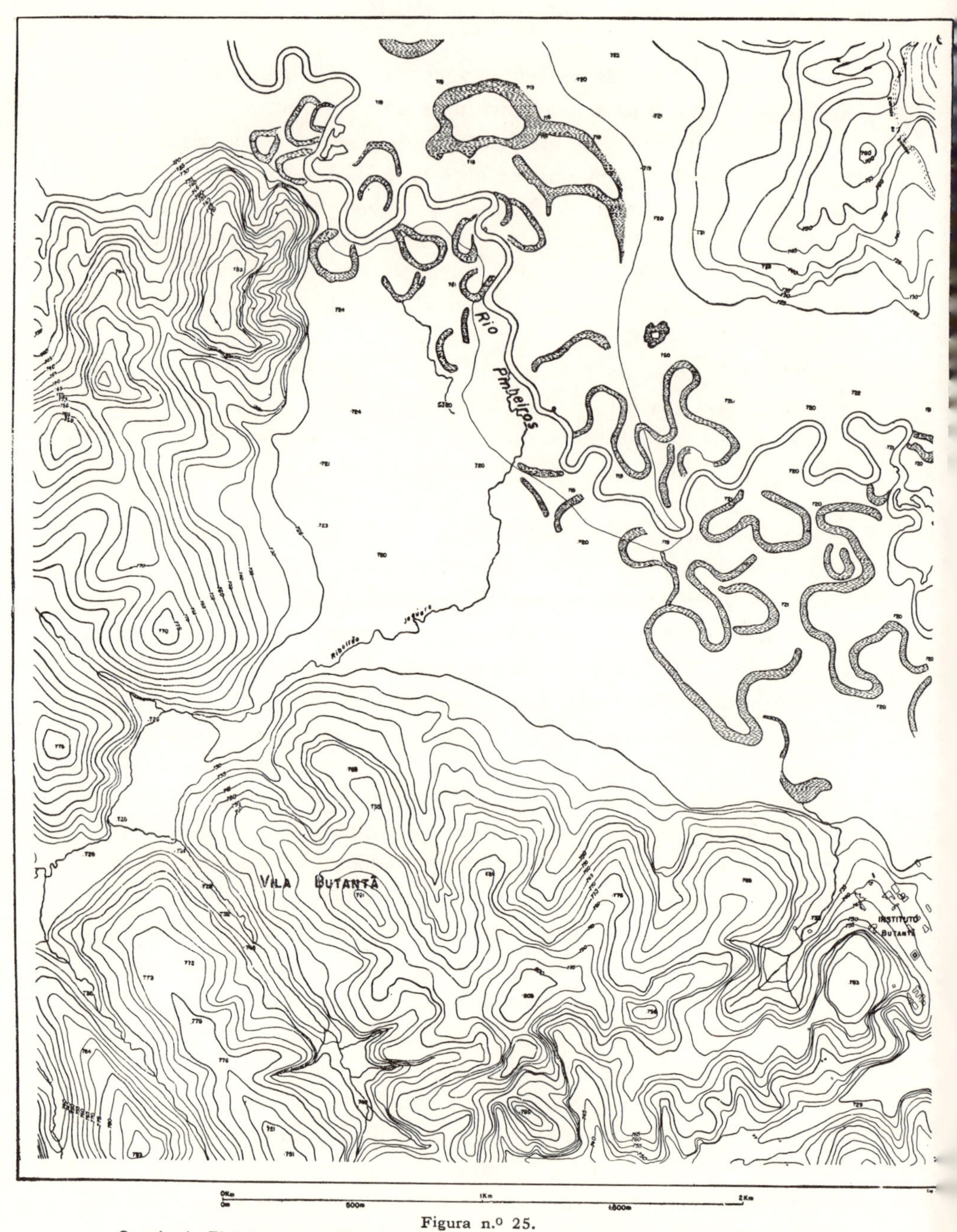

Figura n.º 25.
O vale do Pinheiros na região da Cidade Universitári ade São Paulo (entre Butantã e Vila Jaguaré). Note-se a drenagem *labiríntica* que antecedeu as grandes obras de canalização e urbanização ali levadas a efeito. (Fragmento do "Mapa Topográfico do Município de São Paulo", da SARA Brasil S A., 1930).

interfluviais, ligeiramente dissecadas, pertencentes a testemunhos da cobertura terciária ou a extensões limitadas da *superfície de erosão de São Paulo*, em plena zona de terrenos pré-devonianos.

O vale do Pirajuçara, que é altamente assimétrico devido ao seu caráter subseqüente, apresenta, em sua vertente esquerda, testemunhos do nível intermediário tabuliforme de 745-750 m, já referidos extensamente no presente trabalho. Existe ao longo dos baixo e médio vales do Pirajuçara, em posição geográfica simétrica e oposta, o mesmo fato que se observa na outra margem da bacia de São Paulo, ao longo do vale do Aricanduva. Tal como o Aricanduva, o Pirajuçara encaixou-se entre um pequeno maciço de terrenos cristalinos e uma indentação local espêssa dos terrenos terciários. Enquanto a margem esquerda do Pirajuçara é constituída pelas encostas de altos outeiros gnáissicos alinhados, a margem direita do mesmo situa-se em pleno domínio das estruturas sedimentares pliocênicas sub-horizontais.

Para oeste e sudoeste, à medida que se afasta da margem esquerda do Pinheiros, na direção de Cotia e Itapecerica, cedo desaparecem os últimos testemunhos terciários, muito embora continue a *superfície de erosão de São Paulo* (790-820 m). O relêvo se movimenta gradualmente na região cristalina, assistindo-se a um amorreamento progressivo das encostas, enquanto o nível dos topos demonstra sinais iniludíveis de uma fase de peneplanização regional, provàvelmente plio-pleistocênica (Ab'Saber, 1952-53, pp. 91-93). As planícies aluviais restringem-se aos pontos de concentração de dois ou mais córregos ou riachos, adquirindo conformação alveolar. Os terraços fluviais, de tipo *fill terraces*, tornam-se descontínuos e estreitos, aparecendo de preferência nos bordos das planícies alveolares, asilando invariàvelmente alguns dos elementos do "habitat" rural suburbano.

Importantes áreas das altas colinas mais próximas da cidade, na zona de além-Pinheiros, foram loteadas nos últimos anos, embora não tendo sofrido ainda aquela ocupação extensiva e rápida a que assistimos para os quadrantes leste, norte e sul da Metrópole. As fotografias aéreas mais recentes mostram a sua grande extensão, ao mesmo tempo que a modéstia da extensão metropolitana

FOTO n.º 37. — Estrutura urbana da Metrópole nas vertentes do vale do Pinheiros. A fotografia abrange na margem direita do Pinheiros (quarteirões cortados em ângulo reto), os bairros de Itaim e de Vila Nova Conceição. Da Estrada Velha de Santo Amaro até as margens do Pinheiros medeiam 1,5 km, decaindo o relêvo de 10, 15 ou 20 m apenas. Alguns baixos terraços mais enxutos foram o sítio preferido dos bairros dessa parte da cidade; com a retificação do Pinheiros esboça-se uma extensão dos mesmos e a conseqüente conquista do solo das várzeas. Após o canal do Pinheiros estende-se uma das mais extensas áreas de loteamentos aristocráticos atuais da cidade de São Paulo, representadas pelos bairros-jardins do Morumbí, Leonor, Guedala e Cidade-Jardim. Talvez não haja em todo o organismo metropolitano nenhum exemplo tão espetacular de contrastes entre domínios de estrutura urbana quanto o que a fotografia apresenta. A assimetria das vertentes do Pinheiros ocasionaram aí uma diferenciação completa de soluções urbanísticas: o xadrez em contraste com o oitavado, os quarteirões retos adaptados a sítios planos em contraste com as ruas tortuosas grosso-modo acompanhando as curvas de nível do terreno. (Aerofoto dos Serviços Aerofotogramétricos Cruzeiro do Sul — Esc. aprox. de 1:25.000 — Levant. em nov. de 1952 — Gentileza da Associação dos Geógrafos Brasileiros).

naquela direção. Apenas, em tôrno dos velhos núcleos (como o Butantã) assistiu-se a um extravasamento da cidade, sendo igualmente digna de nota a penetração urbana ao longo das colinas suaves da margem direita do Pirajuçara (em tôrno do bairro do Caxingui). Observa-se, outrossim, que o loteamento popular e os bairros mais modestos se estenderam com rapidez e profundidade pelos vales e regiões mais baixas da região; enquanto os bairros loteados com maior cuidado e maiores pretensões sociais, situados em áreas de altas colinas, permaneceram estagnados, a despeito de terem nascido com todos os melhoramentos urbanos que se possa pretender (caso dos Jardins Guedala e Leonor).

Na região de além-Pinheiros, pode ser estudado um novo bloco do organismo urbano metropolitano, em plena fase incial de instalação. Sítios, fazendas e chácaras, de todos os tipos e tamanhos, ocupavam a região, até há bem poucos anos. O Pinheiros constituía um limite rígido para o crescimento da cidade naquele setor. Exceção feita do núcleo modesto do Butantã e do loteamento estagnado de Cidade Jardim, nada mais existia naquela grande área. A cidade subiu o Espigão Central, no limiar do presente século, e extravasou pelo Jardim América e Jardim Europa, a partir de 1925, marchando depois, progressivamente, na direção de Santo Amaro, através das suaves colinas da margem direita do Pinheiros, interligando velhos e novos núcleos de bairros. Entretanto, a Metrópole não se animou a transpor as várzeas e o canal do rio Pinheiros, relegando tôda a vertente esquerda do vale a um abandono sensível.

Agora, na região, multiplicam-se as áreas de loteamento de todos os tipos: quer nas altas colinas e outeiros alinhados, quer nas encostas acentuadas dos primeiros espigões secundários da margem esquerda do vale, assim como ao longo de todos os vales de afluentes do Pinheiros. Idênticamente, esboça-se um loteamento incipiente nos lados das estradas regionais, que desde há muito são as portas de saída da cidade na direção do Ribeira de Iguape, Sorocaba e Sul do Brasil. Os diversos núcleos e embriões e bairros da região, porém, ainda permanecem relativamente isolados entre si. Diferem extraordinàriamente a intensidade da urbanização e os esquemas de ocupação urbana e suburbana das áreas de além-Pinheiros, quando comparados com a urbanização mais antiga que afetou a área de além-Tietê a despeito das semelhanças topográficas e morfológicas existentes entre as duas áreas.

As colinas e os terraços de além-Tamanduateí

Entre o talude oriental das colinas do centro da cidade (740-750 m) e as altas encostas do outeiro da Penha (780-790 m), situadas a 8 km para leste, sucedem-se planícies, terraços fluviais e colinas de nível médio (735-745 m), que constituem uma das áreas mais importantes dos bairros industriais e operários da Metrópole. As colinas de além-Tamanduateí só adquirem altitudes superiores a 750 m, de 4 a 5 km para o sul do Tietê, à altura das colinas de Vila Prudente e arredores (790-800 m), estendem-se baixos terraços fluviais, do tipo "fill terraces", no Brás, Mooca e Pari, onde as altitudes oscilam entre 725 a 730 m. De Belènzinho para a frente, até o Belém, Alto do Belém e Quarta Parada, a topografia ascende em rampa extremamente suave, até alcançar o nível tabular intermediário de 745-750 m. O vale do ribeirão Tatuapé secciona o nível intermediário, repetindo o mesmo fato observável com o Anhangabaú nas colinas da área central. Trata-se de um sulco bem marcado, inciso a partir de uma retomada de erosão iniciada a partir do nível de 745-750 m. O perfil transversal do pequeno vale regional é semelhante, em tudo, ao do Anhangabaú, possuindo flancos simétricos bem marcados e fundo ligeiramente achatado, com estreitas faixas de aluviões recentes. Não aparecem terraços bem marcados nos bordos do vale, a não ser próximo da embocadura do ribeirão no Tietê, na parte baixa do bairro do Tatuapé e fundos do Instituto de Menores, algumas centenas de metros ao norte da Avenida Celso Garcia.

As colinas de nível médio, bem expressas no Tatuapé e em pequena área da chamada Cidade Mãe-do-Céu, descaem posteriormente para os terraços fluviais do Parque São Jorge e Vila Maranhão. Enquanto no Parque São Jorge existem baixas colinas terraceadas, pertencentes ao nível de 730 e 735 m, na Vila Maranhão,

FOTO n.º 38. — O vale do Pinheiros entre Santo Amaro e a região de Interlagos. A fotografia além de mostrar bem a estrutura da aglomeração urbana de Santo Amaro, que desde algum tempo se acha conurbada ao organismo metropolitano de São Paulo, fixa o estado da marcha da urbanização da cidade em sua extremidade meridional. A despeito da retificação do Pinheiros, a cidade vem tendo dificuldade em incorporar as várzeas aos seus espaços urbanizáveis. Enquanto Santo Amaro e Interlagos encontram-se em colinas terciárias, as pequenas áreas loteadas da margem esquerda do Pinheiros estão em zona de outeiros cristalinos. A reprêsa de Santo Amaro, ela própria, encontra-se numa área de forte assimetria de vertentes no vale do Guarapiranga. Tal assimetria liga-se ao traçado sinuoso do contacto entre o terciário e o embasamento neste quadrante sul-ocidental da Bacia de São Paulo. (Aerofoto dos Serviços Aerofotogramétricos Cruzeiro do Sul — Esc. aprox. de 1:25.000 — Levant. em nov. de 1952 — Gentileza da Associação dos Geógrafos Brasileiros).

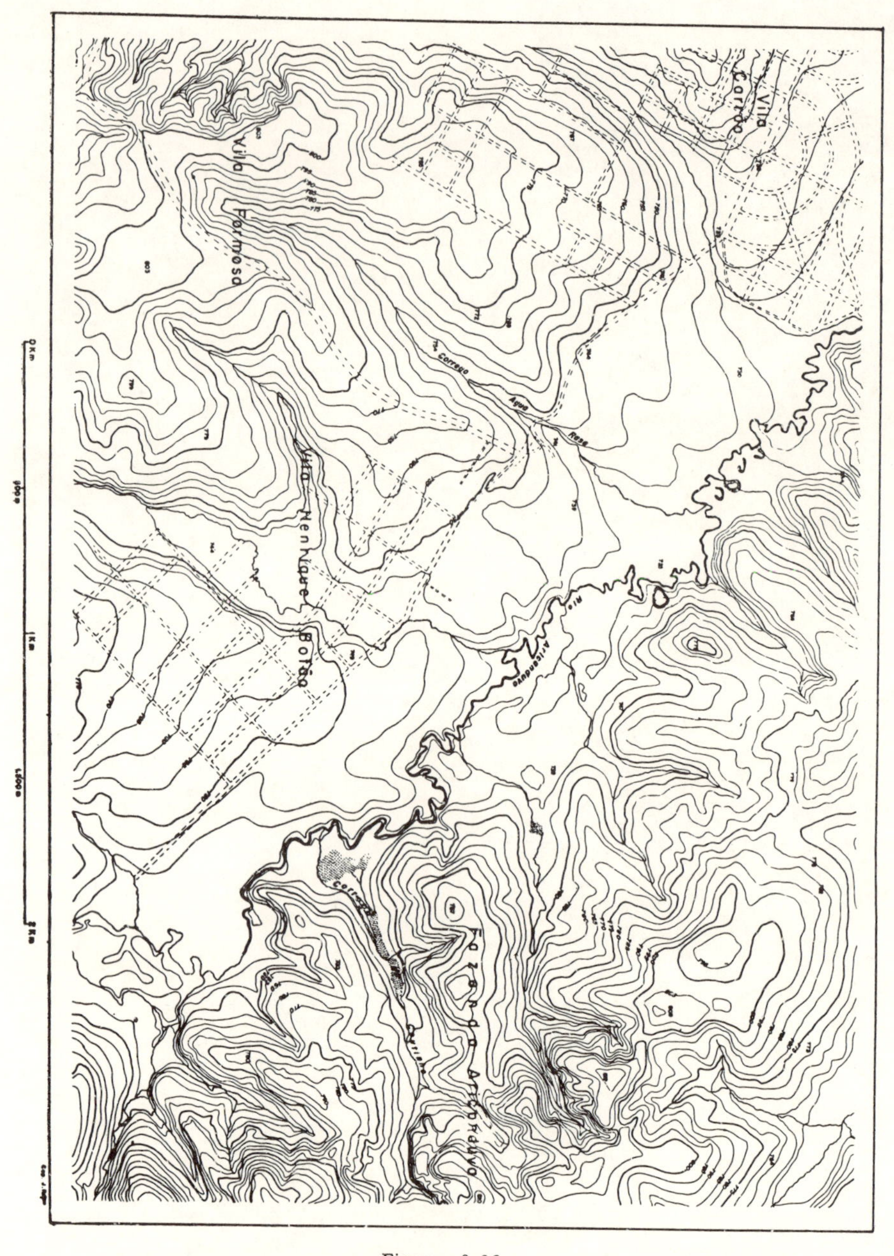

Figura n.º 26
O Aricanduva a E e SE de Vila Carrão, num trecho onde êle se transforma nìtidamente em um *rio direcional*, caminhando próximo do contacto entre os terrenos cristalinos e os sedimentos terciários. Note-se a assimetria do vale nesta região e a desigual ocupação dos solos nas duas vertentes. (Fragmento do "Mapa Topográfico do Município de São Paulo", da SARA Brasil S. A., 1930).

próximo da embocadura do rio Aricanduva no Tietê, existem alguns dos melhores exemplos de terraços fluviais típicos da região de São Paulo.

O outeiro da Penha e as altas colinas circunvizinhas constituem uma grande exceção nesse quadro geral de planícies, terraços e colinas suaves. Se é que na margem direita do Tietê, logo após as várzeas, se encontram altas colinas e outeiros, na margem esquerda dominam sempre terraços, colinas terraceadas e colinas tabulares suavizadas pertencentes ao nvel intermediário principal. A Penha, muito pelo contrário, constitui um verdadeiro fragmento dos níveis topográficos mais elevados da região de São Paulo (790-805) m), que restou excepcionalmente próximo da margem esquerda do Tietê, contrastando sobremaneira com a posição geográfica das principais plataformas interfluviais da região.

O vale do Aricanduva, que se entronca com o vale do Tietê, entre a Vila Maranhão e a Penha, possui um perfil transversal, nìtidamente assimétrico, devido à sua posição em face dos diversos níveis do relêvo regional. Enquanto sua margem esquerda é barrada pelas altas encostas do outeiro da Penha e altas colinas vizinhas, sua margem direita é composta de baixos terraços fluviais e colinas tabulares suavizadas. Note-se que 4 ou 5 km para sudeste, a montante de sua embocadura, o rio Aricanduva continua assimétrico, embora devido a razões diferentes: aí êle é nìtidamente *direcional,* refletindo mais de perto o arranjo estrutural da região. Seu vale encaixou-se exatamente entre o bordo SSE do maciço granítico de Itaquera (750-840 m) e uma das indentações sul-orientais da bacia sedimentar pliocênica regional.

É curioso notar que a assimetria verificada no baixo Tamanduateí, repete-se na região da Penha, embora com relação à margem oposta e com desníveis ampliados. O baixo Tamanduateí encostou-se à colina da cidade, através de sua margem esquerda; enquanto isso, o Aricanduva encostou-se à alta colina da Penha, pela margem direita. Sabendo-se de antemão que a margem de ataque normal é a esquerda para os rios afluentes do Tietê, que correm de SE para SW, impõem-se uma tentativa de explicação geomorfológica para a assimetria do vale do baixo Aricanduva.

FOTO n.º 39 — As colinas do nível intermediário (740-745 m) no bairro do Tatuapé. Trata-se de um documento que bem demonstra a tendência da cidade para ocupar as colinas e desprezar os baixios úmidos e alagadiços. Êste vale, em 1950, marcava a primeira grande descontinuidade no corpo das edificações urbanas da Metrópole. Foto Ab'Sáber, junho de 1950.

FOTO n.º 40 — Paisagens das várzeas do ribeirão Tatuapé, afluente da margem esquerda do Tietê: terrenos baldios, grandes fábricas, campos de futebol e, eventualmente, pequenas chácaras hortículas. Foto Ab'Sáber, junho de 1950.

As explicações mais aceitáveis parecem estar ligadas aos fatos observados no médio vale do Aricanduva, onde êste rio é subseqüente ao contato entre os granitos e os sedimentos terciários. As altas colinas da região da Penha, embora constituídas localmente por sedimentos terciários, correspondem à ponta final de um espigão que acompanha o rebordo sul-oriental do maciço granítico de Itaquera. O Aricanduva, que é o mais importante afluente da margem esquerda do Tietê, depois do Tamanduateí, ao iniciar seu encaixamento a partir da *superfície de erosão de São Paulo*, adquiriu uma tendência direcional típica, permanecendo orientado segundo a linha de contato geral entre o maciço granítico e a extensão regional de terrenos terciários. A despeito dos epiciclos erosivos pós-pliocênicos, permaneceu sempre subseqüente, possuindo sua vertente esquerda diretamente no terciário e sua vertente direita no cristalino. Por seu turno, a margem de ataque principal de seu vale foi sempre a direita, fato que se evidenciou em tôdas as retomadas de erosão ali processadas. Daí a assimetria geral existente em quase todo o seu vale.

Lembramos, finalmente, que o vale do Tamanduateí, em seu trecho médio, separa radicalmente a linha de continuidade do Espigão Central da cidade, em relação ao Espigão de Vila Prudente, que se orienta de oeste para leste. Observando-se os mapas topográficos da região de São Paulo, tem-se a impressão ilusória de que antigamente teria havido uma continuidade entre o Espigão de Vila Prudente e o Espigão Central, e que o entroncamento antigo entre as duas extensas plataformas interfluviais se fazia entre as altas colinas de Vila Prudente e as colinas igualmente elevadas do Ipiranga, Aclimação e Paraíso.

A cidade de São Paulo, em seu período moderno de crescimento, a partir do último quartel do século passado, encontrou, nos terraços fluviais e baixas colinas terraceadas de além-Tamanduateí, um dos quadros principais para a expansão do organismo urbano. Até os meados do século XIX, o trecho do velho caminho do Rio de Janeiro, que se estendia desde a Penha até São Paulo, era pontilhado apenas por chácaras, sítios, vendolas de beira-de-

estrada e terrenos baldios. Não se modificaram muito o quadro de paisagem descrito por Saint-Hilaire, algumas dezenas de anos antes.
O fato que auxiliou a penetração urbana nas terras de além-Tamanduateí foi o traçado da antiga "São Paulo Railway" e o ponto de entrocamento dessa ferrovia com a atual "Central do Brasil" (antiga "E.F. São Paulo-Rio de Janeiro"). No bairro do Brás, portanto, se cruzaram os trilhos de estradas que demandavam Santos e o Vale do Paraíba e que estavam interligadas ao sistema de ferrovias que penetravam gradualmente e interior centro-ocidental do Estado de São Paulo.

Os engenheiros ferroviários procuraram assentar os trilhos sôbre os terrenos mais enxutos, pertencentes aos terraços fluviais, evitando os terrenos aluviais alagadiços e inconsistentes do Tamanduateí. Através dessas medidas, favoreceram de pronto a criação de um novo bairro para a florescente cidade dos fins do século. Pouco depois, em áreas contíguas da estação do Norte, expandiram-se os bairros da Mooca, Belènzinho e Pari, recobrindo todos os tratos de terraços mais enxutos e tendendo a englobar as baixas colinas pliocênicas do Belém. Entre os fins do século passado e a primeira metade do século atual, a industrialização e sua expansão, ao longo das ferrovias e dos terrenos vagos dêsses bairros mais modestos, facilitou a extensão da urbanização por enormes áreas, redundando na conurbação extensiva de todos os antigos núcleos que pontilhavam o caminho do Rio de Janeiro, desde o Brás até a Penha e circunvizinhaças. A Avenida Celso Garcia, saindo da colina central, cruza todos os elementos topográficos da região em estudo — planícies, terraços, colinas médias de diversos níveis — atingindo o outeiro e as altas colinas da região da Penha, que, por seu turno, é o ponto inicial dos vastos subúrbios orientais da Metrópole (Azevedo, 1945).

A estrutura urbana dos bairros de além-Tamanduateí reflete menos as condições gerais do relêvo regional que as irregularidades do crescimento histórico-espacial e os entraves e limitações impostas pela trama dos caminhos antigos e as ferrovias que cruzam a região.

Apenas na zona próxima da Penha existem evidências acentuadas de imposições do relêvo à estrutura urbana. É assim que a E.F. Central do Brasil procura contornar o outeiro da Penha, bifurcando-se por dois traçados: o da linha tronco e o da variante. A linha tronco acompanha o vale de um pequeno afluente da margem direita do Aricanduva, situado a sudeste da Penha, transpondo os morros e altas colinas do maciço de Itaquera através dos vales de pequenos rios regionais. A Variante, por sua vez, contorna o outeiro da Penha pelo nordeste, dirigindo-se pela margem esquerda do Tietê, através da zona de transição entre as várzeas, colinas e outeiros, até reencontrar a linha tronco, em Calmon Viana, três dezenas de quilômetros além.

O outeiro da Penha representa uma espécie do estrangulamento forçado para a circulação W-L ao longo da vertente esquerda do Tietê. Ali, enquanto os trilhos se bifurcam dificultosamente, os caminhos e avenidas de ligação procuram transpor as encostas do outeiro, através de ladeiras de rampa acentuada.

O Professor Roger Dion (6) atinou bem com uma expressiva interferência de estrutura urbana nas encostas do tradicional outeiro amorreado. Ali, os velhos caminhos, herdados do passado colonial, galgam o pequeno morro, através de íngremes e retas ladeiras, nascidas durante o ciclo de transporte animal que precedeu de perto a era recente dos transportes motorizados. Tais ladeiras, que atendiam perfeitamente à circulação dos animais, vieram constituir acidentes sérios para a circulação de bondes elétricos, caminhões e autos. No presente século, quando da extensão da rêde de elétricos até a Penha, a antiga ladeira de acesso à tradicional igreja do alto do outeiro, não pôde atender às necessidades do novo sistema de circulação. Tornou-se necessário construir uma ladeira variante, através de um traçado em meio-caracol, a fim de favorecer a criação de uma rampa menos íngreme para os bondes. Essas duas solicitações diferentes ligadas a diferentes épocas e diferentes sistemas de circulação, permaneceram, lado a lado, na estrutura urbana do bairro. Completando suas observações sôbre êsse fato curio-

(6) Informações verbais.

FOTO n.º 41 — Altas colinas terciárias situadas entre a Penha e Ermelino Matarazzo (760-790 m). Bairros distantes e modestos como êstes é que evitaram a proliferação de favelas na região de São Paulo. Os lotes populares vendidos nestas áreas estiveram, até há pouco tempo, ao alcance de tôdas as bolsas, dadas as excelentes condições de pagamento oferecidas pelas imobiliárias que aí operaram.
Foto Ab'Sáber, 1952.

so, lembrou-nos o Professor Dion que a explicação histórica do mesmo se encontra numa questão muito simples da evolução do sistema de transportes no Brasil. Entre nós, a passagem do ciclo do muar para o ciclo de circulação moderna, se fêz à custa de um salto gigantesco, sem fases de transição. Passamos diretamente dos caminhos tropeiros para a era das rodovias, sem aquela série intermediária importante, correspondente aos diversos tipos de estradas carroçáveis, tão conhecidas na história dos transportes na Europa Ocidental. Em outras palavras, tendo passado diretamente do ciclo do muar para o ciclo do automóvel, sem transição normal do ciclo das diligências, assistimos a uma interferência radical na estrutura dos caminhos, fato que adquire maior contraste no interior da zona urbana metropolitana das cidades de crescimento recente muito rápido. Daí, encontrarmos em pleno interior da Metrópole paulistana, herança dessa excepcional interferência na estrutura dos caminhos e estradas. Tanto na Penha, como na Casa Verde e em Santana, existem bons exemplos dêsse fato, inscritos quase que definitivamente na paisagem urbana, perfeitamente à mostra para os que quiserem ler sua história (7).

(7) Tecendo comentários em tôrno do livro de Malraux "Tentação do Ocidente", Sérgio Milliet (in *Diário Crítico,* Livr. Martins, 1947, p. 23) diz: "Lembro-me de uma frase de Le Corbusier apontando, no que sobrara do passado, os males da urbanização moderna. *O caminho de burros* é que impediria as cidades de se tornarem harmoniosas. Era preciso acabar com os caminhos de burros e abrir grandes avenidas margeadas de arranha-céus. Mas o caminho de burros, a rua sinuosa que acompanha a topografia natural, é o caminho do homem sábio que se adapta à natureza em vez de gastar suas fôrças num combate inglório"... Na presente oportunidade lembramos que as referências um tanto negativas que geógrafos e urbanistas às vêzes fazem aos caminhos de muares em relação à estrutura de certas aglomerações urbanas brasileiras, liga-se a um fato inteiramente oposto àquele referido por Sérgio Milliet. Na verdade, algumas ladeiras íngremes cuja rampa poderia servir para animais de carga, são absolutamente inviáveis para a tração a motor comum.

III — A BACIA DE SÃO PAULO E AS SUPERFÍCIES DE APLAINAMENTO REGIONAIS

7. A BACIA SEDIMENTAR DO ALTO TIETÊ

A bacia sedimentar No conjunto das bacias sedimentares soerguidas, anichadas em planos altimétricos diversos no dorso do Planalto Brasileiro, a bacia do Alto Tietê constitui um exemplo de pequena bacia flúvio-lacustre moderna, diretamente embutida em compartimentos dos altos maciços antigos. Entre os seus sedimentos e o assoalho que a asila, não existem quaisquer outras formações sedimentares; ela se assenta discordantemente sôbre rochas do embasamento criptozóico, deixando entrever um *hiato geológico* que vai do proterozóico ao plioceno.

A posição da bacia nas cabeceiras de um dos grandes cursos conseqüentes pertencentes à drenagem centrípeta do Rio Paraná e o caráter marcadamente flúvio-lacustre de seus sedimentos, são argumentos suficientes para demonstrar sua relativa juventude geológica, já que o Tietê é uma espécie de curso d'água *conseqüente estendido* que se superimpôs às camadas superiores da Série Bauru (cretáceo superior). Enquanto as camadas mesozóicas do interior estão a 900-950 metros de altitudes, seccionadas epigênicamente pelo Tietê, as camadas de São Paulo, situadas em pleno Alto Tietê, possuem seu nível superior a 830 metros.

Sòmente após uma prolongada epigenia do Tietê, responsável pelo entalhamento da maior parte da depressão periférica paulista e pela escultura dos principais alinhamentos de cuestas do interior paulista, é que, em compartimentos parcialmente tectônicos, dos maciços antigos das cabeceiras da drenagem em encaixamento, veio processar-se a sedimentação flúvio-lacustre da região de São Paulo. Desta forma, foi necessário o recortamento fluvial de tôda a superfície das *cristas médias* e um rebaixamento notável do seu nível original acompanhado de razoável desnudação marginal da bacia sedimentar do Rio Paraná, a fim de que em áreas das cabeceiras da drenagem conseqüente sobreviesse um novo ciclo deposicional (Ab'Sáber, 1948a e 1950-51).

FOTO n.º 42 — Altas colinas da margem direita do Tietê, no bairro de Santana (760-790 m). Trata-se da área mais urbanizada no **conjunto dos bairros de além-Tietê. Entretanto, em alguns pontos devido a forma e o grau da inclinação das vertentes houve descontinuidade na expansão urbana. Foto Ab'Sáber, 1949.**

Digno de maior consideração é o fato de não serem encontradas formações cenozóicas capeando os planaltos sedimentares ou basálticos do interior da bacia sedimentar paranaense (8). Ao contrário, as bacias sedimentares flúvio-lacustres modernas encontram-se em áreas situadas além das orlas extremas das zonas sedimentares páleo e mesozóicas. São como que bacias periféricas, isoladas e descontínuas, aninhadas em pleno embasamento dos velhos maciços policíclicos que circundam a gigantesca bacia sedimentar gondwânica. Tanto no caso de Curitiba quanto no de São Paulo, foi necessário uma longa fase de entalhamento da "old land" periférica da bacia interior, a fim de que após um processo de eversão (*ausraumgebiet*), gradual ou cíclico, se estabelecessem condições deposicionais nas cabeceiras das drenagens conseqüentes ligadas ao sistema hidrográfico centrípeto das bacias soerguidas. Por outro lado, tais teatros de deposição restritos só se tornaram eficientes no espessamento de camadas sedimentares quando auxiliados pela interferência de processos tectônicos que embaraçaram o escoamento fluvial e determinaram a formação das pequenas bacias eminentemente flúvio-lacustres.

Pela sua posição no Alto Tietê a bacia sedimentar paulistana assemelha-se mais ao caso da bacia curitibana, situada no Alto Iguaçu; ambas embutidas nas cabeceiras de drenagens oriundas da superimposição cretácio-eocênica. A bacia sedimentar de Taubaté constitui um caso inteiramente diverso, tendo-se ligado mais diretamente a um fenômeno tectônico que seccionou fundo o núcleo principal das maciços antigos do Brasil Sudeste. Nesse caso, as depressões tectônicas parecem ter sido suficientemente fortes para desviar partes das antigas drenagens que se digiriam para o interior da bacia do Paraná, criando um quadro hidrográfico inteiramente novo e *polígeno,* hoje representado pelo Alto e Médio Paraíba. Enquanto o tôpo das formações sedimentares do médio Paraíba atingem apenas 600 metros no núcleo principal da bacia e

---

(8) Com relação aos depósitos do tôpo do Planalto Ocidental do Estado de São Paulo, referidos como terciários por Moraes Rêgo (1933a), vide observações recentes de Ab'Sáber (1954, pp. 51-56) e Almeida (1955, p. 26).

FOTO n.º 43 — Os bairros de além-Tietê e a serra da Cantareira. A expansão urbana, nesses quadrantes, por diversas razões, se fêz apenas nas colinas e morros baixos esculpidos na *superfície de São Paulo* (790-820 m). A Serra da Cantareira e sua cobertura florestal restaram a escapo da expansão metropolitana devido serem reservas de domínio público, na categoria de uma das áreas fornecedoras d'água para a Metrópole. Foto Ab'Sáber, 1952.

670 metros em relação aos testemunhos extremos, o tôpo dos sedimentos da bacia de São Paulo encontra-se entre 800-830 metros. Em ambos os casos a espessura geral dos sedimentos no eixo das bacias é superior a 150 metros, sendo de se suspeitar profundidade talvez superior a 300 metros para certas porções da bacia sedimentar taubateana.

A bacia sedimentar de Curitiba é a menos espêssa das três, apresentando uma pilha de sedimentos modernos flúvio-lacustres não superior a 50 metros, embora o tôpo da formação seja o de maior altitude, já que alcança a cota dos 900 metros. E' de se supor que os fenômenos tectônicos responsáveis pela gênese da bacia curitibana tenham sido muito menos intensos que os que se fizeram atuar no Alto Tietê, e muitíssimo menos acentuados do que aquêles que criaram a funda depressão tectônica do médio Paraíba.

Sob o ponto de vista rigorosamente faciológico, a similitude entre a bacia sedimentar paulistana e a curitibana é muito maior que aquela que se poderia encontrar entre elas e a de Taubaté. Os sedimentos da bacia de São Paulo, como os da bacia de Curitiba, quando muito poderiam ser comparados à porção superior dos depósitos do médio Paraíba. Por outro lado, mesmo os depósitos superiores dessa bacia diferem dos dois outros casos, devido à presença de formações detríticas extremamente grosseiras, dominantemente fluviais em extensas áreas, ao lado de sedimentos flúvio-lacustres mais ou menos típicos. A grande diferença, entretanto, se faz em relação à presença de folhelhos betuminosos papiráceos e lenhitos nas porções médias e inferiores da bacia de Taubaté, ocorrências inteiramente desconhecidas em qualquer ponto da bacia do Alto Tietê. A presença dos folhelhos talvez venha exigir uma interpretação especial para a gênese da sedimentação regional, ligada aos complexos problemas de madeiras carbonizadas. E' possível mesmo, tal como vêm suspeitando diversos especialistas, que ali existam duas formações, bem diferenciadas entre si: uma *basal*, tìpicamente lacustre e lacustre-fluvial; e uma outra, *superior*, dominante fluvial e flúvio-lacustre.

FOTO n.º 44 — Paisagem da Vila Brasilândia (875-910 m), a mais alta porção do sítio urbano de São Paulo, em processo de urbanização. Trata-se de uma das poucas áreas onde a Metrópole após vencer as colinas da *superfície de São Paulo* (800-830 m) expandiu-se por morros pertencentes a níveis mais elevados, a noroestes da cidade. Foto Ab'Sáber, 1952.

FOTO n.º 45 — *Colinas de além-Tietê*, situadas entre Santana, Vila Camargo e Tucuruvi. Urbanização crescente, porém irregular, ora adaptada à topografia, ora obedecendo aos modelos inorgânicos tradicionais. Foto Ab'Sáber, 1952.

Extensão e forma da bacia sedimentar do Alto Tietê

A análise da distribuição espacial dos sedimentos, assim como as considerações em tôrno da forma geral da pequena bacia regional, guardam ensinamentos importantes para a sua melhor compreensão genética.

Os sedimentos da bacia de São Paulo se iniciam a uns 20 km a montante de Mogí das Cruzes e têm continuidade relativa desde essa ponta extrema afunilada, até a região de Osasco, numa extensão L-W de aproximadamente 85 km. Por outro lado, segundo a direção dos meridianos, os sedimentos afloram em massas relativamente contínuas desde São Bernardo até os sopés da Cantareira, tendo seus pontos extremos para o Norte, na região da Capela do Alto (Tremembé), nos arredores de Guarulhos e Cumbica, com uma interpenetração para Noroeste, seguindo o eixo do Baquirivu-Guaçu. Sua largura média de Norte a Sul, na região mais urbanizada da Metrópole, oscila entre 30 a 40 km, em média. De Interlagos, ao sul de Santo Amaro, até o vale do Baquirivu, a noroeste de Arujá, os sedimentos se estendem por 55 km. Lembramos que em nenhum ponto da bacia sedimentar do médio Paraíba são encontradas larguras semelhantes às que dominam na porção central da bacia do Alto Tietê; ao contrário a largura média da bacia contígua é de 15-20 km desde as proximidades de Jacareí até a região de Lorena.

Em conjunto, a bacia se assemelha a um largo funil sem continuidade para jusante da confluência Tietê-Pinheiros, mas dotado de grande continuidade para montante, onde a sedimentação após uma expansão na forma de leque interpenetrou-se regressivamente, através de esporões que são tanto mais isolados entre si quanto mais distantes do centro da bacia estiverem.

E' fácil perceber-se que os sedimentos, na área central da bacia, então ligados principalmente aos últimos quilômetros do ângulo interno da confluência Tietê-Pinheiros, muito embora importantes testemunhos da sedimentação sejam encontrados nas encostas ou tôpos das colinas de além-Pinheiros e além-Tietê. Alguns dos testemunhos terciários das colinas e outeiros de além-Tietê, estudados por Morais Rêgo e Sousa Santos (1938), encontram-se a

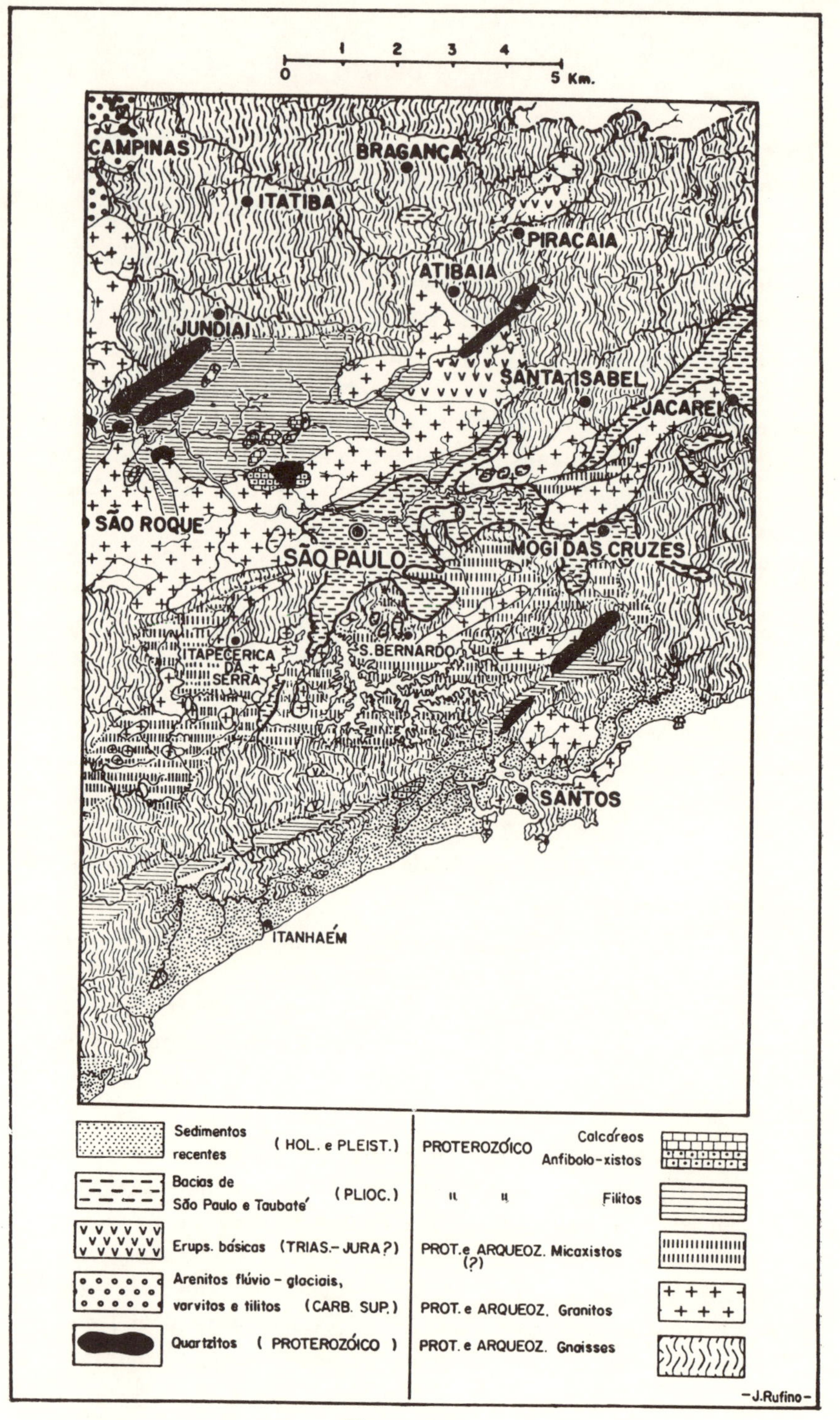

Figura n.º 27.
Mapa geológico da região de São Paulo. (Fragmento da "Carta Geológica do Estadc de São Paulo", do I.G.G., 1947, com modificações do autor).

5 ou 6 quilômetros de distância da margem direita do rio, embora reduzidos a uma espessura pequena e apenas adstritos às altas encostas ou tôpos das colinas que antecedem os primeiros esporões cristalinos mais pronunciados da Serra da Cantareira. Para o Sul, na região de São Bernardo, os sedimentos se reduzem a delgadas camadas nos tôpos das plataformas interfluviais principais.

As encostas setentrionais do maciço do Bonilha, pôsto que de maneira menos acentuada que a das encostas meridionais da Cantareira, fazem o papel de paredão de represamento geral para a larga faixa de sedimentação principal da bacia. Em tôdas as porções periféricas da bacia o nível de erosão dos 800-830 metros ultrapassa a área atual de distribuição espacial dos sedimentos, interessando porções dos terrenos cristalinos circunjacentes.

Considerando-se a área total da sedimentação moderna na bacia de São Paulo, circunscrita pelos limites principais da bacia, e não se considerando as pequenas áreas de exposição de terrenos cristalinos postos a aflorar pela interdesnudação, forçada pelo encaixamento dos rios que seccionam o núcleo central da bacia, pode-se dizer que a mesma possui aproximadamente 2 600 km^2 de extensão.

A bacia de São Paulo e o caráter antecedente do Alto Tietê

O estudo mais ou menos detalhado do relêvo e da estrutura da bacia de São Paulo dá margem segura para se concluir pelo caráter *antecedente* da drenagem do alto Tietê na região. Morais Rêgo e Sousa Santos (1938, p. 111), discutindo a gênese da bacia de sedimentação regional, tocaram ligeiramente no problema da antecedência, ao tecer as seguintes considerações: “A origem da planície auvial poderia, não há dúvida, ser atribuída a um acidente local da drenagem da época. Coadunaria mesmo essa explicação com a extensão horizontal das camadas de São Paulo”. Entretanto, em função das idéias mais gerais de Morais Rêgo a respeito de um abaixamento pliocênico de grande amplitude pelo qual teria passado o território brasileiro (Ab’Sáber, 1954, pp. 51-56), aquêles autores preferiram dar outra direção ao seu pensamento sôbre a origem da bacia.

Por volta de 1945 e 1946, retomando o assunto, o Professor Josué Camargo Mendes, em suas preleções na Universidade de São

FOTO n.º 46 — Altas colinas do bairro da Casa Verde (780-790 m) Note-se o padrão do povcamento urbano da região: casas modestas, situadas em lotes de tamanho médio em meio de árvores frutíferas, modestos jardins e pequenas hortas domésticas. A área reservada aos quintais é bastante grande na paisagem dêsse tradicional bairro paulistano, de classe média, situado na zona de além-Tietê. Foto Ab'Sáber, 1951.

Paulo salientou o significado exato da posição e forma da bacia, fazendo cerrada discussão para comprovar a extrema ligação entre a sedimentação com o domínio hidrográfico do Alto Tietê. Em sua hábil argumentação, entre os fatôres comprovantes, o Professor Mendes fazia ênfase num ponto que reputamos de maior importância, ou seja, a questão da *forma da bacia* sedimentar regional, que é perfeitamente alongada segundo o eixo geral do Alto Tietê.

A publicação do mapa geológico do Estado de São Paulo, organizado pelo Instituto Geográfico e Geológico de 1947, corroborou ainda mais essa hipótese de trabalho, pois nesse mapa foram representados com maior detalhe as principais porções da bacia sedimentar flúvio-lacustre regional. Desta forma, ficou definitivamente comprovado a sua distribuição espacial, intimamente ligada ao eixo principal do Tietê e seus afluentes.

Na base e estudos mais detalhados dos divisores Alto-Tietê e Alto-Paraíba (nas regiões de Santa Isabel, Guararema e Salesópolis) e, em função de uma série de pesquisas ao longo das escarpas das Serras da Cantareira e da Taxaquara, pudemos concluir sôbre a impossibilidade da existência de uma outra saída para o Alto Tietê na direção da depressão periférica paulista, que não fôss grosso-modo aquela ainda hoje observável. Daí podemos admitir, como ponto pacífico, o caráter *antecedente* do Tietê na região de São Paulo.

Desde que a drenagem gondwânica do Brasil Sudeste foi rearranjada por interferências tectônicas, após o soerguimento e a fragmentação da chamada *superfície das cristas médias* (1100-1300 m), o Alto Tietê e o Alto Paraíba se definiram como drenagens independentes (Ab'Sáber, 1954). À altura do plioceno, quando o Tietê foi barrado por complexas interferências tectônicas, de caráter bem mais moderado que as anteriores, iniciou-se a sedimentação flúvio-lacustre (9) a montante de soleiras ativas, afundan-

---

(9) Preferimos utilizar sempre a designação faciológica *flúvio-lacustre* para designar as camadas de São Paulo, a fim de salientar o caráter dominantemente fluvial dos sedimentos e a eventual existência de horizontes flúvio-lacustres e até mesmo lacustres, alhures apontados para pequenas seqüências de estratos da bacia. Em face dos princípios do *atualismo,* pensamos que a sedimentação regional deve

FOTO n.º 47 — *Campo de matacões de Pirituba*. Trata-se, entretanto, dos escombros de um outeiro granítico que foi arrazado para fornecer material de entulho para o aterro das várzeas que circundavam o terraço de Vila Anastácio. Os matacões ali observados, já referidos por Moraes Rêgo em 1932, afloram por exumação artificial do antigo manto de decomposição. Foto Ab'Sáber junho de 1946.

FOTO n.º 48 — Leito antigo do rio Pinheiros, abandonado pelas obras de canalização. Note-se os torrões poligonais de argilas oriundos de rachaduras superficiais dos detritos finos acumulados nas depressões rasas que substituíram o antigo leito do rio. Foto Ab'Sáber, 1951.

do-se alguns blocos do assoalho cristalino pré-pliocênico, que foram os principais responsáveis por um espessamento local dos sedimentos lacustres e flúvio-lacustres. O tectonismo criador da depressão que deu origem à bacia de São Paulo deve ter se ligado a um sistema local de pequenas falhas, *geomorfològicamente contrárias*, que a despeito de diferenças de intensidade e velocidade, se fizeram ativas durante todo o período deposicional controlando a barragem da drenagem pré-pliocênica na região. Terminados os esforços tectônicos capazes de ocasionar a extensão local da antiga planície flúvio-lacustre, o rio retomou seu roteiro habitual na direção do noroeste, passando a erodir um pouco aos depósitos que êle mesmo ajudara a empilhar localmente durante o plioceno. Iniciou-se, aí, o entalhamento a bacia, através de sucessivos estímulos de uma epirogênese cíclica.

Tem-se, portanto, que os esforços tectônicos na região tendo sido relativamente moderados, locais e lentos, foram incapazes de influir decisivamente no traçado geral pré-pliocênico da drenagem do alto Tietê. Ao contrário, a despeito das tendências constantes para uma barragem completa da drenagem pré-pliocênica na região, tudo indica, que o Tietê sempre tenha mantido passagem para noroeste, através da mesma direção geral herdada da fase principal do encaixamento hidrográfico posterior ao paleógeno.

Diversas vêzes, provàvelmente, no decorrer do plioceno, houve uma geografia de lagoas não muito profundas na área de maior subsidência local do assoalho da bacia. No entanto, tais lagoas foram episódios temporários na história hidrográfica da região, tendo sido alimentado por rios tributários de montante, mas, possìvelmente, tendo também fornecido água para jusante, na direção da cauda barrada do Tietê.

---

ter sido elaborada, por demorados espaços de tempo, debaixo de condições topográficas e hidrográficas que lembrariam as do Pantanal Matogrossense, em escala um tanto reduzida. Os estudos sedimentológicos do Professor Viktor Leinz na bacia (segundo observações verbais do autor) provam, por outro lado, que houve também verdadeiras fases lacustres na história da sedimentação regional, o que não é nada de se estranhar, já que no momento em que as falhas geomorfològicamente contrárias foram mais intensas que a velocidade da sedimentação fluvial, a barragem tectônica resultante foi capaz de dar origem a verdadeiros lagos na região.

FOTO n.º 49 — Loteamento moderno em área de gnaisses profundamente decompostos nos morros de além-Pinheiros. Após a remoção dos horizontes superficiais do solo, os gnaisses alterados se tornam extremamente sensíveis à ação das enxurradas. Foto Ab'Sáber, 1951.

FOTO n.º 50 — Detalhes do ravinamento pelas enxurradas nos gnaisses fitados dos morros de alguns bairros de além-Pinheiros. Treliça de pequenos sulcos, parte adaptada, parte normal à direção de xistosidade. Trata-se de um sério problema para os que se atravem a lotear sem conhecer o comportamento do material de decomposição perante as enxurradas. A conservação, tanto quanto possível, dos horizontes superficiais do solo e da vegetação rasteira, constitui uma das únicas formas para se evitar a desforra das fôrças naturais no caso. Foto Ab'Sáber, 1951.

Divisão dos núcleos principais da bacia sedimentar do Alto Tietê

Procurando-se um critério para melhor agrupar os diversos núcleos da pequena e irregular bacia flúvio-lacustre do Alto Tietê, chega-se à conclusão preliminar de que os afloramentos da bacia se enquadram em três domínios diferentes, a saber: 1) — o núcleo central da bacia, localizado na faixa interna da confluência Tietê-Pinheiros; 2) — a área dos prolongamentos digitados que remontam, por alguns quilômetros ou dezenas de quilômetros, os vales que se concentram na região de São Paulo; 3) — os testemunhos e agrupamentos de testemunhos remanescentes da fase de expansão máxima da sedimentação pelos terrenos cristalinos adjacentes.

Tal classificação geral é suficientemente ampla para abranger todos os núcleos que pertenceram e participaram do ciclo deposicional pliocênico na região do Alto Tietê. Subdividindo-a obtemos os elementos que compõem as diversas áreas da bacia, conforme se pode verificar no quadro abaixo, por nós organizado:

I — NÚCLEO CENTRAL DA BACIA — Faixa localizada nos últimos quilômetros que precedem o ângulo interno da confluência Tietê-Pinheiros; área onde o espessamento da pilha de sedimentos foi mais acentuado e dotado de maior continuidade lateral. Não se conhecem os eixos principais da sedimentação nesse importante núcleo que se dispõem em leque grosseiro de uns 300 km^2 de área; sabe-se apenas que o embasamento é irregular e movimentado, parte devido ao modelado pré-pliocênico e parte devido ao afundamento tectônico gradual do fundo da bacia. Aí a espessura média dos sedimentos pode ser avaliado em 150-200 m.

II — ÁREA DE EXPANSÃO ALVEOLAR DA SEDIMENTAÇÃO FLÚVIO-LACUSTRE — Prolongamentos digitados e remontantes, que na forma de línguas estreitadas se interpenetram pelos principais formadores do Tietê e Pinheiros a partir do núcleo central da bacia. As expressões regionais de tais prolongamentos podem ser especificadas da seguinte forma:

a) — Prolongamento do Alto Tietê, separado do núcleo central pela faixa granítica do Maciço de Itaquera, e subdividida em três secções (Itaquera-Itaquaquecetuba-Susano; Calmon Viana-Mogí das Cruzes; e Jundiapeba-Biritiba Mirim).

b) — Prolongamento Pinheiros-Rio Grande, na área de Santo Amaro e Interlagos.

c) — Prolongamento ao longo do vale do Pirajuçara.

d) — Prolongamento do médio e alto Tamanduateí, estendido após o estrangulamento do núcleo central na região de São Caetano-Vila Prudente.

e) — Prolongamento ao longo do vale do Aricanduva, ao longo das encostas sul-sudoeste do maciço granítico de Itaquera.

f) — Prolongamento ao longo do vale do Baquirivu-Guaçu, a nordeste de Guarulhos.

Em todos êsses prolongamentos que traduzem a antiga expansão alveolar da sedimentação flúvio-lacustre pliocênica, a espessura da pilha de sedimentos oscila entre 0-80 m.

III — TESTEMUNHOS E AGRUPAMENTOS DE TESTEMUNHOS DA FASE DE EXPANSÃO MÁXIMA DA SEDIMENTAÇÃO FLÚVIO-LACUSTRE — (Remanescentes da expansão máxima dos horizontes superiores da bacia sedimentar do Alto Tietê pelos terrenos cristalinos adjacentes). Trata-se dos diversos tipos de testemunhos que capeiam encostas, plataformas interfluviais ou até mesmo pequenos compartimentos relativamente isoladas das áreas semimontanhosas periféricas à bacia. Às vêzes, trata-se de típicos "cut and fill", ou seja depósitos flúvio-aluviais de *recheio*, conforme expressão que ùltimamente tem sido usada entre nós pelo Dr. Octavio Barbosa. A oeste de São Bernardo e ao norte de Itaquaquecetuba, tais sedimentos retalhados pela desnudação pós-pliocênica restaram no tôpo ou em altas encostas dos espigões divisores, o mesmo acontecendo com os testemunhos encontrados no Alto da Casa Verde, Tucuruvi, Capela do Alto, Alto Morumbi e porção superior do Jarim Bonfiglioli. Na região serrana rejuvenescida da Série São Roque, em posição altimétrica sempre superior a 750 metros, desde a saída de São Paulo pela via Anhangüera até a Serra dos Cristais, tais sedimentos são encontrados dispersos em antigos compartimentos de relêvo serrano regional, demonstrando além disso, terem sofrido pequenos falhamentos posteriores à fase deposicional (Almeida, 1953).

Natureza topográfica do assoalho pré-pliocênico na porção central da bacia de São Paulo

Os conhecimentos até hoje acumulados a respeito da posição altimétrica do assoalho criptozóico que aninha as camadas de São Paulo não são suficientes para que se possa esquematizar a topografia fossilizada pela sedimentação pliocênica. Grande é o número de sondagens superficiais na área central da cidade, onde foram necessários criteriosos estudos de subsolo para as fundações dos grandes edifícios, mas bem pequeno é o número de perfurações e sondagens disponíveis em relação aos outros pontos e áreas da bacia. Em função disso, não se pode estabelecer, ainda, nem mesmo os eixos das depressões principais escondidas pela sedimentação. Comparando-se as variações das cotas conhecidas para o assoalho da bacia, na região central da cidade, constata-se que êle é bastante movimentado, variando muito em pontos relativamente próximos. Não é raro verificar-se que o contacto entre o terciário e o cristalino encontra-se entre 650 e 710 m, têrmos médios da topografia fossilizada, mas às vêzes o cristalino aflora em pontos inesperados, como em Santa Cecília, no início da Avenida Angélica, para não citar o chamado "morro do Pari" e algumas encostas baixas das colinas de Vila Prudente. Orville Derby, em seus estudos dos fins do século, quando a cidade ainda não tinha recoberto extensivamente uma superfície tão grande das colinas paulistanas, constatou a existência de rochas pré-devonianas no fundo do vale do Anhangabaú no Piques, assim como nos Campos Elísios e em pontos não especificados do Pacaembu. Já, àquele tempo, sabia-se que o contacto entre o cristalino e o terciário encontrava-se, em alguns pontos, "a 100 m aproximadamente abaixo do nível dos rios" (Derby, 1898).

Desta forma, há evidências de que, muito próximos a essas saliências do assoalho, observáveis acima do nível dos rios atuais, existem depressões bem mais fundas que aquelas que caracterizam a média das profundidades conhecidas na zona central da cidade, ou seja, inferiores a 640 m. Na Mooca, a pouco mais de 2 km de distância dos afloramentos graníticos de Vila Prudente, e no bairro da Luz, a igual distância do afloramento do "morro" do Pari, as sondagens têm demonstrado que o nível do assoalho cristalino se encontra em cotas inferiores a 600 m. Fernando de Almeida (1953, p. 14), em trabalho recente, divulgou a cota de 543 m, como sendo a máxma profundidade conhecida da bacia de São Paulo, fato que indica estar o fundo da bacia, em alguns pontos, a 175 m abaixo da soleira de Osasco (718 m) e a 167 m abaixo da soleira de Baruerí (710 m). Êsse dado, por seu turno, eleva para 288 m a diferença entre a cota mínima e a cota m;xima do terciário, medida nas altas colinas do Sumaré (831 m); significa também que, caso não sejam encontradas evidências de falhamentos posteriores à formação da bacia seimentar paulistana, a espessura da pilha de sedimentos ao fecho do ciclo deposicional, poderá ser orçada doravante entre 250 e 300 m, em relação à porção central da bacia (10).

---

(10) Em trabalho de publicação muito recente, quando já dávamos por terminada a redação do presente estudo, Fernando de Almeida (1955, pp. 24 e 28) fêz uma série de interessantes divulgações sôbre a espessura das camadas de São Paulo, aqui transcritas a título de documentação: "A maior espessura, que conhecemos, dessas camadas foi atravessada por uma sondagem feita na Mooca, na esquina das ruas Cassandoca e Marcial, que as perfurou em 202 metros para então atingir o embasamento. Achando-se a bôca dêsse furo a 743 metros de altitude, e como a sedimentação alcançou pelo menos 831 metros na área central da bacia (Sumaré), podemos dizer que as camadas de São Paulo podem ter atingido espessura de cêrca de 290 metros". — "Desde pelo menos Osasco ao Parque São Jorge, o embasamento sob a planície do Tietê apresenta altitudes mínimas que atingem 630 a 640 metros. Profundidades ainda maiores são encontradas no baixo vale do Tamanduateí, onde o embasamento está a menos de 600 metros. Mesmo em Santo Amaro há altitudes do embasamento vizinhas de 600 metros, como em Vila Mascote (Jardim Prudência). Também no município de Santo André há sondagem que atravessou 104 metros dêsses sedimentos, para chegar ao fundo, e isso bem na borda da bacia".

O acúmulo de perfis de sondagens e de cotas conhecidas, criteriosamente controladas pelos técnicos do Instituto de Pesquisas Tecnológicas de São Paulo, poderá conduzir, no futuro, à elaboração de verdadeiras cartas hipsométricas do fundo da bacia, o que nos revelará, mais objetivamente, o caráter exato das suas linhas topográficas e as suas presumíveis depressões fechadas (11). E' possível que venham a ser realizados trabalhos geofísicos para o melhor conhecimentos da superfície de contacto entre o cristalino e os sedimentos terciários, dada a grande importância dêsses dados para os mais diversos setores da elaboração urbanística, afora os aspectos sempre atuais da questão de obtenção de águas subterrâneas. Tratando-se, porém, de um contacto entre massas arenoargilosas em face de um assoalho cristalino com vários metros de rochas decompostas, e, sobretudo, ainda tratando-se de uma área maciçamente construída na superfície, talvez existam dificuldades específicas para a aplicação de tal método, na sondagem indireta da posição do cristalino do fundo da bacia.

Observações nas áreas de contacto entre os sedimentos terciários e o embasamento cristalino, na bacia de São Paulo

As áreas de contacto entre as areias e argilas terciárias com o embasamento de granitos, gnaisses e xistos pré-cambrianos, na região de São Paulo, apresentam, independentemente das questões puramente topográficas, uma série de fatos geológicos significativos. Os mais importantes dêsses fatos dizem respeito à decomposição pretérita das rochas cristalinas do embasamento da bacia e à natureza do material sedimentário das camadas de São Paulo.

Cabe a Morais Rêgo e Sousa Santos o mérito de, pela primeira vez, ter encaminhado pesquisas no setor do estudo dos contactos entre o terciário e o cristalino, na bacia sedimentar paulistana. Discutindo a proveniência dos sedimentos regionais e as suas relações com os mantos de decomposição contemporâneos ao perío-

(11) Os trabalhos de investigação das condições da Topografia pré-camadas de São Paulo, que estão sendo realizados pelos professôres Dr. Viktor Leinz e Lic. Ana Maria Vieira de Carvalho, possibilitaram a construção de uma primeira carta topográfica da porção central basal da bacia de São Paulo, ainda inédita.

FOTO n.º 51 — *Contacto entre o terciário e o cristalino num corte da Via Anchieta, entre o Sacomã e a Vila das Mercês.* Base granítica fortemente decomposta, pouco ondulada no detalhe, muito embora com mergulho forte para o norte. Foto Ab'Sáber, 1952.

FOTO n.º 52 — *Contacto entre o terciário e o cristalino*, num corte da Via Presidente Dutra. A base do terciário, assentada sôbre granitos decompostos, é constituído de seixos sub-angulosos de quartzo e quartzitos, capeados por áreas e argilas. Observe-se na extremidade inferior (direita), uma pequena falha de 1 m de rejeito. Foto Ab'Sáber, 1953.

do deposicional, assim se expressaram os referidos autores (1938, p. 122):

> "O material clástico transportado para formar os depósitos terciários proveio das formações cristalinas antigas. O processo erosivo agiu sôbre arenas de alteração dessas rochas, movimentando-as de maneira mais ou menos intensa. O fato de o material detrítico de textura psefítica não oferecer formas completamente arredondadas, mostra que proveio de localidades não muito distantes
>
> Teve lugar o depósito sôbre as rochas cristalinas exoneradas da arena de alteração pela erosão prévia ou eventualmente sôbre essa arena.
>
> Na segunda hipótese nas bordas da bacia os depósitos aluviais passam gradualmente para as aluviões terciárias. Nem sempre a erosão pliocênica conseguirá remover o material alterado e desnudar a rocha fresca. A arena terciária pôde localmente resistir aos agentes erosivos posteriores até a época atual, em um solo fóssil.
>
> Nas exposições da estrada de Cachoeira, bairro do Limão, o observador constata os sedimentos terciários sobrepostos à arena de alteração pouco movimentada. Permanecem mesmo intactos veieiros de quartzo relacionados às rochas cristalinas".

Em quase todos os contactos expostos entre o terciário e o cristalino, ao longo dos cortes das vias Anhangüera, Dutra e Anchieta, repetem-se sinais iniludíveis de uma decomposição antiga do embasamento cristalino. No caso de contactos situados em cotas altas trata-se, evidentemente, de uma decomposição que pode ser tida como contemporânea ao ciclo de sedimentação regional. Há, porém, conhecimentos outros, retirados de observações em sondagens profundas que autorizam a pensar em processos de decomposição pré-pliocênicos, ou, pelo menos, pré-camadas de São Paulo.

Nos contactos situados em cotas altas, nas bordas da bacia, pode-se observar, em alguns cortes mais expressivos, uma nítida orientação dos horizontes de decomposição superficiais das rochas cristalinas do embasamento, que se traduz por um zoneamento em faixas grosso modo paralelas ao perfil da topografia que suporta as camadas terciárias. Tal fato pode ser observado num dos gran-

FOTO n.º 53 — Contacto netre o terciário (cascalhos miúdos e argilas variegadas) e o cristalino (granitos decompostos), ao longo dos cortes da E. F. Central do Brasil, a nordeste de Itaquaquecetuba, nos confins norte-orientais da Bacia de São Paulo (área da variente em construção). **Foto Ab'Sáber, 1952.**

des cortes da Via Anchieta, situado próximo ao km 11, entre os bairros de São João Clímaco e Vila das Mercês. Zoneamentos de horizontes edáficos similares, denunciando decomposição pretérita e páleo-solos, também são observados nos cortes da nova variante em construção da Estrada de Ferro Central do Brasil, entre Itaquaquecetuba e as cabeceiras extremas do vale do Parateí.

Em mutos casos, é possível observar-se uma delgada camada de seixos mal rolados de quartzo e quartzito, depositados na linha basal das camadas terciárias, em contacto direto com as rochas cristalinas decompostas do embasamento. E' de se pressupor que alguns dêsses leitos de cascalhos terciários se tenham depositado sôbre leito de rios; entretanto, quando observados no campo, a maior parte dêsses seixos miúdos e fragmentos de rochas silicossas resistentes assentam-se tão simplesmente acima de rochas cristalinas sujeitas a graus diversos de alteração.

A freqüência de seixos de quartzo e quartzito, por seu turno, demonstra a decomposição seletiva que afetou a superfície das formações cristalinas regionais, durante a fase que precedeu a extensão dos depósitos pliocênicos na região. Não é rara, por outro lado, a existência de argilas esbranquiçadas, próximo da base cristalina. Trata-se de caulins, oriundos da decomposição das rochas feldspáticas do embasamento e redepositados em pequenas bôlsas deprimidas da base cristalina (12). A presença dêsses materiais de de-

---

(12) De concreto pouco ou quase nada se sabe do ambiente climático que presidiu a sedimentação fluvial e flúvio-lacustre da bacia de São Paulo. Fernando de Almeida, em trabalho recente (1955, pp. 26-27) refutou as idéas de Moraes Rêgo a respeito do possível caráter semi-árido da sedimentação regional. José Setzer, por seu turno (1948, p. 92), tece considerações a respeito dos climas que teriam presidido a deposição das camadas de Taubaté, dizendo que a princípio o clima teria sido sub-úmido, e, posteriormente, teria havido evolução para o úmido e até mesmo super-úmido. Essas derradeiras condições do ambiente climático, por seu turno, teriam sido as que dominaram quando da deposição das camadas de São Paulo. Evidentemente, trata-se de especulações, ainda possuidoras de pouco valor científico. Lembramos, nesse sentido, que algumas ocorrências de areias feldspáticas descobertas por Teodoro Knetch nos depósitos do vale do Parateí poderão atestar um ambiente de deposição um tanto mais frio e mais sêco do que os apontados por Setzer. Nesse sentido, é de se lembrar que na região de Curitiba há evidências iniludíveis de que o clima foi bem mais sêco que o atual, muito embora sem nunca ter sido glacial como erròneamente supôs Paulino Franco de Carvalho (1936).

Entre os depósitos da região de São Paulo, os únicos que podem ser considerados bons indicadores do clima do passado são as formações iluviais limo-

composição, de tipo *sialítico,* tal como em proporções muito maiores foi verificado por Brajnikov (1948, pp. 333-34) na bacia de Gandarela (Minas Gerais), tem um relativo significado paleoclimático, digno de ser levado em conta pelos especialistas.

Através de observações verbais do Professor Viktor Leinz (1955), pudemos saber, por outro lado, que o assoalho profundo da bacia revela áreas em que as rochas sedimentares se encontram assentadas diretamente sôbre o embasamento cristalino não decomposto, e, áreas outras, onde o manto de decomposição atinge de 10 a 20 m de espessura, em diversos estágios de alteração de rochas.

O conjunto de tais conhecimentos são suficientes para nos indicar que antes da formação da bacia de São Paulo ou, pelo menos, na fase que precedeu de imediato o início do ciclo deposicional na região, já se faziam sentir acentuados processos de decomposição química nas rochas cristalinas regionais. Desta forma, apesar de não estarem ainda universalmente decompostas e bastante comum a alteração superficial das rochas regionais pela ação do intemperismo químico. A topografia pré-pliocênica, em seus detalhes, porém, não devia apresentar tão sòmente superfícies suaves, com massas rochosas extensivamente decompostas, tal como hoje se observa; pelo contrário, associavam áreas de solo rochoso, desnudo, e áreas de solos oriundos de uma decomposição apreciável das rochas dominantes na região (granitos, gnaisses, micaxistos e xistos) (13).

---

níticas que capeiam o tôpo das mais altas plataformas interfluviais das colinas paulistanas. Trata-se, no caso, de verdadeiros *páleo-solos,* funcionando como *neo-rochas.* Essas concentrações de sesquióxidos ferrosos revelam, sem dúvida, a existência de climas tropicais com estiagem muito mais acentuada do que a atual, durante o fêcho da sedimentação fluvial na bacia de São Paulo, em algum momento do pleistoceno inferior.

Recentemente foram constatadas diversas ocorrências de *bauxita* nos suaves terrenos cristalinos da borda meridional da bacia de São Paulo. Tais ocorrências descobertas pelo geólogo Theodoro Knecht, foram estudadas por José Carlos Ferreira Gomes (1956) e por Jesuíno Felicíssimo Júnior e Rui Ribeiro Franco (1956), constituindo excelentes indicadores de páleo-climas modernos na região. A julgar pelas cotas de altitude das ocorrências principais indicadas por Felicíssimo Júnior e R. Ribeiro Frnaco (1956, p. 36), estando as mesmas situadas entre 750 e 770 m a fase de *bauxitização* provàvelmente foi posterior ao fêcho da sedimentação pliocênica, possìvelmente relacionado com o período erosivo que criou o nível intermediário das colinas paulistanas.

(13) Após a redação dessa parte de nosso trabalho tivemos o prazer de ler as conclusões finais das pesquisas de Viktor Leinz sôbre o assunto, através das quais, na

FOTOS n.ºs 54 e 55 — Contactos entre o terciário e o cristalino, em Vila Juvenópolis ao longo de um grande corte da Via Anhanguera. Note-se as crostas limoníticas situadas no contacto (*cangas freáticas*) e nas pequenas discordâncias do tipo *diastema*, existentes entre os sedimentos argilosos e arenosos. Observe-se, outrossim, a notável inversão topográfica aí processada no ciclo denudacional pós-pliocênico. Foto Ab'-Sáber, 1952.

Não é difícil, para os que conhecem aspectos de detalhe do relêvo dos planaltos cristalinos da fachada atlântica do Brasil, identificar paisagens morfológicas em que morrotes rochosos sucessivos se destacam acima de encostas suaves oriundas de decomposição mais funda das rochas regionais. O embasamento da bacia de São Paulo, ao se iniciar a deposição flúvio-lacustre, parecia estar nesse caso, associando superfícies rochosas e área de decomposição superficial muito mais profunda. Entretanto, o caráter flúvio-lacustre da sedimentação talvez nos pudesse explicar, sem maiores complicações, as verdadeiras causas dessa variedade de aspectos do assoalho que asila as camadas de São Paulo. Os rios, sendo capazes de trabalhar preferencialmente em rochas frescas, removem o manto de decomposição com facilidade, depositando depois suas aluviões e seus sedimentos, ora acima de rochas decompostas, ora acima de superfícies rochosas.

Por último, queremos referir a presença de crostas limoníticas na base das argilas e areias pliocênicas que se assentam diretamente sôbre filitos, num contacto exposto num dos cortes da Via Anhangüera (Vila de Juvenópolis). Identicamente, ali se encontram ligeiras crostas limoníticas, a alguns metros acima do contacto, em horizontes argilosos colocados em planos de transição entre camadas mais argilosas e camadas mais arenosas. Trata-se de crostas limoníticas, oriundas de processos ainda mal conhecidos, encontradiços em áreas preferenciais das bordas da bacia. No referido local o assoalho cristalino, constituído por filitos e outros xistos argilosos, hoje profundamente decompostos, mostrava uma inclinação de camadas oscilante entre 70° e 90°, fato que criava uma gigantesca discordância angular perante os suaves depósitos da pequena mancha de camadas terciárias existente no tôpo da colina (14). Na maior

---

base de minuciosas análises e cerrada argumentação científica, o ilustre geólogo concluiu que "a decomposição do cristalino coberto pelos sedimentos é um testemunho conservado do tempo pré-sedimentar". (*in* "Decomposição das rochas cristalinas na bacia de São Paulo", Anais da Acad. Bras. de Ciências., vol. 27, n.º 4, 31 de dezembro de 1956, pp. 499-504).

(14) Ao longo dos cortes da Via Anhanguéra, entre São Paulo e Jundiaí, podem ser observados quatro agrupamentos de testemunhos de sedimentos aparentados com as camadas da bacia de São Paulo (1. área de Juvenópolis; 2. área de Gato Preto; 3. área do km 42; 4. área de Jundiaí). Os três primeiros grupos de afloramentos são os que mais se assemelham aos depósitos paulistanos, enquanto

parte da bacia, aliás, repete-se êsse tipo de discordância, que traduz um hiato geológico extraordinàriamente largo, já que comportou todo o paleozóico, o mesozóico e o cenozóico inferior e médio.

O problema das causas da deposição das camadas de São Paulo

Até há bem pouco permaneciam muito mal precisadas as causas da deposição das areias e argilas da bacia de São Paulo. A deficiência dos conhecimentos de geologia geral sôbre os diversos quadrantes da bacia e dos terrenos antigos que a circundam, aliada à ausência quase completa de conhecimentos sôbre a espessura das porções centrais da mesma, reduziam em muito as chances para a formulação de uma hipótese segura sôbre os fatôres genéticos responsáveis pelos depósitos regionais.

Em relação à bacia de Curitiba, Josef Siemiradzki, escrevendo em 1898, propôs uma origem tectônica para explicar a presença da pequena bacia flúvio-lacustre do alto Iguaçu; em seu corte geológico do Estado do Paraná, colocou os referidos depósitos em uma posição típica de *bacia de ângulo de falha,* fornecendo-nos a primeira idéia gráfica sôbre tais áreas de sedimentação flúvio-lacustres, situadas em compartimentos dos planaltos cristalinos do Brasil atlântico. Impressionado pelas evidências iniludíveis de falhamentos observáveis no médio vale do Paraíba, Washburne (1930), aparentemente sem conhecer o trabalho de Siemiradzki, sugeriu uma hipótese análoga para a explicação da bacia sedimentar paulistana. Realmente, inclinava-se aquele grande geólogo norte-americano a conceber a origem da sedimentação regional como sendo resultante de uma pequena bacia de ângulo de falha; guardava, entretanto, restrições a respeito de sua hipótese de trabalho, fazendo acompanhar suas referências e seus esquemas de pontos de interrogação (Washburne, 1930 p. 92 e 198a). A partir dos estudos de

---

os da bacia de Jundiaí são inteiramente diversos sob o ponto de vista litológico. Lembramos que os pequenos testemunhos terciários do km 42 são os mais interessantes sob o ponto de vista de sujestões tectônicas, pois se encontram, aparentemente, em posição de *ângulo de falha,* encravados na contra-encosta de um morro arredondado. Tais depósitos da Via Anhanguéra estão à espera de um estudo minucioso de petrografia sedimentar, a fim de que possam fornecer melhores elementos para futuras argumentações geológicas e geomorfológicas.

FOTO n.º 56 — *Contacto entre o terciário e o embasamento xistoso,* num corte da Via Anhanguera, em Gato Preto. Os testemunhos terciários de pequenas bacias satélites da Bacia de São Paulo, apresenta-se aí fortemente detrítico com cascalhos fragmentários areias e argilas, podendo ter grande significado paleoclimático, quando fôr submetido a estudos sérios de sedimentologia. Alguns dêsses testemunhos, semi-isolados, apresentam evidências de pequenas falhas intraformacionais, ainda pouco estudadas na região de São Pulo. Foto Ab'Sáber, 1953.

Washburne, a serra da Cantareira passou a constituir um ponto-chave para a explicação tectônica da bacia de São Paulo, já que, segundo suas idéias, a suposta linha de falhas responsável pela bacia deveria passar pela vertente meridional daquele maciço granítico situado ao norte da cidade de São Paulo. Era lícito prever-se que, com o desenvolvimento dos estudos geológicos nas faldas da serra da Cantareira, mais dia menos dia seriam localizadas em definitivo as falhas que teriam originado a bacia. Entretanto, quando tais estudos foram feitos, através das sérias pesquisas de Morais Rêgo e Sousa Santos (1938), nada se positivou em favor da hipótese inicialmente formulada por Chester Washburne. Realmente, a despeito do cuidado e da pormenorização com que foram realizados os trabalhos de campo e o mapeamento geológico da região da Cantareira, por êsses dois pesquisadores, nada se evidenciou no sentido de comprovar a teoria dos deslocamentos locais. Pelo contrário, as minuciosas pesquisas de Morais Rêgo e Sousa Santos nos quadrantes setentrionais da bacia de São Paulo e sopés da Cantareira, passaram a constituir a mais séria crítica indireta à idéia de deslocamentos modernos naquela região. Afastada a hipótese de que a Cantareira representasse uma escarpa de falha, à semelhança da Mantiqueira, restou em aberto a explicação das origens da bacia sedimentar paulistana (15).

Para Morais Rêgo e Sousa Santos (1938), a bacia de São Paulo seria um dos grandes testemunhos da sedimentação terciária que se teria generalizado por grandes extensões do território brasileiro. Tal concepção, muito arraigada nos primeiros estudos de Morais Rêgo (1932 e 1933), constituiu uma de suas idéias menos felizes, como já tivemos oportunidade de salientar em trabalho recente (Ab'Sáber, 1954, pp. 51-56).

Recentemente, Rui Osório de Freitas (1951) realizou a primeira análise geomorfológica visando a defender a origem tectônica para a bacia de São Paulo. Foi revisto, pela primeira vez, o conjunto de fatos topográficos e estruturais que possibilitam a permanência de uma hipótese puramente tectônica para explicar a existência da bacia de São Paulo. Entretanto, a idéia gráfica que ilustra o trabalho de Freitas (1951, p. 61), é por demais simplista, já que o autor coloca em uma secção geológica esquemática a bacia de São Paulo em uma larga e rasa fossa tectônica, de pequeno rejeito.

O grande mérito do trabalho de Rui Osório de Freitas foi o de retomar a linha de pensamento tectônico a respeito das origens imediatas dos depósitos de São Paulo. Escrevendo imediatamente após a publicação dos primeiros estudos de Freitas, Fernando Flávio Marques de Almeida critica, nos seguintes têrmos, a concepção esquemática do mesmo a respeito da gênese da bacia de São Paulo:

---

(15) Com uma persistência digna dos maiores louvores, Fernando de Almeida retomou a velha idéia das falhas da Serra da Cantareira, conseguindo comprovar a existência de uma série de linhas de milonitização nas abas meridionais daquele importante maciço granítico que barra ao norte a Bacia de São Paulo. Com a publicação de seu trabalho (*As camadas de São Paulo e a tectônica da Serra da Cantareira*), aquela velha idéia que remonta a Washburne (1930), passou a tomar corpo, assentando-se em novas bases e saindo do campo puramente hipotético.

> "O Autor representa em seu desenho, à página 6, as camadas de São Paulo depositadas numa fossa tectônica, talvez sugestionado pelo que se admite existir no vale do Paraíba. Examinamos perfis de sondagens realizadas pelo Instituto de Pesquisas Tecnológicas, que nos provaram existir em alguns lugares da cidade, camadas fluviais supostas pliocênicas, até 60 metros abaixo da soleira granítica da serra do Itaquí, à saída da cidade. Isso indica de qualquer maneira, um afundamento dessa bacia, contemporâneo ou posterior à sedimentação, ou correspondente ao soerguimento da soleira; mas se aí existe uma fossa tectônica, os fatos por ora conhecidos não permitem evidenciá-los".

Compreende-se que entre as idéias de Freitas (1950 e 1951) e as de Almeida (1950) sôbre a gênese da bacia de São Paulo, havia discordâncias mais sérias, apenas no que dizia respeito à intensidade e às modalidades dos processos tectônicos que ali se fizeram sentir. Ambos reconheciam que sòmente pequenos movimentos diferenciais poderiam explicar o fato de o rio Tietê sair da bacia sedimentar num nível bem superior àquele tido pelo assoalho da bacia em sua porção mais profunda. Já fizemos lembrar que, enquanto o Tietê corre hoje, a 788-720 m de altitude na região de São Paulo, as sondagens nos revelam que o assoalho pré-pliocênico se encontra em média entre 780 e 710 m no eixo principal da bacia, fato que por si só demonstra a interferência de fôrças tectônicas no afundamento do assoalho da bacia e na origem da sedimentação regional (Ab'Sáber, 1952-53, pp. 91-92). Com a divulgação recente (Almeida, 1953, p. 14) da cota de 543 m como sendo a profundidade máxima alcançada pelos depósitos paulistanos, conclui-se que o assoalho da bacia em alguns pontos se encontra a mais de 150 m abaixo do talvegue do rio Tietê no ponto em que êle sai da bacia (16). Lembrando-se, por outro lado,

---

(16) Retomando hàbilmente essa importantíssima linha de argumentação, Fernando de Almeida (1955, p. 28), em trabalho publicado após a redação definitiva do presente estudo, assim se expressa: "Um fato por si só prova estar o embasamento sôbre que se depositaram as camadas de São Paulo, deprimido em relação a soleira granítica atravessada pelo rio ao abandonar êle o Planalto Paulistano: numerosas sondagens feitas na cidade e arredores em procura de água subterrânea, encontraram êsse embasamento em altitudes próximas a 600 metros. Uma

que, antes da fase de dissecação pós-pliocênica da bacia, a sedimentação atingiu em alguns pontos a espessura de 288 m, seria quase impossível explicar a sua gênese, em plena cabeceira do curso de um rio como o Tietê, utilizando-se para tanto uma argumentação ligada a processos erosivos fluviais normais. Por outro lado, nem mesmo uma argumentação paleoclimática, ainda que forçada, poderia explicar razoàvelmente a grande espessura dos depósitos flúvio-lacustres regionais. Ninguém duvida que o clima reinante durante o ciclo deposicional regional não tenha comportado diferenças sensíveis em relação aos quadros climáticos hoje conhecidos pela região. Os conhecimentos acumulados sôbre o grau de decomposição das rochas do assoalho pré-pliocênico e sôbre a natureza de alguns depósitos argilosos da região, autorizam a se pensar num clima menos tropical e menos úmido durante o processo deposicional que afetou a região. Não é de se desprezar, mesmo, a idéia de flutuações climáticas em tôrno de uma maior ou menor umidade, durante o ciclo de deposição, sendo porém muito duvidosa a idéia já antiga de Morais Rêgo e Sousa Santos sôbre a possibilidade de interferências de fases climáticas semi-áridas para explicar a natureza dos sedimentos regionais. A falta de rolamento dos grãos de areias regionais e o reduzido grau de desarestamento de alguns sedimentos grosseiros (areias e cascalhos), decorrem mais da posição da bacia em pleno alto vale de um rio do que pròpriamente devido a um transporte similar àquele que afeta as áreas de pedimentação. A água sempre estêve presente no acamamento dos depósitos regionais, quer na forma de lagos rasos, de maior ou menor duração, quer na forma de planícies flúvio-lacustres temporárias, topográfica e hidrogràficamente um tanto similares às que hoje podem ser vistas na área do Pantanal matogrossense. O pequeno roteiro sofrido pelos sedimentos em transporte se ligou, portanto, exclusivamente à proximidade forçada das fontes de fornecimento do material clástico que se acumulou na pequena bacia tectônica regional.

---

delas, a já referida sondagem da Mooca, atingiu o fundo da bacia a 543 metros de altitude. A soleira de Baruerí, a jusante da bacia, já atravessada pelo rio a época da sedimentação, pois as camadas estendem-se até além dela, está a 710 metros de altitude, em granitos, elevada portanto em relação ao fundo da bacia, de 167 metros. Fica assim provada a deformação".

Entretanto, torna-se difícil precisar onde se processaram os movimentos diferenciais que responderam pela barragem tectônica do rio Tietê na região de São Paulo. Tudo parece indicar que as reativações tectônicas que afetaram a região nos fins do cenozóico, constituíram uma pequena família de falhas, entre as quais dominaram as *secundárias* sôbre as *principais*. Desta forma, uma série de pequenas falhas intercruzadas, geomorfològicamente contrárias e de pequeno rejeito, teriam respondido pela persistente ação tectônica de barragem que criou localmente os depósitos flúvio-lacustres do Alto Tietê. As falhas principais, entretanto, teriam sido totalmente recobertas pelos depósitos lacustres e flúvio-lacustres, permanecendo escondidas nos pontos mais profundos das porções centrais da bacia. A fase de deposição, por seu turno, teria durado enquanto os processos tectônicos tenham sido ativos, o que lhes confere foros de causa fundamental na explicação da gênese da bacia. Exceção feita de umas pequenas depressões tectônicas basais, que atualmente se comportam como minúsculas cripto-depressões devido à cobertura sedimentar que as tamponam, a maior parte dos sedimentos regionais deve sua existência à soma dos pequenos rejeitos de inúmeras falhas secundárias que afetaram a região, ao N, W, NW e WSW.

Infelizmente, tal interpretação continuará no domínio das hipóteses, pela simples razão de ainda não terem sido comprovadas geològicamente a presença de tais fenômenos tectônicos no campo. Apenas alguns estudos recentes de Fernando F. M. de Almeida nas abas da Cantareira se orientaram no sentido de provar a existência de linhas de falhas, através do estudo minucioso de pedreiras e áreas de rochas milonitizadas. De nossa parte acreditamos que não fôssem as extraordinárias dificuldades oferecidas à pesquisa tectônica nas regiões cristalinas sujeitas a uma decomposição profunda e universal, de há muito teriam sido descobertas as razões tectônicas essenciais que responderam pela barragem do Tietê durante o plioceno, dificultando a passagem daquele tradicional rio antecedente da região e ocasionando a formação da bacia de São Paulo no ponto crítico das soleiras tectônicas. Reputamos, por outro lado, de grande importância para a comprovação da gênese tectônica da bacia de São Paulo, a presença de pequenas falhas (de 80 cm a 1 m de rejeito na superfície exposta) cortando as camadas de São Paulo, fato que se pode observar nos cortes da Via Presidente Dutra, no Jardim Cumbica, pouco além de Guarulhos. Tais pequenas falhas, nìtidamente posteriores ao fêcho da sedimentação regional, constituem excelente pista para nos sugerir uma idéia dos fenômenos mais intensos que se fizeram sentir durante a fase principal da formação da bacia.

Sob o ponto de vista da Geomorfologia Geral, há a acentuar que, ao lado das planícies aluviais de soleira, existe campo para se discriminar a existência de *bacias flúvio-lacustres de soleira tectônica,* relacionadas com falhas geomorfològicamente contrárias, de que serve de protótipo a bacia sedimentar do Alto Tietê.

A datação das camadas de São Paulo e seus problemas

O problema da cronogeologia das camadas de São Paulo, pelo fato de envolver considerações geológicas e paleontológicas, é um tópico que em princípio escapa inteiramente à metodologia geográfica. Entretanto, em caráter informativo, não podemos deixar de abordar no presente estudo o estado atual dos conhecimentos a respeito da idade das camadas de São Paulo. Se é que há uma cronogeologia de base essencialmente paleontológica, há também uma espécie de cronogeomorfologia com base dúplice e que muitas vêzes complementa os conhecimentos relativos às áreas onde os hiatos geológicos são muito grandes ou onde maciços antigos policíclicos permaneceram por muito tempo a escapo de ciclos deposicionais. Ajunte-se a isto que em muitos casos a cronogeomorfologia passa a ser um critério a mais nas considerações sôbre a idade relativa dos terrenos. Quer nos parecer, aliás, que tais considerações encontram um bom exemplo quando aplicadas ao caso específico dos sedimentos da bacia de São Paulo.

A inclusão das camadas de São Paulo no plioceno se deve a Pissis por meio de seu importante trabalho publicado em 1842, no qual separou os dois domínios da sedimentação pliocênica no Brasil: o da região costeira e o dos planaltos. Cientista criterioso, esclareceu Pissis que a despeito de seus esforços não pôde encontrar fósseis para uma datação paleontológica mais precisa das camadas de São Paulo. Sua argumentação cronogeológica, portanto, tinha que constituir, por fôrça das circunstâncias. uma espécie de datação meramente "suspeitada", conforme alude Josué Camargo Mendes (1950).

Henry Gorceix (1884), algumas décadas depois de Pissis, descobriu e estudou as pequenas bacias flúvio-lacustres de Gandarella e Fonseca em Minas Gerais, colocando-as no plioceno, na base de uma documentação paleontológica e paleobotânica. Tendo conhecimento da existência das bacias de São Paulo e Taubaté, fêz as necessárias considerações para demonstrar a aparente contemporaneidade das duas pequenas bacias mineiras em relaçao às do território paulista.

Pouco mais tarde, nos folhelhos betuminosos da bacia de Taubaté, foram descobertos fósseis, estudados por A. Smith Woodward (1898), e os quais permitiram uma datação relativa para os sedimentos finos daquela bacia. O paleontólogo inglês Woodward, sem conhecer o trabalho de Pissis, deixou argumentos novos para incluir os sedimentos da bacia de Taubaté no período plioceno, desta vez com base em achados fossilíferos. Estudos e referências posteriores ligadas a David Starr Jordan (1907), Morais Rêgo (in Washburne, 1930), e Alberto Lofgren (in Alberto Betim Pais Leme, 1918), forneceram razões paleontológicas mais sérias para situar os depósitos fossilíferos da bacia de Taubaté no período final do terciário. Além disso, como bem salientou Washburne, haviam "razões fisiográficas e de outra natureza, para acreditar-se que os estratos são aproximadamente de idade Pliocênica".

Por uma questão de analogia entre bacias contíguas similares, a datação pliocênica atribuída aos sedimentos da bacia de Taubaté, veio reforçar a cronogeologia idêntica, atribuída à bacia de São Paulo desde os trabalhos pioneiros de Pissis. Ainda que tenha sido atribuída a datação pliocênica apenas às camadas xistosas finas, que ocupam uma posição intermediária, tendendo para o têrmo basal, na bacia do médio vale do Paraíba, a correlação entre as duas pequenas bacias sedimentares, anichadas em compartimentos tectônicos do Planalto Atlântico em São Paulo, poderia passar como geològicamente aceitável. E de fato, por muitos anos, eminentes geólogos e paleontologistas bem avisados, a despeito de insistirem sempre na questão da inexistência de documentos fossilíferos na bacia de São Paulo, continuaram a aceitar francamente a datação pliocênica.

Josué Camargo Mendes, a partir de 1945, após realizar pesquisas sôbre a faciologia dos sedimentos da bacia de São Paulo, trouxe à baila novamente o problema da datação das camadas regionais, tecendo considerações de ordem paleontológica e geomorfológica. Cuidadoso em suas afirmações, aquêle paleontologista limitou-se apenas à discussão do problema da cronogeologia na nota que publicou (1950), insistindo mais uma vez em que a cronologia da bacia permanecia em aberto devido à falta de documentos fossilíferos. Suas observações, porém, tendem a trazer a datação clássica de plioceno para a de quaternário antigo, idéia que sugestionou um grande número de pesquisadores e discípulos, os quais sem maiores cuidados passaram a colocar os depósitos da bacia de São Paulo e de Curitiba no quaternário antigo. Se é que é perigosa a datação pliocênica, lavrada na coluna geológica, pura e simplesmente, em relação à bacia de São Paulo, julgamos mais perigosa e duvidosa ainda a nova data que muitos passaram a adotar tàcitamente. Por muitas razões pensamos ser preferível adotar um plioceno com interrogação a um pleistoceno antigo, ainda que acompanhado de interrogação.

Partimos do ponto de vista de que, não existindo fósseis na bacia de São Paulo, apenas considerações de ordem paleogeográfica e geomorfológica gerais, poderão trazer algumas luz ao velho problema. As próprias observações de Josué Camargo Mendes (1951, p. 47) constituem um bom ponto de partida para se reabrir a discussão do velho assunto, e para a entrada em cena de considerações ligadas a outros campos das ciências da Terra, que não apenas os de ordem paleontológica. Senão, vejamos a parte principal de suas considerações; após reafirmar que "o problema da idade das camadas de São Paulo merece ser considerado em aberto":

> "Aos que futuramente pretenderam a sua solução eu lembraria alguns pontos que porventura possam sugerir idade mais nova para êsses sedimentos:
>
> 1) — Pequena consistência dos sedimentos (grau reduzido de diagênese), eventualmente explicável por uma espessura relativamente reduzida dos sedimentos, incompetente para determinar esforços estáticos capazes de levar a uma maior aglomeração o material clástico, como aliás o suspeita Morais Rêgo.
>
> 2) — Situação do depósito bem a montante do vale do Tietê, isto é, onde a erosão é mais intensiva, alteando-se, contudo, além de uma centena de metros acima dos sedimentos mais recentes do vale e constituindo corpo contínuo por uma área considerável (pelo menos a julgar pelos mapas geológicos existentes).
>
> As circunstâncias parecem indicar que seria um tanto melindroso defender a idade terciária do depósito, uma vez que a erosão durante o Quartenário (cêrca de milhão de anos) poderia removê-lo por completo ou pelo menos reduzí-lo a pequenas ilhas de espessura diminuta, imiscuídas nas reentrâncias do embasamento.
>
> Por certo os meus argumentos são passíveis de crítica.
>
> Não vejo, contudo, motivo consistente que contrarie a atribuição dessas camadas ao quaternário, os depósitos do vale atual representando um ciclo subseqüente".

No que diz respeito ao primeiro argumento de Josué Camargo Mendes, referente ao grau reduzido de litificação ou diagênese das camadas de São Paulo, o próprio autor encarregou-se de fazer uma restrição fundamental, que de certa forma neutraliza e cancela sua própria argumentação. Realmente, as camadas de São Paulo, pela sua espessura relativamente reduzida e sua natureza fluvial e flúvio-lacustre moderna, não apresentam e diflcilmente poderiam apresentar um grau maior de cimentação, pelo menos ligeiramente equiparável à que se conhece em relação aos sedimentos gondwânicos. Devido à situação da bacia, não houve uma cobertura superior de possança, como também aquêle lapso de tempo geológico indispensável para a completação de um ciclo de diagênese. Na maior parte da bacia existem rochas sedimentares detríticas, argilosas e arenosas, em processo moderado de cimentação, porém muito longe do grau de coerência perfeita. As crostas limoníticas que ocupam interstícios dos estratos superiores da bacia, possuem um grau de cimentação local muito maior do aquêle que se observa nos estratos do corpo da bacia. Entretanto, como se sabe, tais crostas duras de limonita são posteriores ao fêcho da sedimentação na bacia e, portanto, bem mais modernas do que a seqüência estratigráfica principal da região. Por êsse e outros dados, depreende-se a fraqueza da argumentação cronogeológica tão simplesmente baseada em graus de diagênese. Entre o fato de se constatar o processo apenas incipiente da litificação regional e o fato de se utilizar tal argumento, ao lado de outros similares, para comprovar a modernidade dos estratos, há uma enorme distância e uma série de contra-argumentos. Pode-se dizer mesmo que, nas condições do teatro e da área de deposição, assim como em face do pequeno compartimento de planalto que asila os estratos, e da espessura do conjunto dos depósitos, êles dificilmente poderiam apresentar grau mais apreciável de cimentação, mesmo que remontassem há mais tempo na escala cronogeológica.

A segunda restrição de Josué Camargo Mendes, atinente à posição dos depósitos e à intensidade dos processos erosivos nas zonas de alto vale, não têm maior significação atualmente, por diversas razões, não consideradas na época da publicação de seu trabalho. Quer nos parecer que a bacia sedimentar do Alto Tietê possui corpo contínuo na região de São Paulo, porque de certa forma está aninhada tectônicamente num compartimento de planalto e, por essa mesma razão, anteparada frente os processos erosivos da intensidade dos que geralmente afetam as cabeceiras das rêdes de drenagem. A própria origem do ciclo de sedimentação da bacia ligou-se ao afundamento tectônico gradual do assoalho da bacia (Freitas, 1951a; Almeida, 1951; Ab'Sáber, 1952-53), de forma que não seria muito simples, na fase pós-pliocênica, a sua redução a meras ilhotas de sedimentos testemunhos "imiscuídos nas reentrâncias do embasamento", conforme a argumentação de Josué Camargo Mendes.

Mais importante do que êsse contra-argumento, porém, é o fato de as colinas mais altas da região de São Paulo terem sido mantidas pela trama resistente das crostas limoníticas e pelas leis que regem a evolução das vertentes nos primeiros estágios do ciclo de erosão normal. As plataformas interfluviais antigas não foram inteiramente destruídas nem muito rebaixadas, na maior parte dos casos devido à dureza das crostas limoníticas dos "altos" e devido à horizontalidade geral dos estratos, que responde por uma certa feição tabuliforme tendencial. A despeito de ser uma espécie de *mature plain*, conforme a identificação hábil de Aroldo de Azevedo (1944), existem na bacia de São Paulo traços de juventude preservados nas plataformas interfluviais mais importantes, sòmente explicáveis pela presença de crostas duras sustentadoras do nível original da planície dos fins do terciário, que serviu de superfície para a superimposição hidrográfica do sistema Tietê-Pinheiros.

Além dêsse fato, porém, há um último argumento que refuta mais ou menos em definitivo a asserção de que os estratos da bacia possam ser de idade muito recente: trata-se da existência de diversos níveis de terraços, nìtidamente *pleistocênicos*, na região de São Paulo, conforme demonstramos em trabalho recente. O fato de ser o relêvo atual da região de São Paulo o fruto de uma história eminentemente epicíclica, demonstra bem a antigüidade relativa do processo de encaixamento dos vales que seccionam a região. No caso, trata-se de um entalhamento feito através de pequenos ciclos erosivos e algumas paradas de erosão realizadas no decorrer do pleistoceno. Desta forma, as camadas não foram removidas porque, além de se tratar de uma bacia bem alojada no cristalino, se trata de uma bacia sedimentar entalhada, periòdicamente, através de sucessivas e moderadas retomadas de erosão, como já o demonstramos (Ab'Sáber, 1952). Não houve, desta forma, nem remoção completa, nem mesmo um rebaixamento excessivo das plataformas interfluviais principais. As diversas paradas de erosão fluvial, como que atenuaram os efeitos dos processos denudacionais no interior da bacia, retraindo a intensidade dos esforços de alargamento e dissecação das vertentes. Daí a existência de feições topográficas como o Espigão Central, e outras altas plataformas inter-fluviais, relativamente preservadas em relação ao seu nível original (820-840 m).

Há a considerar, ainda, o fato de que as fôrças tectônicas que deram em resultado a formação da bacia de São Paulo devem ter-se ligado a um ligeiro tectonismo, anterior ao pleistoceno. Não se conhecem indícios de falhamentos importantes, tão recentes que pudessem ser tidos como pleistocenos, na porção sudeste do Escudo Brasileiro. A própria zona costeira do Brasil Sudeste, desde o Estado do Rio de Janeiro até Santa Catarina, exibe apenas traços de interferências de movimentos eustáticos e processos erosivos costeiros, fluviais e marinhos (Ab'Sáber, 1954). As únicas evidências concretas de falhamentos nos maciços costeiros remontam ao eoceno, através do que se conhece da geologia da bacia de São José do Itaboraí. Após o plioceno parece terem dominado exclusivamente processos epirogênicos de grande envergadura e alta homogenidade no Planalto Brasileiro, incapazes de criar relevos tectônicos e de acarretar complicações hidrográficas locais, similares às que deram origem à bacia de São Paulo. Em Minas Gerais há o caso de uma antiga bacia sedimentar flúvio-lacustre ter sido deformado após a cessação do seu ciclo deposicional; entretanto, tudo indica uma certa antigüidade para o tectonismo que deformou a bacia e inclinou seus estratos (17), já que um conjunto de terraços embutidos, nitidamente pleistocênicos, é observado em quase todos os flancos dos vales da zona auro-ferrífera mineira. Ali, como na região de São Paulo, após a formação da bacia flúvio-lacustre, e após seu alçamento epirogênico, acompanhado ou não de falhas, passaram a dominar *epicíclicos* erosivos fluviais, criadores de terraços e cascalheiros. A incidência quase universal dos níveis de terraço nas terras altas do Brasil Sudeste e a sua continuidade marcante, por extensas áreas, revela-nos a ausência de qualquer tectonismo quebrantável recente nessas regiões.

Até que se prove o contrário, preferimos, portanto, crer que o mosaico de pequenas falhas que deu origem à bacia e deu continuidade ao ciclo deposicional do Alto Tietê, é nìtidamente pré-pleistoceno, enquanto todo o entalhamento epicíclico dos depósitos ali

(17) Nos cortes da Rodovia Presidente Dutra, ao longo das altas colinas terciárias situadas entre Caçapava e Pindamonhagaba, existem sinais de falhas de pequeno rejeito, transversais ao eixo do médio vale do Paraíba e nìtidamente posteriores ao fêcho da sedimentação pliocênica. Idênticamente, há evidências de falhas de pequeno rejeito nos sedimentos das altas colinas da gacia de São Paulo. Talvez se trate de reativações locais e moderadas de ciclos tectônicos mais antigo.

formados data do próprio quaternário. Os diversos níveis de terraceamento e depósitos de terraços, ali exibidos, atestam cabalmente o predomínio das condições erosivas sôbre as deposicionais, durante o pleistoceno.

No Congresso Internacional de Londres (1948), foram tratados longamente os problemas da determinação dos limites plio-pleistocenos. Naquela oportunidade foram revistos os diversos critérios paleontológicos, estratigráficos e geomorfológicos que podem ser levados em conta para a separação dos terrenos pertencentes aos dois períodos. G. L. Sibinga, analisando os princípios existentes para demarcar o limite Pliocênio-Pleistocênio nas Índias Ocidentais, após enumerar os cinco princípios clássicos [1) — *O princípio tectônico;* 2) — *O princípio de Deshayes;* 3) — *O princípio do conteúdo de água no lenhito;* 4) — *O princípio dos foraminíferos;* 5) — *O princípio dos vertebrados*], demonstrou que sòmente o princípio dos vertebrados pode permitir uma demarcação exata. Onde, porém, são raros ou desconhecidos os restos de vertebrados, aumentam consideràvelmente as dificuldades para a distinção entre os depósitos. No caso das Índias Ocidentais, Sibinga optou por um sexto princípio, que é o da cronologia glacial baseada na eustasia. Infelizmente, como se pode verificar logo, trata-se de um princípio que não pode ser aplicado aos depósitos das terras altas do Brasil Atlântico, tendo validade apenas para a nossa região costeira.

Ainda no Congresso Internacional de Londres (1948), o grande especialista da Cronogeologia, F. E. Zeuner, teve oportunidade de opinar sôbre o problema dos limites entre o Plioceno e Pleistono, nos seguintes têrmos (*in* Lamego, 1949, pp. 66-67):

> "Apesar de não ser o Pleistocênio mais do que um apêndice do Pliocênio, é aconselhável conservá-lo como um período separado por motivos práticos, mormente porque a sua cronologia é um conjunto de *desnudação,* enquanto que a dos antecedentes períodos é sobretudo de *deposição*. A sua delimitação com o Pliocênio é inevitàvelmente arbitrária.
>
> A que se baseia na glaciação de Günz, dos Alpes, serve apenas para áreas glaciadas, enquanto o limite baseado no aparecimento de certos gêneros de mamíferos

> só pode ser usada onde ocorrem depósitos fossilíferos. Além disso, desde que um longo tempo foi necessário para a evolução dêsses gêneros e para um aumento de sua área de distribuição, não podem êles fornecer uma linha de limites suficientemente precisa para o intuito de uma definição.
>
> Parece que os métodos fisiográficos tornar-se-ão crescentemente aplicáveis, sobretudo se combinados com a evidência faunística. No continente europeu um novo ciclo de erosão começou aproximadamente com a glaciação de Günz e quando o "Elephas" e outros gêneros principais do Pleistocênio apareceram. Similarmente, após oscilações em volta do nível de 100 m durante o Siciliano, o nível do mar desceu à sua presente posição durante o Pleistocênio. O comêço dessa descida poderia fornecer uma boa linha de limites, visto que nos continentes êle deu início a um novo ciclo de erosão, evidenciado em regiões tão separadas como a Europa ocidental e a Ásia oriental".

Da leitura dêsse esclarecido trabalho de Zeuner, salienta-se o fato de que as idéias mais gerais expendidas pelos especialistas de terraços pliocênicos e pleistocênicos e pelos pesquisadores interessados na paleogeografia do cenozóico superior, vem conduzindo a considerar o plioceno como período dominantemente *deposicional* e, o pleistoceno, como dominantemente *denudacional,* epicíclico. Não seria êsse o caso típico da região de São Paulo?

Na realidade quase tôdas as teses apresentadas em Londres na seção do temário que versava sôbre *os limites entre o plioceno* e o *pleistoceno,* demonstravam a necessidade de se dar um valor maior aos critérios fisiográficos ou geomorfológicos. Na África, na Índia e na Europa, os estudos sôbre o assunto puseram em evidência que, os próprios critérios paleontológicos apresentam dificuldade grandes de aplicação, ora pela inexistência de depósitos fossilíferos, ora porque as faunas pliocenicas sobreexistiram durante o pleistoceno, dificultando a caracterização dos fósseis índices. Entre nós, impõe-se considerar êsses fatos, a fim de não se valorizar em excesso os critérios que isoladamente pouco ou quase nada valem.

* * *

Após havermos analizado, nesses têrmos, o estado atual dos conhecimentos cronogeológicos sôbre as camadas de São Paulo, tivemos notícia dos estudos de Rubens da Silva Santos sôbre os fósseis da bacia de Taubaté. Utilizando-se dos métodos paleontológicos mais ou menos clássicos — ao que sabemos — na revisão da fauna fóssil dos depósitos do médio vale superior do Paraíba, aquêle pesquisador da Divisão de Geologia e Mineralogia do Departamento Nacional da Produção Mineral colocou os estratos regionais no pleistoceno inferior. A falta de publicação dos trabalhos de Rubens da Silva Santos (17a) entretanto, nos impossibilita de avaliar o critério e, principalmente, os critérios utilizados por aquêle paleontólogo na datação das camadas de Taubaté. Não sabemos qual o grau de ecletismo de seu critério, a bibliografia estratigráfica que lhe serviu de base e nem tampouco as considerações paleontológicas, geológicas e geomorfológicas que o induziram a colocar as aludidas camadas no eo-quaternário. Quer-nos parecer que por muito tempo ainda se tornará necessário relembrar as inumeráveis e universais dificuldades existentes para a separação dos depositos pròpriamente pliocênicos, daqueles que pertencem certamente ao quaternário inferior. Por essa razão conservamos no presente trabalho a discussão do problema, em bases principalmente geomorfológicas, visando a deixar, ainda uma vez, em aberto, a velha questão, até a publicação de novos estudos sôbre o importante assunto (18).

(17a) Na realidade os trabalhos de R. da S. Santos já se encontram publicados, sob o título de "Vestígios de que fossil nos folhelhos betuminosos de Tremembé, São Paulo" (in Anais da Acad. Bra. de Ciêncs., 1950, t XXII, n.º 4, pp. 445-446), e, em colaboração com H. Travassos, "Caracideos fósseis da bacia do Paraíba", nos mesmos Anais 1955, tomo XXVII, n.ò 3, pp. 297-321, Rio de Janeiro.

(18) José Setzer, em trabalho de publicação recente (1955, p. 8), também esposa a idéia de que as camadas do vale do Paraíba são parcialmente quaternárias. Trata-se das seguintes referências, relativamente isoladas, e não acompanhadas de maiores discussões: "Achamos que o Terciário existe no Vale do Paraíba desde o tôpo do folhelho papiráceo, acima do qual os sedimentos devem ser quaternários. Assim na bacia de São Paulo, não havendo aquêles folhelhos, todo o pacote deve ser quaternário, ao menos a partir da primeira camada de arenito conglomerático. "E' de se notar que o grau de diagênese dos folhelhos papiráceos e a presença de óleo nos folhelhos betuminosos regionais, foram os únicos fatos que obrigaram os especialistas a recuar um pouco mais a idade dos depósitos. Entretanto, alguns dos fósseis descobertos exatamente no entremeio dêsses têrmos finos dos depósitos regionais, pelos critérios paleontológicos clássicos datariam do pleistoceno inferior. Trata-se de uma situação paradoxal, que mais uma vez demonstra, como em tôda parte, a necessidade de uma revisão eclética na delimitação do plioceno em relação ao pleistoceno.

FOTO n.º 57 — Altas colinas do Sumaré, em uma área de camadas terciárias resistentes (arenitos arenitos conglomeráticos e cangas). Note-se a grande ruptura de declive do Espigão Central e a notável preservação da *superfície de São Paulo* (800-870 m), nos altos das colinas. Foto Ab'Sáber, 1953.

FOTO n.º 58 — Esporões secundários vinculados ao Espigão Central, próximo ao túnel da Avenida Nove de Julho. A fotografia mostra bem o contraste entre a horizontalidade das camadas e a convexidade localmente acentuada das vertentes. Foto Ab'Sáber, 1953.

8. AS SUPERFÍCIES DE APLAINAMENTO REGIONAIS

A superfície de São Paulo (800-830 m) e a sua identificação no terreno

Esmiuçando-se a bibliografia geomorfológica disponível, pode-se constatar que a identificação da superfície de erosão de 800-830 m na região de São Paulo foi feita por Preston E. James, conforme observações publicadas em 1933. Os brasileiros Morais Rêgo e Sausa Santos (1938), aparentemente sem ter nenhum conhecimento do trabalho de Preston James, chegaram a idêntica verificação, lançando as bases para sua datação e correlação, mais precisa, em face dos testemunhos regionais de níveis de erosão mais altos. Todos êsses pesquisadores e mais o autor do presente trabalho, embora escrevendo em épocas diversas e com terminologia renovada, são unânimes em reconhecer que a superfície de erosão de São Paulo encontra-se embutida nos largos desvãos de uma superfície de erosão anterior, rejuvenescidoí hoje elevado a 1000-1275 m [*peneplano eocênico* (Morais Rêgo, 1932), ou *superfície das cristas médias* (De Martonne, 1940)].

A título de documentação, lembramos que foram com as seguintes palavras que Preston James (1933; 1946, p. 1111) se referiu ao nível de erosão dos 800 metros, existente tanto na região cristalina que circunda a bacia de São Paulo, como nas plataformas interfluviais principais do interior da bacia: "Nesta bacia crlada pelas mais altas cadeias cristalinas (*sic*), a superfície de 800 metros, tem um belo desenvolvimento. Os divisores d'água preservam êsse nível fielmente desde a própria margem interna da escarpa litorânea. Esta mesma superfície é preservada na forma por cima dos meandros encaixados do Tietê, onde aquêle curso rompe a borda das montanhas para o noroeste".

Morais Rêgo e Sousa Santos (1938, p. 133), analisando as formas do relêvo e seus problemas genéticos, distinguiram dois ciclos topográficos para o quadro de relêvo regional. Inicialmente fazem notar que "a topografia na qual se depositaram as camadas pliocênicas, foi esculpida em *peneplano* mais antigo, que diretamente pouco interveio nos fenômenos geomorfológicos da região". Argumentando com fatos de observação de campo, completam suas observações, dizendo:

> "Subsistem vestígios da superfície de erosão nos topos mais ou menos planos das grandes elevações, freqüentemente talhada em estruturas movimentadas, com depósitos de cascalho rolado (*sic*) distribuídos em altitude média sensìvelmente constante, cêrca de 1100 metros. Em seu conjunto êsses fatos provam cabalmente a existência de peneplano". — "À terminação do ciclo evolutivo sucedeu movimento epirogênico positivo. Por seu favor, a erosão criou relêvo em cujas depressões teve lugar a sedimentação pliocênica, em particular das camadas de São Paulo". — "Sofreu o peneplano desgaste profundo para dar lugar à topografia na qual se haviam de depositar as camadas, pliocênicas. Depois dessa sedimentação, evoluiu o modelado até estádio bastante adiantado. A evolução topográfica posterior à peneplanização eo-terciária não mostra evidências tão cabais de seu *terminus* quanto o ciclo anterior".

Seriando os fatos dessa forma, os autores traçaram as linhas mais gerais da paleogeografia pós-cretácea regional. Apenas não introduziram aquela imprescindível parcela de argumentação tectônica para explicar a gênese da bacia sedimentar paulistana. Aliás, se lembrarmos que Morais Rêgo não admitia a hipótese de falhamentos para explicar a fossa do médio vale do Paraíba e as serras do Mar e da Mantiqueira, por que razão iria admitir a ação de tectonismo para explicar a gênese da região de São Paulo? Em tempo oportuno voltaremos ao assunto.

No estudo de Morais Rêgo e Sousa Santos (1938, p. 134), há um parágrafo de duas frases sôltas que merece referência e discussão: "As camadas terciárias, pelo favor de sua estrutura, cedo mostraram relêvo pouco movimentado, sôbre o qual se processou a sedimentação. A superfície pode ser havida como um peneplano pleistocênico". Depreende-se, fàcilmente, a despeito de uma ligeira imprecisão terminológica, que os autores quiseram referir-se ao relêvo da superfície correspondente ao término do ciclo deposicional que afetou a bacia de São Paulo, datando-a de pleistocena. Acompanhando de perto tais referências e endossando-as, anotamos, em trabalho recente, que a idade da superfície de São Paulo deve estar muito relacionada com o *limite plio-pleistocênico* no Brasil Sudeste (Ab'Sáber, 1952-53, p. 92). Teria havido, assim, tão sòmente, após a fase deposicional pliocênica, na região de São Paulo, um ciclo de peneplanização local, que afetou diversas porções da borda cristalina da pequena bacia, criando um nível regional de 800-830 m para a atual linha de topos das colinas, outeiros e morros baixos que tão bem caracterizam o relêvo da região.

Quando se procura um critério para a delimitação da região de São Paulo, é para a superfície de erosão de São Paulo (800-830 m) que temos de recorrer. Realmente, a região de São Paulo, em pleno alto vale do Tietê, possui seu núcleo principal até onde se estendem as últimas linhas de topos dos espigões nivelados segundo os têrmos médios da superfície de erosão de São Paulo (800-830 m). E' assim que essa região se estende continuamente desde a porção situada ao norte do maciço do Bonilha, em São Bernardo, até os patamares intermediários da vertente meridional da Serra da Cantareira, e desde as encostas do maciço de Cotia-Itapecerica até a Serra do Itapeti. Na direção das cabeceiras extremas do Alto Tietê, a região, após contornar a face norte do morro do Suindara, próximo a Mogí das Cruzes, estreita-se, perdendo expressão numa área situada entre essa última aglomeração urbana e a pequenina cidade ser ana de Salesópolis.

Para finalidades puramente geográficas, portanto, a região de São Paulo pode ser compreendida como sendo constituída pelos terrenos da bacia de São Paulo e suas indentações marginais, mais os terrenos antigos circundantes, afetados pela peneplanização plio-pleistocênica, incluindo-se nesse conjunto os níveis rebaixados, de elaboração pós-pliocênica, situadas nas abas continentais da Serra do Mar.

Existiria uma superfície de erosão pós-cretácea e pré-pliocênica na região de São Paulo?

O levantamento pós-cretáceo do sudeste e sul do Brasil provocou o rejuvenescimento gradual ou talvez síclico do peneplano das cristas médias (1100-1300 m). Pela primeira vez, após prolongadas fases de climas áridos e semi-áridos, foi possível o estabelecimento de drenagens exorréicas, de grande amplitude, concomitantemente ao soerguimento do bloco continental principal do Planalto Brasileiro (Ab'Sáber, 1949 e 1950-51). Os altos vales de tais cursos tributários da Bacia do Paraná iniciaram a dissecação da superfície das cristas médias, freqüentemente através de epigenias hidrográficas bem características e fáceis de serem compreendidas.

O problema novo, a discutir, porém, nesse setor, foi suscitado por idéias recentemente expostas por Fernando Flávio Marques de Almeida (19), consistindo em indagar da existência ou não de peneplanos parciais ou níveis locais, posteriores à superfície das cristas médias e anteriores ao ciclo deposicional do Alto Tietê.

De início, queremos dizer que acreditamos num caráter epicíclico, pôsto que espaçado, no processo de entalhamento da superfície das cristas médias. A existência de altos patamares de morros e níveis intermediários dispostos a diferentes alturas no meio de nossos maciços antigos nos autorizam a pensar desta forma. Por outro lado, se o levantamento pós-pliocênico nos revela um marcante e indiscutível caráter epicíclico, não seria lícito pressupor um processo idêntico ou similar em relação ao levantamento imediatamente anterior? Entretanto, reconhecemos o quanto é difícil comprovar tal fato, na base exclusiva da observação do relêvo atual. Isto porque em matéria de relêvo epicíclicos há a notar que apenas os que foram elaborados na fase pós-pliocênica restaram bem definidos na topografia atual.

As primeiras referências gerais relativas à existência de superfícies locais, pré-camadas de São Paulo, foram feitas por Fer-

---

(19) Palestras realizadas na Secção Regional de São Paulo, da Associação dos Geógrafos Brasileiros, em junho de 1952 e junho de 1953.

nando Flávio Marques de Almeida (1949, p. 29), nos seguintes têrmos:

> "Alguns dos principais coletores conseqüentes lograram, durante o terciário, desenvolver em seus vales superfícies senis, peneplanícies locais, hoje entalhadas, e cujos restos se encontram elevados a cêrca de 850 a 950 m de altitude, em média. Parecem-nos claros os exemplos de tais superfícies no vale dos rios Tietê (região da capital paulista, onde já Morais Rêgo a havia identificado (*sic*), Tibagi (arredores de Castro, na bacia do rio Iapó), Iguaçu (bastante clara na região de Curitiba) e Negro (tôda a região de Campo Alegre para montante). A sedimentação, suposta pliocena, nos arredores das cidades de São Paulo e Curitiba, acha-se em entalhes nessas superfícies. Estas estendiam-se muito mais para leste que hoje o fazem, pois são truncadas bruscamente pelas escarpas da Serra do Mar; e onde deixaram penetrar, para o interior, a bacia do rio Ribeira, encontramos índices dessas superfícies de erosão, como, por exemplo, na bacia do alto Capivari, no Paraná".

Pretende nosso colega Fernando de Almeida, através dessas observações delineadas mais em definitivo em trabalho ainda não publicado, comprovar a existência de uma superfície de erosão parcial, pré-camadas de São Paulo, girando em tôrno de 830-850 m superfície essa, posteriormente deformada, entalhada e preenchida pelos depósitos fluviais e flúvio-lacustres, e, ainda, dentro de sua interpretação, reconstituída pràticamente ao mesmo nível altimétrico (830-850 m). E' exatamente em face dessa forma de seriar os dados geomorfológicos que discordamos um tanto da interpretação de Almeida, aproveitando a oportunidade para uma nova discussão do assunto.

E' quase certo que após a cessação da fase deposicional do cretáceo superior na Bacia do Paraná e a concomitante fase de peneplanização dos maciços antigos situados a nordeste da referida bacia, tenha-se processado uma superimposição hidrográfica extensiva responsável pela formação da rêde hidrográfica do rio Paraná. Êsse é um ponto facífico da geomorfologia paulista (Morais Rêgo, 1932; Martonne, 1940; Ab'Sáber, 1948, 1948, 1950-51,

1954a, Almeida, 1949). Ao contrário, a história remota da superimposição hidrográfica e da marcha do entalhamento fluvial, posterior à formação da série Bauru, é que constitui um capítulo obscuro da nossa geomorfologia e paleogeografia. Em verdade, não existem registros suficientes de sedimentação terciária para nos permitir retraçar com segurança a história geológica e geomorfológica do território paulista durante a fase pós-cretácea e a fase pré-pliocênica (Ab'Sáber, 1948, pp. 21-22).

E' possível que antes da abertura da grande depressão periférica nas margens da Bacia do Paraná, a superfície das cristas médias tenha sofrido uma primeira fase moderada de rebaixamento generalizado, de altitudes, antes que a rêde hidrográfica da rio Paraná se ramificasse em excesso e viesse a adquirir sua conformação atual. Essa fase de ascenção lenta do continente teria sido suficiente para criar, logo de início, uma superfície de erosão mais baixa e irregular nos maciços antigos de leste. A êsse tempo, já as regiões quartzíticas da série São Roque constituíam saliências pronunciadas, destacando-se de 150 a 250 m acima do nível geral da superfície de aplainamento intermediária. Ao contrário do que se observara durante o cretáceo onde maciços resistentes como o do Japi foram inteiramente truncados pela peneplanização, nesse outro nível imediatamente posterior, as rochas resistentes (feixes e grandes lentes quartzíticas, bossas e "stocks" graníticos), restaram resalientadas pela erosão diferencial. O rebaixamento dos níveis ter-se-ia dado, a êsse tempo, tão sòmente para com as rochas menos resistentes da referida série metamórfica, dominando processos de interdesnudação.

Tal peneplano intermediário, de grande extensão, teria sido a verdadeira base para a realização de processos epigênicos nos maciços antigos do Alto Tietê, Alto Sorocaba, Alto Atibaia, Alto Mogí Guagu, Alto Pardo. Em conjunto, o aludido nível deveria oscilar entre 900 e 950 m, enquanto seus "monadnocks" teriam em média o nível das cristas médias (1100-1350 m), que o antecedera. Não se sabe se o Alto Paraíba se desligou da drenagem da Bacia do Paraná, antes ou depois da formação dêsse nível intermediário de 900-950 m. Entretanto, como na atual zona de divisão das águas do Paraíba e Tietê existem restos do aludido nível em plena zona de drenagem do Alto e Médio Paraíba, é possível que o tectonismo quebrantável criador da fossa do Paraíba e das Serras do Mar e da Mantiqueira, tenha sido posterior ao estabelecimento da referida superfície de aplainamento. Aqui, porém, entra-se inteiramente no domínio das especulações.

A erosão posterior à formação da superfície de 900-950 metros deve ter sido a princípio muito rápida, no sentido do entalhamento vertical, fazendo-se acompanhar de um rejuvenescimento extensivo de todo o corpo dos maciços antigos regionais. Posteriormente, a epirogênese tornou-se cíclica, respondendo pela formação dos patamares de morros observáveis acima da superfície de São Paulo. A certa altura dêsse último capítulo do entalhamento póscretáceo e pré-pliocênico, ter-se-ia processado a barragem tectônica complexa do Alto Tietê, com a formação das camadas de São Paulo. Antes da sedimentação pliocênica já haveria um teatro de deposição prèviamente preparado para suportar o estabelecimento de uma pequena bacia; entretanto, o conjunto do relêvo era acidentado e muito diferente daquele que haveria de surgir após a peneplanização local plio-pleistocênica.

E' fácil compreender-se por que a superfície de São Paulo (800-830 m) é a única de expressão topográfica mais saliente na região. Em primeiro lugar ela é a mais recente e a única que interessou ao tôpo da bacia sedimentar flúvio-lacustre não deformada, como também aos terrenos cristalinos que envolvem a bacia. Ela representou como que um aperfeiçoamento marcante do nível de topos do compartimento de planalto cristalino ocupado outrora pela drenagem do Alto Tietê. Aliás, é sabido que as bacias sedimentares lacustres ou flúvio-lacustres, anichadas em compartimentos de planalto, têm êsse papel clássico de formar e aperfeiçoar superfícies de erosão locais durante a fase final da sedimentação regional, ao tempo que o transbordamento da sedimentação afeta extensivamente as bordas das pequeninas bacias. O fêcho da sedimentação funciona como se fôsse uma fase de "pediplanação" local, de caráter não climático. E' por essa razão que em diversas bordas da bacia de São Paulo, é possível verificar-se o entroncamen-

FOTO n.º 59 — *Relêvo dos maciços antigos* interpostos entre a Bacia de São Paulo e a depressão periférica paulista (arredores do morro do Saboó, entre Mairinque e Moreiras). Além da superfície das cristas médias (1100-1200 m), marcada pelos altos do Saboó e pelas cristas igualmente quartzíticas do último plano, observa-se uma superfície intermediária de 870-950 m. Observe-se que para o ocidente (a esquerda da foto) de um certo ponto em diante, há uma superfície em plano inclinado que mergulha sensìvelmente, na direção das camadas sedimentares do carbonífero superior, na borda oriental da Bacia do Paraná: trata-se do paleoplano pré-glacial exumado e localmente bem preservado nos interflúvios atuais. Foto Dirceu Lino de Matos, 1951.

to da superfície de 820-830 m diretamente com as encostas mais salientes dos maciços graníticos que envolvem a bacia. Próximo à Vila Brasilândia, a noroeste da Freguesia do O', a *superfície de São Paulo* é barrada abruptamente pelas encostas de um alto patamar de morro da zona pré-Serra da Cantareira. Ali, enquanto o patamar de morro dos maciços graníticos regionais reflete os relevos epicíclicos pré-pliocênicos, a superfície de erosão de São Paulo, que se inscreveu em seus sopés, marca o limite da peneplanização plio-pleistocênica na região.

A superfície de erosão de 920-950 m, que ora vimos de definir, pode ser observada tanto nos arredores de São Paulo quanto em outras áreas cristalinas situadas a algumas dezenas de quilômetros a leste da depressão periférica paulista, mormente no planalto de São Miguel Arcanjo e na área serrana que se estende do município de Jundiaí até as proximidades de São José do Rio Pardo. E', entretanto, no planalto serrano de São Roque, a oeste da crista da Serra da Taxaquara (1100 m), que êsse nível tem seu maior desenvolvimento, tanto em terrenos granítico-gnáissicos quanto em áreas de xistos resistentes. Daí, para oeste, êsse mesmo nível se individualiza extraordinàriamente na zona de Moreiras, na área servida pela Estrada de Ferro Ituana, onde xistos argilosos resistentes, entremeados por lentes e faixas quartzíticas irregulares, foram nivelados ao extremo, em tôrno das altitudes médias de 900 m. O pico do Saboó é, aí, um "monadnock" típico dêsse nível de rebaixamento do antigo peneplano cretáceo das cristas médias.

Na alta bacia do rio Sorocaba, a leste da Serra de São Francisco, o aludido nível também se destaca com nitidez, tal como na Serra do Itaqui e no tôpo da Serra de Quilombo, onde o Tietê e o Jundiaí, respectivamente, seccionam epigenèticamente os velhos maciços regionais, diretamente a partir do nível de 900-920 m, fatos todos muito bem evidenciados no terreno e na fôlha topográfica de Jundiaí, da antiga Comissão Geográfica e Geológica de São Paulo (20).

(20) Torna-se mister reconhecer que as observações de campo na região de São Roque e Moreiras, como nas serras do Itaquí e São Francisco são muito difíceis porque aí se processa a imbricação de níveis entre o peneplano pré-glacial e a superfí-

Por razões tectônicas e paleo-hidrográficas esta superfície na região de São Paulo possui testemunhos menos extensos, sendo, entretanto, bem visível à altura dos maciços de Cotia e Itapecerica da Serra. E' de se notar, entretanto, que ela se faz presente nos morros de altitude média do maciço do Bonilha, como nas abas do morro do Suindara e nos altos esporões intermediários do maciço granítico da Cantareira e do Ajuá, interessando parcialmente a região situada ao sul do morro do Jaraguá. Pelo fato de ser na região de Cotia e Itapecerica que o nível de erosão de São Paulo se entronca com êsse outro degrau de peneplanização mais antigo e mais elevado, preferimos denominá-lo no presente estudo sob o nome de superfície *de Cotia e Itapecerica* (920-950 m).

Tal interpretação choca-se diretamente com a de Almeida, porque ao invés de conceber a superfície de erosão da região de São Paulo, como sendo anterior à sedimentação pliocênica, coloca-o no fêcho do período deposicional, tal como o fizeram Morais Rêgo e Susa Santos (1938, p. 133). Por outro lado, introduz a consideração de um peneplano parcial *post*-cristas médias e pré-pliocênico, de caráter relativamente extenso, o qual teria sido a base principal para os fenômenos de retomados de erosão e de rejuvenescimento, criadores do atual relêvo da série São Roque, situado entre São Paulo e a depressão periférica paulista (21). Insistimos que a maior parte das superfícies de aplainamento observáveis nos terrenos cristalinos que circundam a bacia de São Paulo, situados entre 800 e 830 m, são testemunhos da fase de peneplanização local plio-pleistocênica, sendo raros até mesmo os patamares de morcíclicos pré-pliocênicos.

---

cie de Itapecerica-Cotia. Na porção oriental da serra do Japí, por seu turno, passa-se diretamente da superfície das cristas médias para a superfície pré-glacial re-entalhada.

(21) Entre a superfície pré-pliocênica e pós-cristas médias de 920-950 m, na região de São Roque, e a depressão periférica paulista, observam-se, ainda, em pleno cristalino, os planos inclinados da superfície pré-glacial, em franco processo de exumação e rejuvenescimento. Esta velha superfície fossil, que remonta ao carbonífero, identificada por Emmanuel De Martonne (1940), muito tem a ver com as epigenias dos rios Tietê e Sorocaba, nas serras do Itaquí e de São Francisco. Entre Moreiras e Mairinque, é possível verificar-se uma imblicação notável entre a superfície de Itapecerica-Cotia ou de São Roque em relação aos planos inclinados da superfície pré-glacial (Ab'Sáber, 1954, p. 21, foto n.º 7 tomada por Dirceu Lino de Mattos).

Não há a negar, entretanto, que se trata de um dos capítulos mais delicados da geomorfologia regional e um campo de estudos que, sem dúvida, pode ser considerado em aberto para novas pesquisas e novas interpretações.

Posição e significação dos testemunhos terciários situados próximos da zona divisora Paraíba e Tietê

Por volta de 1948, no decorrer de estudos por nós realizados na região de Santa Isabel, deparamos com a existência de pequenas manchas alongadas de sedimentos modernos, referenciáveis às camadas do Paraíba e de São Paulo, tidas como pliocênicas. Procurando comprovar a existência de um nível de erosão pré-camadas de São Paulo, Fernando de Almeida (1952) afirma que as camadas do vale do Jaguari, por nós assinaladas, encontram-se em entalhes da própria superfície de erosão pré-pliocênica da região de São Paulo, por êle denominada com o sujestivo título de *superfície do Alto Tietê*. São palavras suas:

> "No planalto paulistano êsses sedimentos são posteriores à superfície de erosão do Alto Tietê, como estudos, ainda em andamento, nas faldas da Cantareira, vêm evidenciando. Na rodovia Presidente Dutra, camadas correlacionáveis ao suposto plioceno do vale do Paraíba ocorrem entre os quilômetros 366 e 368, em altitude de 670 metros, no flanco sudeste do planalto que divide as águas do rio Parateí das do seu confluente Jaguari. Ab' Sáber identificou restos dessas camadas, que verificamos estarem a 670 metros de altitude, no flanco setentrional dêsse planalto, na cidade de Santa Isabel. Com isso, é muito interessante observar que a superfície de erosão do Alto Tietê, muito nítida na região de Arujá, estende-se por êsse planalto divisor, entalhada em gnaisses. Parece aí ser claro que essa superfície de erosão avançava muito mais para leste, e que foi entalhada pelos vales subseqüentes dos rios Parateí e Jaguari, para só então neles se processar a sedimentação tida como pliocena" (Almeida, 1952, p. 58).

Para que se possa estabelecer o significado geomorfológico dos depósitos terciários dos vales do Jaguari e Parateí, a nosso ver, não

FOTO n.º 60 — O morro do Jaraguá (1.135 m), em uma vista aérea de conjunto. Na região, as grandes lentes de quartzitos encravadas em xistos argilosos da série São Roque, respondem pela bizarra morfologia dêsse acidente geomórfico situado à noroeste da Bacia de São Paulo. Foto Dirceu Teixeira, 1950.

FOTO n.º 61 — *Vertentes convexas,* mamelonares, esculpidas nos terrenos graníticos, situados entre Piqueri e Pirituba. As camadas terciárias no momento máximo da sedimentação na Bacia de São Paulo estiveram bem acima do nível do tôpo dêsses morrotes cristalinos, esculpidos, no ciclo *post*-pliocênico. Foto Ab'Sáber, 1948.

basta a simples consideração da sua posição altimétrica e da sua distância em relação ao divisor d'águas Tietê-Paraíba. Em primeiro lugar trata-se de ocorrências bem diversas entre si. Os testemunhos extremos da sedimentação terciária do vale do Parateí estão alojados ao longo de uma depressão funda, porém relativamente larga, situada ao norte da Serra do Itapeti (1000-1100 m), 400 ou 500 m abaixo do tôpo granítico desta serra, que é um dos mais importantes resíduos da superfície das cristas médias ao longo de todo o divisor Tietê-Paraíba. As observações de campo revelam claramente que tal área de depósitos pliocenos, pela sua altitude e posição geográfica, corresponde ao extravasamento remontante da sedimentação da bacia de Taubaté. O rio Parateí, como diversos de seus companheiros das regiões cristalinas que circunscrevem a bacia do Alto e Médio Paraíba, a princípio entalhou muito, contribuindo para o espessamento da sedimentação flúvio-lacustre e fluvial da depressão tectônica do médio vale do Paraíba. Depois, porém, quase ao fim do ciclo deposicional pliocênico na região, foi afetado por um transbordamento marcadamente remontante da sedimentação. A êsse tempo as camadas pliocênicas atingiram fundo o médio vale do Parateí, interpenetrando-se até as raias do divisor d'águas atual, já que o trecho de verdadeiro *alto vale*, em relação aos rios regionais, era muito limitado.

No vale do Jaguari as condições da sedimentação pliocênica diferiram sensìvelmente das que se fizeram sentir no vale do Parateí, porque ali não houve continuidade para a deposição flúvio-lacustre dos fins do terciário. Sòmente em algumas planícies de soleiras dessa época — ora alongadas, ora alveolares — foi possível tal sedimentação. Disso resulta que os testemunhos terciários, hoje encontrados em terras do município de Santa Isabel, nos vales do ribeiro Araraquara e do Jaguari, afluentes serranos da margem esquerda do Médio Paraíba, são muito delgados, postando-se geomòrficamente na categoria de meros terraços laterais e em trechos limitados dos vales. Ao descrevê-los, em uma pequenina nota prévia, (Ab'Sáber, 1949a), fizemos notar que tais testemunhos supostos pliocênicos se apresentavam "sob a forma de extensões conchoidais descontínuas de sedimentos argilosos e arenosos, engastadas nos flancos dos morros cristalinos arredondados e acompanhando, grosso modo, o eixo de alguns vales existentes na região (Araraquara, Pilões, Jaguari). A espessura das coltas remanescentes de tais sedimentos aluviais antigos varia de 5 a 20 metros, apesar de se apresentarem de maneira muito descontínua, constituindo terraços fluviais ou os flancos dissimulados e de suave declive dos morros". A importante soleira rochosa, situada entre a região de Igaratá e a zona de corredeiras e cachoeiras do Piquirá, separa inteiramente os sedimentos supostos pliocênicos do médio vale superior do Jaguari, em face do baixo curso dêsse rio e, em relação ao núcleo principal da sedimentação da bacia de Taubaté

E' de se supor que, na região de Santa Isabel, só se processou uma extensão da sedimentação pliocênica por volta dos fins do ciclo deposicional do médio vale superior do Paraíba, por mais de um afogamento fluvial, flúvio-aluvial ou, talvez mesmo, flúvio-lacustre, dos compartimentos superiores dos vales tributários situados atrás de soleiras de rochas resistentes. Se é que a sedimentação, de alguma forma, se expandiu remontantemente, atingindo um nível de quase 100 metros acima do nível altimétrico superior da sedimentação da bacia de Taubaté, afetando os sulcos de vales subseqüentes que seccionavam regressivamente o divisor Paraíba-Tietê e interferindo no nível de erosão plio-pleistocênico em formação na região de São Paulo, isso não significa necessàriamente que a sedimentação extrema dos afluentes do médio vale do Paraíba seja muito posterior à superfície de erosão de São Paulo. Os processos são de alguma forma contemporâneos, sendo que à medida que a superfície de São Paulo era aperfeiçoada pela expansão lateral generalizada da sedimentação flúvio-lacustre e da peneplanização de caráter regional, os vales serranos dos tributários da depressão do médio vale do Paraíba, por fôrça de seu gradiente muito mais acentuado, comandavam o entalhamento regressivo sôbre a região de São Paulo, incorporando espaços para a bacia hidrográfica do Paraíba. Theodoro Knecht encontrou testemunhos pliocênicos em diversos pontos do divisor Parateí-Alto Tiete, que demonstram a interferência da erosão remontante do Parateí sôbre a bacia de São Paulo.

O estabecimento da superfície de erosão da região de S. Paulo, pelo transbordamento generalizado da sedimentação pliocênica, criou uma alta planície fluvial e flúvio-lacustre, que restou à mercê da erosão remontante dos ativos afluentes da bacia do médio Paraíba, região que na época constituía vasta e alongada depressão afogada por um processo deposicional mais ou menos idênticos, muito embora situada em plano altimétrico bem inferior. Ainda hoje, tal comportamento passivo da região de São Paulo frente o comando da erosão regressiva dos afluentes do Paraíba, é uma permanente realidade. existindo diversas pequenas gargantas e colos que ameaçam executar capturas, de trechos de maior ou menor importância, dos afluentes do Alto Tietê (Washburne, 1930 e 1939).

Na região de Arujá o que mais importa é o estudo do morro do Retiro, assim como do morro Grande, ambos oscilando entre 900 e 975 m, e destacando-se sôbre a superfície de São Paulo. Tais morros, hoje deslocadas para a vertente do médio Paraíba. outrora constituíram divisores entre as duas bacias, e. mais remotamente, comportaram-se como meras parcelas do nível intermediário pós-cristas médias e pré-pliocênico. Se hoje a superfície de São Paulo os envolve é porque a peneplanização plio-pleistocênica que deu por término ao ciclo deposicional da região de São Paulo, foi capaz de se estender até ali, antes que o alto Jaguari e o alto Parateí, por erosão regressiva, conquistassem a região para a bacia hidrográfica do rio Paraíba. Os testemunhos de sedimentos terciários estudados por Teodoro Knecht (22) na região que medeia Itaquaquecetuba e o alto Parateí, por si só comprovam que não sòmente a peneplanização plio-pleistocênica atingiu a região como também a própria sedimentação pliocênica alcançou essa área divisora, que hoje é a zona de conflito entre as duas bacias hidrográficas contíguas.

(22) Palestra na Sociedade Brasileira de Geologia, Secção Regional de São Paulo (1953).

IV — GEOMORFOGÊNESE DA REGIÃO DE SÃO PAULO

9. PROBLEMAS FUNDAMENTAIS DA GEOMORFOGÊNESE REGIONAL

Problemas fundamentais

Um estudo do relêvo da região de São Paulo que vise abranger tão somente a bacia sedimentar paulistana e os maciços antigos mais próximos, encerra dificuldades de ordem relativamente muito pequena. Nem poderia ser de outra forma, já que se trata de uma bacia sedimentar moderna restrita, entalhada pelo Tietê e seus afluentes, através de epiciclos erosivos pós-pliocênicos, de caráter dominantemente fluvial. Nós mesmos, em trabalho recente (Ab'Sáber, 1952-53) estudando a origem dos terraços fluviais da região paulistana, pudemos esclarecer uma boa parte das etapas de evolução recente do relêvo regional. Entretanto, os problemas da gênese da bacia e do relêvo dos velhos maciços que a circundam por todos os quadrantes, envolvem questões geológicas e geomorfológicas das mais complicadas de todo o território brasileiro.

Na realidade, paradoxalmente, o modesto sistema de colinas da região de São Paulo confina com áreas de estrutura tectônica moderna e relêvo, dos mais complexos conhecidos no conjunto de velhos planaltos da face leste da América do Sul. Para leste e leste-nordeste, a fossa do Paraíba (500-600 m), a muralha da Mantiqueira e o maciço do Itatiaia (1700-2900 m), os espigões cristalinos residuais intermediários (900-1300 m), os altos continentais da Serra do Mar (800-1200 m). Em direção ao norte, noroeste e oeste, os velhos maciços proterozóicos entremeados por "stocks" graníticos, moderadamente rejuvenescidos, apresentando níveis de erosão problemáticos (1100-1400 m) e um relêvo serrano especial, com nuances apalachianas mal definidas. Para sudoeste e sul, os reversos continentais da Serra do Mar e as regiões serranas esculpidas em ligeiras secções de planaltos cristalinos, de rochas granitizadas ou xistosas (800-1050 m). E, finalmente, a Serra do Mar, cruzando a região de São Paulo a apenas alguns quilômetros dos limites

FOTO n.º 62 — Forma das vertentes nas altas colinas do bairro do Sumaré (780-820 m). A expansão do povoamento nessa área fêz-se dominantemente através das estreitas plataformas interfluviais de tôpo plano ou suavemente ondulado. **Trata-se da região de relêvo mais enérgico no interior do sítio urbano da Metrópole. Foto Ab'Sáber, 1953.**

meridionais que balizam a área de extensão antiga da sedimentação terciária regional.

Em têrmos de paleogeografia há a assinalar uma variada história pré-pliocênica e pós-cretácea, anterior à sedimentação flúvio-lacustre, que constitui o *hiato* fundamental onde se situam os episódios tectônicos e erosivos essenciais da elaboração do relêvo dos confins próximos ou distantes da região de São Paulo.

As dificuldades específicas e a delicadeza dos esforços de especulação em tôrno de certos problemas da geomorfogênese da porção sudeste do Planalto Atlântico do Brasil, mais diretamente relacionada com a região de São Paulo, têm levado muitos pesquisadores a um silêncio que se nos afigura infrutífero. A despeito de estarmos prevenidos suficientemente em relação às aludidas dificuldades, não tivemos dúvidas em mergulhar fundo no campo da geomorfogênese do Planalto Atlântico em São Paulo, visando tão sòmente trazer a discussão e revolver, velhos e novos assuntos, que esperam um esclarecimento mais completo. Interessou-nos menos a paleogeografia do bloco continental em têrmos de cronogeologia pura, do que a paleogeografia regional, em têrmos de ordem e sucessão de fatos geomorfológicos.

Para melhor compreensão da gênese do relêvo da região de São Paulo, impõe-se, a nosso ver, uma pequena tentativa de reconstrução das diversas etapas erosivas pelas quais devem ter passado os maciços antigos que enquadram a bacia sedimentar paulistana. Seguindo tal orientação, pensamos tão sòmente em selecionar e reclassificar as idéias mais gerais até hoje expendidas sôbre a gênese do relêvo dessa porção do Planalto Atlântico Brasileiro. Visamos, com isso, tão sòmente, precisar um tanto mais a ordem de sucessão dos fatos, na base dos conhecimentos disponíveis em nossa literatura geológica e geomorfológica e de nossas próprias pesquisas.

Lembremos, entretanto, que um esfôrço de cronogeomorfologia, ainda que a título precário, torna-se indispensável e inevitável, em nome da própria validade científica do estudo e em benefício recíproco das esferas de sobreposição da Geologia e Geomorfologia.

O problema das conexões antigas e da separação da drenagem do Paraíba e Tietê

Dos problemas geomorfológicos apresentados pelo relêvo, estrutura e rêde de drenagem do Brasil Sudeste, nenhum outro tem suscitado maior curiosidade geral do que o da possível captura de porções antigas da drenagem do Alto Tietê pelo Médio Paraíba. Há, entretanto, uma desproporção muito grande entre o número de vêzes em que o problema é proposto e repetido e o número real de trabalhos específicos que têm tratado do assunto. Na maioria dos casos trata-se de referências vagas e repetitivas, que apenas se ligaram a uma observação ligeira da grande anomalia de drenagem existente na curvatura brusca que inverte totalmente a direção do curso do Paraíba paulista, na região de Guararema.

Até hoje não foram feitos um estudo e uma discussão mais completa do problema na base de considerações paleogeográfica e de argumentação geomorfológica e geológica convincentes. As referências rápidas insertas nos trabalhos gerais apenas apresentam de novo o problema, na forma de hipótese de trabalho, sem ao menos revolver a sua discussão.

Ao iniciar nossos estudos sôbre a geomorfogênese da região de São Paulo, vimo-nos obrigados a tratar do assunto, mais na categoria de problema marginal de nosso trabalho do que como assunto de nossa preocupação direta. Selecionando observações e incorporando-as no corpo de idéias a respeito da gênese dos compartimentos de relêvo do Planalto Atlântico em São Paulo, julgamos poder apresentar o problema na base das conexões antigas e da separação posterior das rêdes de drenagens do Paraíba e Tietê.

Por uma questão de justiça bibliográfica, queremos lembrar que a primeira referência sôbre a possibilidade de conexões antigas entre as drenagens das duas bacias, foram expostas por Hermann von Ihering em artigo publicado n"O Estado de São Paulo" de 12 de julho de 1894, trabalho cujos tópicos principais foram republicados na Revista do Museu Paulista de 1898.

Hermann von Ihering propôs o problema paleo-hidrográfico nos seguintes têrmos:

> "Pensamos que, em tempo remoto, o rio Paraiba, desde as suas nascentes até Guararema, foi afluente do rio Tietê, e isto provàvelmente na mesma época em que a grande lagoa terciária de Tremembé ocupou o vale do Paraíba desde Jacareí até Cachoeira. Esta lagoa estêve em conexão franca com o oceano (*sic*), o que é provável pela presença dos bagres".
>
> "Seria, pois, devido a modificações geológicas que mais tarde foi interrompida a antiga conexão entre os dois rios e que o Paraíba, invertido completamente no seu curso original, ganhou a bacia da lagoa de Tremembé e com êle desaguou ao norte. Estou bem longe de dar esta hipótese como resultado demonstrado: mas parece-me que será lícito, às vêzes, fazer ver os problemas que a ciência tem de elucidar, e se, um dia, pudermos dispor dos necessários dados zoogeográficos e geológicos, sem dúvida poderemos reconstruir a história do rio Paraíba".

Essas observações pioneiras, expostas em têrmos muito gerais por um cientista esclarecido, infelizmente, nem sempre foram referidas bibliogràficamente; ao contrário, passaram a constituir uma espécie de tradição ou hipótese de trabalho do domínio comum, deturpada aqui, exagerada acolá, desde os fins do século passado até os nossos dias. A despeito de J. B. Woodworth (1912) Delgado de Carvalho (1913 e 1927), Chester Washburne (1930; 1939), Otto Maul (1930) Pierre Deffontaines (1939; 1945), Caio Dias Batista (1940), Emmanuel De Martonne (1940; 1943-44), Raimundo Ribeiro Filho (1943; 1948), Aroldo de Azevedo (1944), terem voltado suas vistas para o problema, somos obrigados a reconhecer que não houve acréscimo ponderável na discussão do mesmo.

J. B. Woodworth (1912, pp. 106-107) foi o primeiro pesquisador a tratar do problema na base de observações de campo, realizadas quando de sua produtiva expedição geológica ao Brasil e ao Chile. Analisando com o devido cuidado o texto original de Woodworth podemos aquilatar fàcilmente a sua acuidade de observação geomorfológica, mas não ganhamos muito para a comprovação da plausível hipótese. Tendo conseguido os têrmos das observações daquele notável geólogo e não pretendendo deixá-los à margem de nosso trabalho, aqui os transcrevemos:

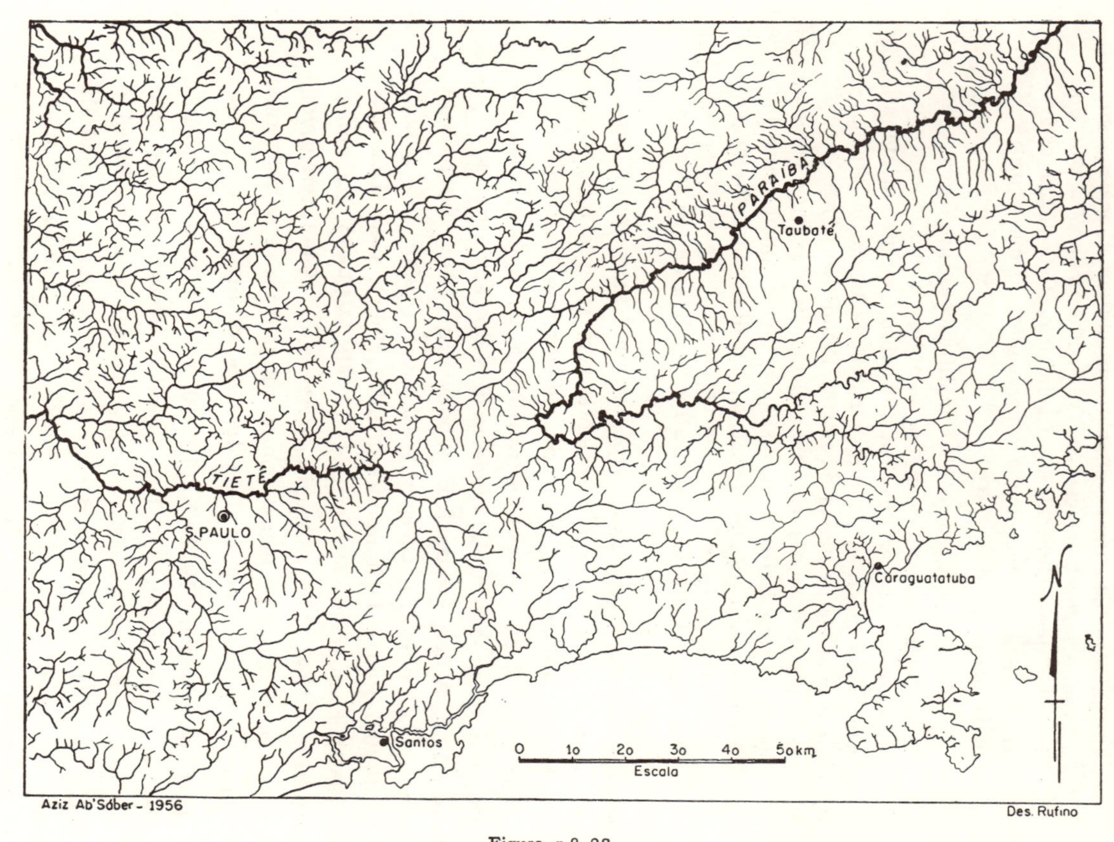

Figura n.º 28.

O cotovêlo do rio Paraíba do Sul na região de Guararema: a mais sugestiva anomalia de drenagem do território brasileiro. — Tanto na bacia do Alto Tietê como na do Alto e Médio Paraíba os ramos menores da drenagem são *dendríticos*, enquanto os rios de tamanho médio possuem um padrão ora *paralelo*, ora *retangular*, denotando uma adaptação geral às direções das estruturas antigas da região (**NE-SW**). A dendritificação geral depende de processos morfo-climáticos. Na área correspondente à Bacia de Taubaté, à juzante de Guararema, os rios afluentes da margem do Paraíba são marcadamente paralelos entre si (**S-N**).

"The divide between the Tieté at Mogy das Cruzes and the great bend is occupied by rock-hills of low relief rising about 200 feet above the weakly developed drainage lines of the district. The natural course of the Parahytinga would appear to be westward into confluence with the Rio Tieté of wich it may be regarded as a beheaded portion, captured by the Rio Parahyba, wich, pushing its head southwestwards along the easily eroded tertiary beds, diverted the stream before erosion had swept away the Tertiary beds between the Parahyba basin and that of the Tertiary beds at São Paulo".

Entre tôdas as referências posteriores às observações pioneiras de Hermann von Ihering e J. B. Woordworth destacam-se as rápidas considerações do geólogo Chester Washburne (1930; 1939, pp. 105-106), expressas nos seguintes têrmos:

"O curso superior do rio Paraíba é conhecido como o rio Paraitinga, que corre em direção exatamente oposta à do Paraíba, a saber, mais ou menos 50° sudoeste, dobrando-se depois para oeste, atravessando um agudo *cañon* até juntar-se ao Paraíba. Êste *cañon* tem todos os elementos de um *cotovêlo de captura* típico, expressão esta empregada pelas fisiógrafos para indicar o lugar onde um rio capturou o outro. Antes desta captura, o rio Paraitinga tinha sido evidentemente cabeceiras do rio Tietê. Êste rio, medindo-se do cotovêlo de captura, tinha que percorrer cêrca de 3.000 km para atingir o oceano no Rio da Prata, entre Montevidéu e Buenos Aires. Isto lhe dava um declive suave que o inibia de escavar o seu leito muito profundamente. Por outro lado, o rio Paraíba tinha que percorrer sòmente cêrca de 300 quilômetros, a contar dêste ponto, para nordeste, até entrar no mar. Portanto a sua declividade média era cêrca de seis vêzes maior, e o seu poder de aprofundar-se nas rochas era muitas vêzes o do rio Tietê. Ajunta-se a isto, ser possível que a atividade do Paraíba, no Terciário superior ou no Pleistoceno, pode ter abaixado o vale do Paraíba, de tal forma que a declividade das suas cabeceiras tenha sido aumentada muito além da declividade normal de um tal rio. Isto grandemente acelerou a capacidade de erosão das cabeceiras do rio Paraíba, até que um dos seus galhos, cortando rio acima, para sudeste ou

> para leste, alcançou as cabeceiras do rio Tietê, cujas águas correm para sudoeste, como o Paraitinga, e atraiu-as para a bacia de drenagem do rio Paraíba".

A interpretação de Wahburne trouxe à baila pela primeira vez a questão da existência de um *cotovêlo de captação* típico na região de Guararema, mas não representou uma discussão paleogeográfica aprofundada do problema, já que deixou margem para se pensar na possibilidade de uma captura recente na região. Sobretudo faltou a correlação entre a hipotética captura com os problemas da sedimentação pliocênica de ambas as bacias.

Nos últimos anos, alguns pesquisadores, entre os quais Kenneth E. Caster, Josué Camargo Mendes e Fernando Flávio Marques de Almeida, iniciaram uma reação às interpretações antigas, procurando demonstrar que o esporão granítico que constitui o divisor d'águas entre o Alto Tietê e o Alto e Médio Paraíba, teria sido suficiente para separar as duas bacias desde há um tempo geológico muito mais remoto do que geralmente se pensa. Tais idéias orientaram as especulações paleogeográficas para outros setores, dando novos rumos à discussão do velho problema. Ficou assentado de uma vez por tôdas que a sedimentação do Médio Paraíba e a do Alto Tietê foram geradas em teatros deposicionais flúvio-lacustres inteiramente separados, embora cronogeològicamente simultâneos, como já haviam sugerido Morais Rêgo e Sousa Santos (1938, p. 123).

Morais Rêgo, por volta de 1929, já havia constatado a presença de ocorrências restritas de sedimentos pliocênicos em pleno alto vale do Paraíba, fato divulgado por Washburne (1930, p. 131). Mais tarde, Fernando Flávio Marques de Almeida (1946) pôde estudar com maiores cuidados uma ocorrência de sedimentos supostos pliocênicos nos arredores de Paraibuna, em plena bacia do Alto Paraíba, estabelecendo que os sedimentos terciários extravasaram o compartimento do médio vale do Paraíba e, remontantemente, atingiram trechos do alto vale, em plano altimétrico inteiramente independente da sedimentação do Alto Tietê. Outras ocorrências, ainda, foram descobertas ao longo do vale do Jaguarí (Ab'Sáber, 1949) e Parateí (Almeida, 1952), a 650-670 metros de altitude, ainda uma vez inteiramente separadas da zona de sedimentação do Alto Tietê, a despeito de uma contigüidade notável em relação aos limites extremos das duas áreas de ocorrências.

Pode-se ter como definitiva a premissa de que a sedimentação entre as duas bacias foi inteiramente independente e que o contôrno do cotovêlo de Guararema foi esboçado num período bem anterior ao da expansão flúvio-lacustre remontante das duas bacias sedimentares contíguas.

* * *

Se procurássemos remontar até aos fins do cretáceo para historiar a gênese das conexões antigas e da separação posterior, obteríamos um ponto de partida razoável para explicar a sucessão de eventos paleogeográficos ali desenrolados.

Parece ser ponto pacífico o fato de que até o cretáceo as drenagens da porção paulista do Planalto Atlântico participavam das bacias gondwânicas do interior, como já fêz sentir Raimundo Ribeiro Filho (1943; 1948). Desta forma todos os rios que nasciam nos maciços antigos situados a oeste e sudoeste da área Itatiaia-Bocaina, demandavam forçosamente o interior da bacia do Paraná. Os grandes fenômenos tectônicos que fragmentaram a abóboda principal do estudo, forjaram a fossa tectônica do Vale do Paraíba, após o cretáceo, criando um vale tectônico, de direção oposta à dos rios que convergiam para o eixo do rio Paraná. Desta forma enquanto tectônicamente se criava o vale do Paraíba, o primitivo Alto Tietê que remontava até a Bocaina, continuava a correr para W-SW, em um plano altimétrico correspondente à superfície das cristas médias, 300 ou 400 metros acima do nível da atual bacia de São Paulo. Uma reativação tectônica pronunciada afundou mais ainda o assoalho do vale tectônico correspondente ao antigo médio Paraíba e forçou a sedimentação parcialmente lacustre que viria redundar na formação dos xistos betuminosos de Taubaté.

O importante a assinalar é que a depressão profunda e fechada do médio vale superior do Paraíba, logo de início foi capaz de criar uma hidrografia própria. O fato de, na época, tôda a região cristalina circunjacente se encontrar em fase de rejuvenescimento e encaixamento hidrográfico generalizado, devido à movimentação

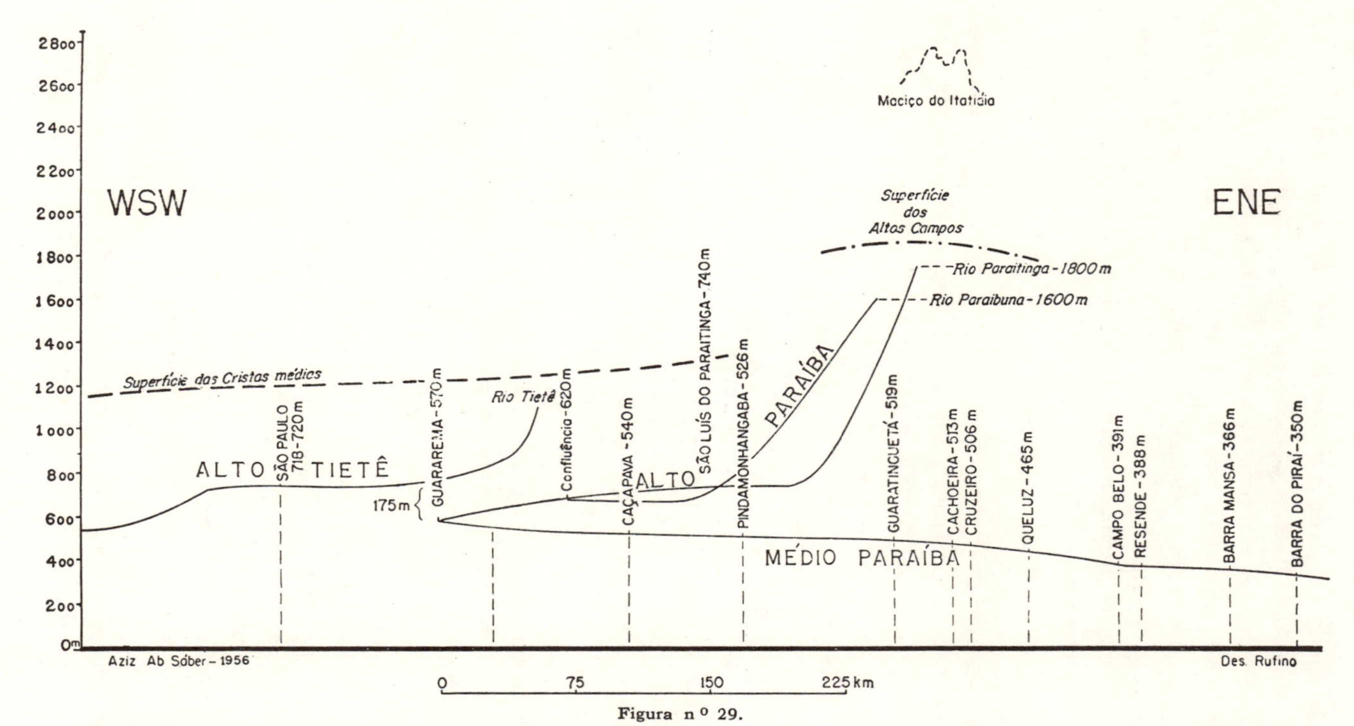

Figura n º 29.

Gráfico compósito dos perfis longitudinais do Alto e Médio Paraíba e Alto Tietê. — Note-se a radical moidficação de direção do rio Paraíba após Guararema e a diferença de planos altimétricos entre o Tietê e o Paraíba na região. A superfície das cristas médias, cujos testemunhos aparecem na região de São Paulo e na parte paulista da bacia do Paraíba do Sul, sugere e reforça a idéia de uma drenagem antiga dirigida do Alto Paraíba pretérito para a Bacia do Paraná.

dos blocos de falhas, favoreceu a expansão da hidrografia tributária dos lagos situados na depressão tectônica principal. O assoalho da bacia de Taubaté, pôsto que bem mais alto que o nível do Atlântico, estava em posição sensìvelmente mais próxima do mar, que o dos rios que se dirigiam para o vale do Paraná, tal como salientou Chester Washburne (1930). Daí não se terem feito esperar sucessivas pequenas capturas dos altos vales das drenagens antigas contíguas à bacia lacustre. Foi a êsse tempo que os altos vales dos rios que nasciam na Bocaina e se dirigiam para oeste e sudoeste — cruzando a região de São Paulo, algumas centenas de metros acima do seu atual nível — foram interceptados e desviados para as depressões tectônicas da base da Mantiqueira. O cotovêlo de captação, a despeito da antigüidade relativa da captura, restou muito bem marcado no terreno, mesmo porque se transformou num cotovêlo *inciso policíclico*, sem sofrer modificações radicais de sua encurvatura original.

Com a expansão geral da drenagem em tôrno das bacias lacustres tectônicas regionais — temporàriamente gozando da posição de nível de base interno — acelerou-se o preenchimento das depressões originais, através de uma potência de sedimentação flúvio-lacustre, muitas vêzes ampliada. Desta forma, a colmatagem do lago principal (bacia de Taubaté-Tremembé) foi decretada pela própria expansão remontante da sedimentação pelas rêdes de drenagem tributárias, passando sucessivamente a dominar deposição flúvio-lacustre e, posteriormente fluvial, ao longo de todo o médio vale superior do Paraíba.

A fase deposicional flúvio-lacustre, lacustre e fluvial parece ter sido bastante longa pois preencheu as fossas originais, forçando depois digitações das planícies de inundação para o alto vale e para as seções médias e inferiores de diversos vales afluentes, como o Jaguarí e Parateí. Os sedimentos tidos como pliocênicos do Alto Paraíba (vales do Paraitinga e Paraibuna), Médio Jaguarí e Médio Parateí, documentam essa fase deposicional final, de transbordamento.

Existem razões para se pensar que a sedimentação flúvio-lacustre da região de São Paulo só tenha sobrevindo quando cor-

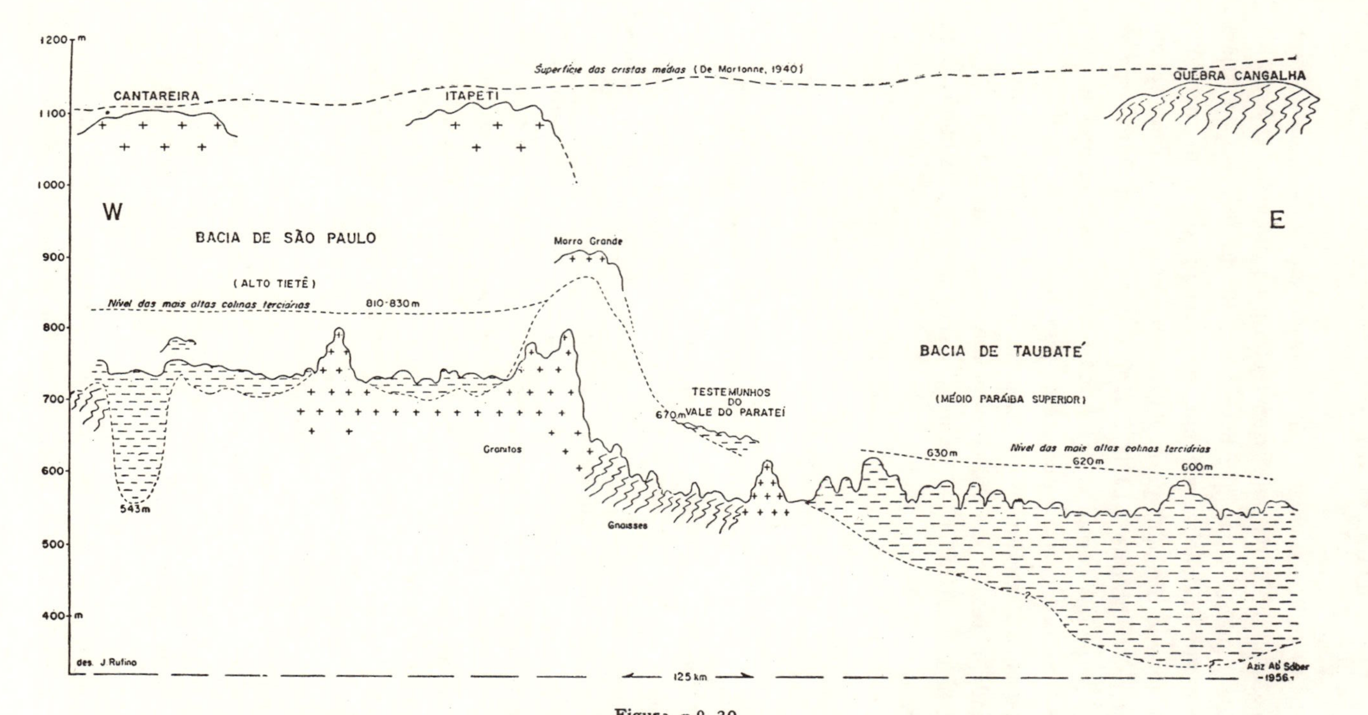

Figura n.º 30.

Secção geológica da área divisora d'águas do Alto Tietê-Médio Paraíba — Gráfico compósito elaborado para mostrar os desníveis topográficos existentes entre a bacia sedimentar de São Paulo e a de Taubaté, assim como as posições atual e antiga do espigão granítico divisor. No alto, os testemunhos da superfície das cristas médias na região do Alto Tietê e na bacia do Paraíba.

ria adiantada a sedimentação lacustre do Médio Paraíba. Desligado de suas cabeceiras primitivas, o Alto Tietê, decapitado, continuou morosamente seu trabalho de encaixamento devido aos estímulos epirogênicos gerais que a região vinha sofrendo, mas logo novas interferências tectônicas ligadas às reativações da família de falhas pós-cretáceas do Brasil Atlântico, criaram condições para que sobreviesse um ciclo deposicional similar àquele que passou a afetar a região do Médio Paraíba após a captura. Daí por diante a sedimentação decorreu mais ou menos simultânea, em ambas as bacias, até a cessação definitiva dos estímulos tectônicos e a reorganização das rêdes de drenagem. Enquanto o rio Paraíba restou organizado por braços diversos (Guimarães, 1943, p. 36), ligados a histórias geológicas díspares, constituindo um típico caso de rêde hidrográfica *poligênica,* o Tietê reencentou sua marcha para oeste, superimpondo-se localmente à bacia sedimentar flúvio-lacustre, oriunda da barragem tectônica temporária que se fêz sentir na região de suas cabeceiras. Nesta fase pré-pliocênica, não houve tempo suficiente para que os ativos afluentes do Médio Paraíba realizassem novas decapitações de trechos do Alto Tietê: fato, entretanto, perfeitamente esboçado na região situada a leste de Mogí das Cruzes, conforme hábil constatação de Washburne (1930, pp. 6-7, fig. 6).

Na região de Mogí das Cruzes, o Alto Tietê encontra-se hoje a 730-735 metros, enquanto o Paraíba em Guararema se acha a 575 metros, estando ambos os cursos separados por uma pequena área de relêvo granítico serrano, de apenas 18 quilômetros de largura. O encaixamento do Paraíba após a captura foi da ordem de 350-400 metros, enquanto o Tietê aprofundou seu leito muito menos pronunciadamente, tendo ainda sofrido interferências tectônicas que barraram sua saída para oeste e afundaram localmente o assoalho cristalino pré-pliocênico sôbre o qual êle se assentava. mentos lacustres referíveis aos das camadas argilosas inferiores da bacia de Taubatê, poderia estar relacionado ao motivo fundamental de ainda persistirem processos erosivos ou denudacionais na região do Alto Tietê, ao tempo que as lagoas tectônicas da região do vale do Paraíba já constituíam massas d'águas represadas tec-

FOTO n.º 63 — Paisagem da área cristalina situada a noroeste da Bacia de São Paulo, denotando um notável relêvo policíclico. Aí se escalonam e se vinculam a *superfície de São Paulo* (790-830 m), a *superfície intermediária* (Itapecerica-Cotia?), e a *superfície das cristas médias*, representada pela serra da Cantareira. Foto Ab'Sáber, 1953.

FOTO n.º 64 — *A região xistosa de Taipas*, vista dos altos do pico do Jaraguá. Note-se a dominância esmagadora de vertentes convexas, a drenagem dendrítica e as pequenas planícies alveolares. Paisagem de matas secundárias, eucaliptais, pastos e pequenas culturas itinerantes. Colo largo entre a Cantareira e o Jaraguá, aproveitado pela E. F. Santos-Jundiaí. Foto Ab'Sáber, 1952.

tônicamente. Não é impossível, todavia, que tal ausência se ligue apenas às diferenças de intensidade dos processos tectônicos que afetaram as duas regiões; daí condições de escoamento inteiramente diferentes, com abstrução completa no médio vale do Paraíba e obstrução ligeira e moderada no Alto Tietê. O Tietê na região de São Paulo é um rio *antecedente* porque reencontrou sua saída antiga após a barragem tectônica temporária e moderada; o Paraíba, ao contrário, é um rio a um tempo *pós-cedente* e *polígeno*.

A evolução das pesquisas e dos conhecimentos geológicos e paleontológicos nas duas regiões poderá reformar em muito o esquema de interpretação que vimos de esboçar. De qualquer forma, porém, quisemos revolver os conhecimentos acumulados, reclassificando-os para obter um melhor ponto de partida para pesquisas ulteriores.

O quadro geral do relêvo que precedeu a deposição das camadas de São Paulo

Uma análise minuciosa em que se procure estabelecer os quadros de relêvo que precederam de imediato o ciclo deposicional da região de São Paulo, apresenta um interêsse geomorfológico apreciável. Não se trata, evidentemente, de precisar a morfologia de detalhe do teatro de deposição, mas tão sòmente inventariar os elementos de relêvo que já existiam e os que ainda não existiam no conjunto geral do relêvo paulista.

Em primeiro lugar, é preciso considerar que os sedimentos tidos como *pliocênicos* da bacia de São Paulo foram depositados num tempo em que o relêvo do interior de São Paulo já se encontrava em fase de entalhamento muito próxima da atual. Das antigas superfícies de erosão só restavam testemunhos de mais vulto nos maciços melhor resguardados da erosão, assim como algumas balizas inscritas na linha de topos dos terrenos mais resistentes. Um relêvo de formas maturas, oriundo, a um tempo, do rejuvenescimento da superfície das cristas médias e da superfície de Cotia-Itapecerica, dominava os arredores da zona deprimida que iria dar oportunidade à barragem fluvial e ao ciclo deposicional flúviolacustre pliocênico.

Ao tempo da deposição das areias e argilas de São Paulo, os fenômenos de desnudação e circundesnudação pós-cretáceos na porção oriental da bacia sedimentar do rio Paraná já haviam realizado a maior parte de seu trabalho, conformando os alinhamentos de cuestas concêntricas de "front" externo do interior. As escarpas da Mantiqueira e da Serra do Mar já existiam como acidentes tectônicos e topográficos de expressão, embora, possìvelmente, com um recúo e uma dissecação muito menos adiantada do que atualmente. O espigão divisor d'águas Paraíba-Tietê, correspondente a um "stock" granítico resistente, constituía um alinhamento maciço e bem mais proeminente, separando as duas bacias hidrográficas e os dois teatros principais da deposição flúvio-lacustre do Brasil Sudeste.

As longas retomadas de erosão pós-cretácea e pré-pliocênica foram suficientes para ocasionar um rejuvenescimento apreciável e altamente diferencial no dorso dos maciços criptozóicos que circundavam a bacia de São Paulo. Destruiram-se, assim, as superfícies cretácicas e paleógenas, conformando-se um relêvo de montanhas rejuvenescidas, cujas formas eram heterogêneas em relação às formações proterozóicas e um tanto mais homogêneas em relação às formações arqueozóicas, onde se situavam as cabeceiras da drenagem do alto Tietê. O rejuvenescimento forçado por essa fase erosiva pós-cretácea e pré-pliocênica, pôsto que cíclico, fêz com que o nível do leito do Tietê na antevéspera da sedimentação pliocênica restasse encaixado de 400 a 500 metros abaixo do nível das cristas médias de De Martonne, e, pelo menos, a 150 m abaixo do nível de Itapecerica-Cotia.

Na preparação do teatro de deposição das argilas e areias de São Paulo tiveram muita importância as particularidades da erosão seletiva que se fizeram sentir nos maciços antigos regionais durante os soerguimentos pós-cretáceos. A drenagem do Alto Tietê *antecedeu* a deposição das camadas de São Paulo e de há muito possuia uma saída e um certo traçado pré-fixado na direção da bacia do Paraná, rompendo o feixe de estruturas xistosas da série São Roque. Tratava-se de uma rêde hidrográfica que era uma herança do quadro de drenagem centrípeta superimposta traçado para o Brasil Meridional após a deposição das últimas formações mesozóicas da Bacia do Paraná. O Tietê pré-pliocênico se orientava, conseqüentemente, de SE para NW, obedecendo à inclinação geral da topografia, entalhando um tanto oblìquamente o feixe dobrado das formações xistosas da série São Roque. Desta forma, o Tietê da época saía da província arqueozóica, possìvelmente através de adaptações subseqüentes às estruturas antigas, indo, porém, serrilhar, um tanto *apalachianamente,* as formações proterozóicas a fim de ganhar a depressão periférica do interior depois para NW, era facilitado sobremaneira por dois fatos: 1.º) — direção L-W e SE-NW das estruturas xistosas à saída de São Paulo; 2.º) — superimposição hidrográfica pós-cretácea nas bordas da bacia do Paraná, onde as estruturas do embasamento proterozóico eram dominantemente NE-SW. Como a direção geral do vale do Tietê, em seu conjunto, desde os fins do cretáceo, se fixou para WNW, é fácil compreender-se o conflito existente entre as direções estruturais do alto vale e as tendências herdadas pela superimposição dirigida para W e NW. Daí decorreu um encaixamento complexo do rio nos trechos em que êle cruzava os maciços antigos do seu alto vale. Houve como que um jôgo de adaptações às direções estruturais e ao mosaico de diáclases de certas áreas, não desaparecendo, porém, o caráter *epigênico* do conjunto, quer na transposição dos corpos rochosos discordantes, quer no serrilhamento perpendicular de alguns feixes de xistos intercalados a intrusivas pré-devonianas e pós-série São Roque.

Quer-nos parecer, por outro lado, que o fato de se processar na região paulistana uma transição relativamente brusca entre as formações cristalinas tidas entre nós como arqueozóicas e as formações cristalofilianas referenciáveis ao proterozóico, foi decisivo no preparo do *sítio* de deposição das camadas de São Paulo. O entalhamento pós-cretáceo e pré-pliocênico, executado pelo antigo Tietê, sujeitou-se a algumas imposições da litologia regional, criando um compartimento alargado e um tanto deprimido em face do conjunto do relêvo de todo o Alto Tietê. Na região de São Paulo, antes do período deposicional dos fins do terciário deveria existir, segundo indicam os estudos da rêde de drenagem regional

FOTO n.º 65 — O Jaraguá visto dos outeiros e morros baixos da região de xistos e granitos situados entre Taipas e Perus. Área de eucaliptais, pequenas roças e alguns canaviais, localizados em solos de anfibolitos e granitos decompostos. Note-se a presença de morros de nível intermediário (superfície de Cotia-Itapecerica?), na zona que precede os altos picos quartzíiticos do Jaraguá (1.135 m). A diferença altimétrica entre o fundo dos pequenos vales regionais e o alto do Jaraguá varia em média entre 300 e 350 m. O contraste entre as formas das vertentes é particularmente sensível, denunciando as grandes diferenças de alteração e decomposição diferenciais das rochas, ali observáveis. Foto Ab'Sáber, 1952.

e as digitações da sedimentação pliocênica nas bordas da bacia, uma notável área de concentração de pequenos vales, em disposição quiçá alveolar, como sempre sói acontecer em áreas situadas a montante de formações de difícil serrilhamento.

Não havia outra saída para o vale do Tietê pré-pliocênico de que a que hoje pode ser vista entre Barueri e Parnaíba. A Cantareira ao norte e a Serra da Taxaquara a oeste e sudoeste já constituiam os confins de um largo funil para a drenagem do Alto Tietê na região. E foi, a nosso ver, essa disposição da drenagem pré-pliocênica na forma de um leque irregular, à altura da região de São Paulo, que contribuiu para rebaixar as plataformas interfluviais dos vales secundários, criando a falsa impressão de uma superfície de erosão local. Ao contrário, o conjunto do relêvo denotava acentuados traços de maturidade, apenas com rebaixamento local dos interflúvios nessa área de concentração hidrográfica.

Os falhamentos que se intercruzaram na região, pelos fins do terciário, iriam completar os fatôres responsáveis pela gênese da bacia, deformando o relêvo imediatamente anterior e forçando a barragem fluvial do Tietê, nesse ponto estratégico para a formação de uma pequena bacia sedimentar flúvio-lacustre.

Pode-se dizer, portanto, que o assoalho que serviu de base à sedimentação das camadas de São Paulo correspondeu, inicialmente, a um vasto compartimento alveolar irregular, esculpido pela drenagem antiga do Tietê na zona de transição entre as formações árqueo e proterozóicas da região de São Paulo. Entretanto tal área de relêvo, por si só, nunca teria sido capaz de dar origem a uma sedimentação do tipo daquela que caracteriza a bacia de São Paulo. Nem mesmo a interferência de páleo-climas especiais poderia justificar a pilha de 150 a 200 metros de sedimentos argilo-arenosos, alojados profundamente na bacia de São Paulo.

O fato que decretou a generalização e o espessamento da sedimentação flúvio-lacustre na região, como veremos, foi a interferência de fôrças tectônicas, através de falhas locais, algumas das quais fossilizadas pela própria expansão da sedimentação, e outras, laterais ou frontais, que em, conjunto, barraram as águas do Tietê pré-pliocênico. Os vales antigos que se concentravam na região foram os primeiros a servir de teatro para a sedimentação, assim como, aparentemente, algumas minúsculas fossas tectônicas de subsidência gradual e restrita. Tais depressões pioneiras, hoje localizadas abaixo de 650 metros, nas porções centrais da bacia, foram inteiramente preenchidas nos primeiros episódios deposicionais flúvio-lacustres, sendo depois ultrapassadas por um transbordamento extensivo, que criou uma verdadeira bacia sedimentar de água doce na região, estendendo-se continuamente desde as faldas da Cantareira até o maciço do Bonilha e interpenetrando-se remontantemente pelos vales tributários.

10. A EVOLUÇÃO PÓS-PLIOCÊNICA DA BACIA DE SÃO PAULO E A ELABORAÇÃO DO RELÊVO ATUAL

O entalhamento da bacia de São Paulo e seu caráter epicíclico

Com a reorganização da drenagem do Alto Tietê para noroeste, após a cessação das causas que determinaram a sedimentação flúvio-lacustre regional, iniciou-se o entalhamento dos depósitos ali acumulados. O Tietê, o Pinheiros e seus afluentes passaram a erodir parcialmente os sedimentos que êles próprios tinham ajudado a depositar. Entretanto, a história do encaixamento hidrográfico na bacia não foi tão simples quanto se poderia supor.

Inicialmente, ao que parece, o Tietê, o Pinheiros e o Tamanduateí, na categoria de cursos superimpostos e provàvelmente pouco ramificados, aprofundaram seus leitos por algumas poucas dezenas de metros, definindo os principais eixos dos vales regionais. A superimposição parece ter-se efetuado a partir de um nível topográfico equivalente a 830-840 m, enquanto o primeiro encaixamento parece ter-se efetuado até o nível de 765-770 m. Cedo estabeleceu-se na região uma paisagem de tabuleiros rasos alternados por largas calhas aluviais, ao mesmo tempo que uma alongada plataforma interfluvial se esboçava entre o vale do Pinheiros e o do Tietê. Sucessivas retomadas de erosão posteriores, forçadas por movimentos epirogênicos e variações hidrológicas, contribuiram para terracear a bacia, segundo o eixo dos vales pré-estabelecidos.

Na comprovação do caráter epicíclico do entalhamento da bacia de São Paulo, grande é o significado que damos ao meandro encaixado do Tietê, na região do morro de São João, ao norte de Osasco. Baseados na aplicação das leis de formação dos meandros incisos, é possível reconhecer na região um entalhamento a partir do nível de antigos meandros divagantes, balizado grosso modo pelo tôpo do morro de São João, que está situado a 50 m abaixo do nível das colinas mais elevadas da bacia de São Paulo. Êsse fato é suficiente para comprovar que durante o entalhamento da bacia houve fases de equilíbrio temporário para o perfil do Alto Tietê, com alargamento das calhas aluviais pretéritas e divagação do leito do rio. O Tietê, em alguns pontos, teria perdido relação com as estruturas, chegando a divagar até mesmo por sôbre formações cristalinas, em pontos mais apertados do vale, situados a jusante de sua confluência com o Pinheiros. Quando das retomadas de erosão posteriores, enquanto os meandros sotopostos ao terciário se encaixaram em largas calhas, o meandro situado sôbre os gnaisses encaixou-se por inteiro, controlado pelas direções da xistosidade e das fraturas.

Ao nível atual de 745-750 metros formaram-se as mais largas e aperfeiçoadas calhas aluviais no interior da bacia em entalhamento, restando oportunidade para o estabelecimento do principal nível de terraços observável na região (Ab'Sáber, 1952-53). Posteriormente a isso, houve extensiva e relativamente profunda retomada de erosão, responsável pelo recortamento dos níveis anteriormente estabelecidos. O leito dos rios aprofundaram-se de 20 a 25 m abaixo do nível intermediário principal, dando oportunidades para novo ciclo deposicional flúvio-aluvial entre 722 e 730 m. Os depósitos de cascalheiros, então formados, restaram embutidos nos desvãos principais do nível intermediário, mormente próximo da confluência dos rios afluentes com os rios principais da região.

Próximo da fase de transição entre o pleistoceno recente e o holoceno, os rios regionais encaixaram-se novamente sôbre os depósitos de cascalhos, atingindo níveis inferiores a 718 m passando quase que imediatamente a formar as extensas calhas aluviais atuais dos rios regionais. Várzeas largas e alongadas vieram ocupar os novos desvãos estabelecidos no dorso dos cascalheiros e das colinas terciárias terraceadas mais baixas.

Desta forma, enquanto no plioceno houve tão sòmente prolongada fase deposicional flúvio-lacustre, durante o pleistoceno dominaram processos erosivos epicíclicos, responsáveis pelo entalhamento e pelo terraceamento da bacia anteriormente formada.

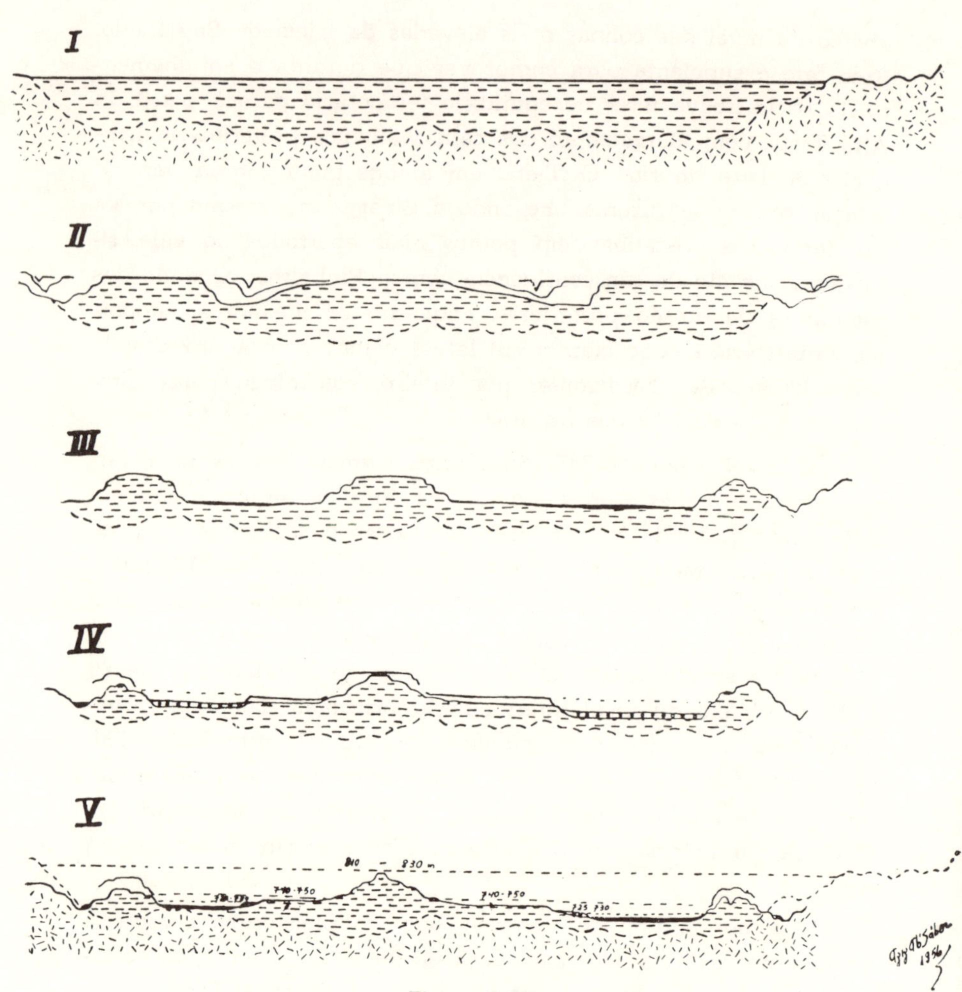

Figura n.º 31.

ESQUEMA DA EVOLUÇÃO PÓS-PLIOCÊNICA DA BACIA DE SÃO PAULO.

I — A bacia de São Paulo ao término da sedimentação pliocênica. Secção NE-SW da porção central da bacia, através de reconstrução imaginária.

II — Início do entalhamento na bacia de São Paulo: superimposição do Tietê e Pinheiros e seus afluentes principais.
cascalhos, areias e aluviões nas novas calhas recém-estabelecidas. Embrião dos

III — Formação de vales largos entre as plataformas interfluviais principais. Embrião do nível de terraços intermediários atuais.

IV — Reentalhamento dos vales anteriormente formados, com estabelecimento de novas calhas largas à margem direita do Tietê e esquerda do Pinheiros. Deposição de baixos terraços regionais.

V — Retomada de erosão lateral (margem direita do Tietê e esquerda do Pinheiros). Destruição parcial das aluviões antigas e formação das planícies atuais. Redução da largura da plataforma interfluvial principal (Espigão Central). Esquema atual do relêvo e estrutura.

As crostas limoníticas superiores das colinas paulistanas e a conservação parcial das plataformas interfluviais originais

Não fôsse a existência de camadas resistentes, oriundas de epigêneses litológicas, nas camadas superfícies da bacia de São Paulo, e provàvelmente os níveis originais das plataformas interfluviais principais teriam sido rebaixados com muito maior facilidade. Realmente, as crostas limoníticas, que se formaram na superfície da antiga planície flúvio-lacustre plio-pleistocênica, exerceram decisivo papel de camadas resistentes ao entalhamento das vertentes, mantendo altos espigões de tôpo aplainado no interior da bacia. Tais plataformas interfluviais elevadas não teriam podido reter a marcha das fôrças erosivas, caso não contassem com a couraça eficaz das crostas limoníticas.

Lembremos que tais crostas se formaram durante o período mais ou menos estático em que se processou o término da deposição flúvio-lacustre na região, e exatamente no momento que precedeu o reinício das atividades erosivas na bacia recém-formada. Um clima de estiagens mais longas e períodos chuvosos restritos, teria sido suficiente para garantir a existência de processos iluviais, capazes de determinar a concentração de óxidos de ferro nas grosseiras areias fluviais das camadas superiores da bacia. Mormente nas áreas onde o embasamento cristalino estava relativamente próximo da superfície, as águas percolantes subterrâneas dissolveram os sais minerais das rochas em decomposição, forçando sua ascensão durante as estiagens mais longas.

Muito embora as crostas limoníticas a êsse tempo geradas não tenham sido contínuas e nem de nível altimétrico constante, elas formaram um encouraçamento suficiente para retardar o progresso da erosão das vertentes. Daí as plataformas interfluviais, outrora mais largas e não atacadas por drenagens dentríticas, terem sobreexistido até o momento atual. Note-se que o caráter epicíclico do entalhamento regional contribuiu também para preservar os níveis originais das plataformas divisoras, já que retardaram o escavamento e a ramificação da drenagem regional.

Os traços de juventude que se podem vislumbrar em algumas das mais altas plataformas interfluviais da região de São Paulo,

FOTO n.º 66 — *Crostas limoníticas e camadas concrecionárias*, de arranjo complexo e anômalo, existentes na borda norte-oriental da Bacia de São Paulo (Via Presidente Dutra, entre Guarulhos e Arujá). Trata-se de um tipo de epigênese litológica, cuja pedogênese ainda está por ser esclarecida. Foto Ab'Sáber, 1953.

FOTO n.º 67 — *Crostas limoníticas* situadas nas altas colinas que medeiam Ermelino Matazarro e São Miguel (antiga rodovia Rio-São Paulo). Ocorrências referidas por Chester Washburne como estruturas dobradas, observação errônea já discutida por Josué Camargo Mendes (1943). Foto Ab'Sáber, 1951.

só podem ser explicadas pelas razões atrás aludidas. Na realidade, as colinas mais elevadas da região de São Paulo podem ser consideradas como pertencentes ao estágio da maturidade, dentro do ciclo erosivo pós- pliocênico da bacia. E' tão sòmente a horizontalidade geral das camadas flúvio-lacustre regionais, aliada à ação mantenedora das crostas limoníticas superiores e ao caráter epicíclico marcante do entalhamento regional, que nos explicam a preservação relativa das plataformas interfluviais do sistema de colinas da região de São Paulo.

A evolução das vertentes nas colinas paulistanas

A região de São Paulo presta-se admiràvelmente para a exemplificação de um caso de evolução de vertentes em áreas de terraços fluviais embutidos. Tratando-se de uma região de terraços fluviais com cascalheiros (*fill terraces*), embutidos em níveis escalonados de terraços destituídos de capeamento aluvial (*strath terraces*), a região de São Paulo apresenta colinas terraceadas e sulcadas por vales afluentes, incisos nos principais níveis de terraços. Devido ao caráter epicíclico do entalhamento pós-pliocênico e, em função de sucessivas paradas e retomadas da erosão, criou-se um relêvo *sui generis*, com relativa variedade de formas.

Iniciada a superimposição hidrográfica do Tietê, Pinheiros e seus afluentes principais, sôbre as camadas superiores da bacia recém-formada, houve sucessivas paradas de erosão, as mais altas das quais parecendo corresponder, respectivamente, aos níveis de 760-770 m e a 745-750 m. Daí o escalonamento de altos e médios patamares nas encostas do Espigão Central das colinas paulistanas. Os afluentes do Tietê e Pinheiros, com suas nascentes nas abas do alongado espigão divisor, estenderam-se gradual e cìclicamente para os lados, entalhando os patamares intermediários, à medida que o Tietê e o Pinheiros se encaixavam e tendiam a abrir o grande leque geral de seu ângulo de confluência interna.

Cada fase periódica de alargamento das calhas aluviais pretéritas, hoje transformadas em patamares de morros e terraços (de tipo "strath terraces"), era marcada por um arrefecimento no processo de encaixe dos pequenos rios afluentes. As retomadas de erosão, imediatamente posteriores, por seu turno, obrigavam a uma extensão dos canais de escoamento dos rios afluentes, terraceando os níveis parciais recém-criados. Uma boa parte do médio vale dos rios afluentes sofria também os efeitos do terraceamento, pôsto que de modo mais restrito, tal como se pode observar nos estreitos e descontínuos patamares intermediários que acompanham as vertentes dos vales do Anhangabaú, Itororó e Pacaembu.

Pudemos observar no médio vale superior do Pacaembu que os perfis convexos exibidos pelos esporões curtos que se destacam das vertentes terraceadas, só parecem ter-se formado a partir do estabelecimento do nível intermediário de 750 m. E' possível que, sòmente a partir da formação dêsse nível intermediário, se tenha iniciado a suavização das encostas na forma mamelonar típica, tão bem expressas *in totum* nas vertentes dos outeiros e morros baixos cristalinos que envolvem a bacia de São Paulo.

A despeito de serem muito menos convexos que os perfis das encostas dos morros e outeiros esculpidos em formações cristalinas, é possível observar-se uma relativa tendência para a suavização e arredondamento das vertentes das colinas mais íngremes da região de São Paulo. A rigor não se pode dizer que existam vertentes concavas típicas em qualquer ponto das colinas paulistanas. Apenas as rampas suaves que separam os altos patamares erosivos e estruturais das colinas paulistanas aparentam um perfil ligeiramente côncavo. Seguindo-se, por exemplo, o perfil das avenidas que vão ter à Avenida Paulista, transpõem-se uma série de patamares escalonados separados entre si por rampas dispostas em plano inclinado, podendo o conjunto do relêvo aparentar feições locais de vertentes côncavas. Entretanto, trata-se de um fato ilusório.

O recortamento maior das colinas paulistanas é observável exatamente nas áreas de concentração dos pequenos riachos que saem das altas vertentes do Espigão Central. Em alguns pontos, tôda a área de concentração da drenagem encaixou-se pronunciadamente, retalhando em excesso os níveis intermediários. Na avenida Nove de Julho, pouco antes do túnel, há um belo exemplo dêsse fato, sendo digno de nota a variedade local do relêvo, criada pelo retalhamento epicíclico das vertentes.

E' fácil concluir-se que durante a formação do nível de 745-750 m ao longo do vale do Tietê, houve interpenetração profunda do alargamento das calhas aluviais pretéritas pelos vales afluentes, restando oportunidade para uma extensão do terraceamento pelos vales secundários principais da região. Daí a explicação do encaixe generalizado posterior à formação do nível intermediário das colinas paulistanas. Nas grandes calhas do Tietê e Pinheiros houve uma incisão pronunciada dos cursos principais, enquanto que todos os seus afluentes, de maior capacidade de entalhamento, executaram incisões pronunciadas ao longo de seus médios vales, o que é um fato perfeitamente normal dentro das leis da erosão fluvial cíclica. Digno de nota, entretanto, como fato particular da região, é a extensividade da retomada de erosão até áreas situadas próximas da bacia de captação de águas dos rios afluentes principais, como se pode observar nos altos cursos do Itororó e Pacaembu.

A assimetria das vertentes ao longo dos dois principais vales da região de São Paulo (Tietê e Pinheiros)

A flagrante assimetria de vertentes apresentada pelos vales do Tietê e Pinheiros merece consideração à parte nos estudos sôbre o modelado das encostas na região de São Paulo.

O fato de os patamares escalonados estarem situados de preferência no sistema de colinas situado no grande ângulo interno de confluência dos dois principais rios da região, lembra imediatamente uma tradicional tendência dos rios para se abrirem em leque, em sua zona de confluência, quando sujeitos a estímulos epirogênicos. Não há, no fundo, nenhuma anormalidade, portanto, nessa assimetria dos vales regionais, já que a vertente direita do Tietê e a esquerda do Pinheiros representam em conjunto como que um grande anfiteatro de escavação dos dois principais rios confluentes que entalham a bacia de São Paulo. Na região de São Paulo, quando se processaram as fases principais do aluvionamento houve uma grande preferência para as áreas internas do grande ângulo de confluência dos dois principais rios regionais; e, ao contrário, quando das retomadas de erosão epicíclicas, o canal situado a jusante dos pontos de confluência se estendeu, repuxando para frente os dois cursos confluentes e obrigando-os a se encostar para a direita e esquerda, respectivamente.

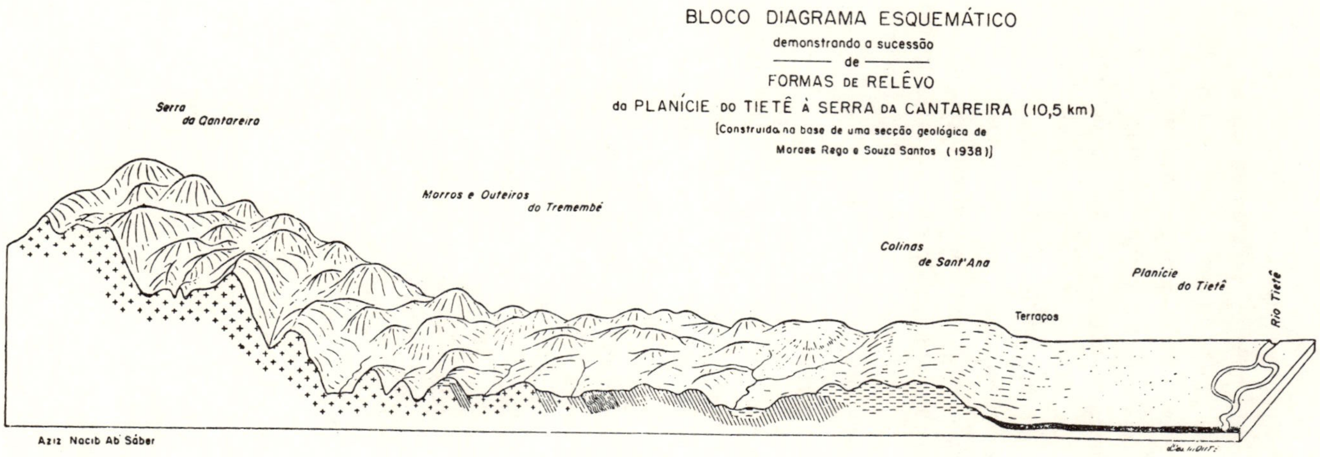

BLOCO DIAGRAMA ESQUEMÁTICO
demonstrando a sucessão
de
FORMAS DE RELÊVO
da PLANÍCIE DO TIETÊ À SERRA DA CANTAREIRA (10,5 km)
(Construida na base de uma secção geológica de
Moraes Rego e Souza Santos (1938))

Serra
da Cantareira

Morros e Outeiros
do Tremembé

Colinas
de Sant'Ana

Terraços

Planície
do Tietê

Rio Tietê

Aziz Nacib Ab'Sáber

Figura n.º 32.

Disso resultou aquêle visível escalonamento de níveis intermediários nas colinas do ângulo interno de confluência e também aquela aparente constância de altas encostas nas primeiras colinas de além-Tietê e além-Pinheiros. Em muitos pontos restritos, porém, como já fizemos notar, é possível reconhecer-se resíduos dos níveis intermediários nessas áreas situadas no ângulo externo de confluência.

Houve entretanto, um outro fator, de caráter estrutural, que acentuou sobremaneira a assimetria das vertentes dos dois principais vales da região. Trata-se da menor espessura das camadas terciárias nas bordas da bacia, fato que redundou em um entalhamnto epigênico complexo para os vales do Tietê e Pinheiros. Inicialmente tais vales nasceram por superimposição direta no dorso superior das camadas flúvio-lacustres regionais. A partir da formação dos níveis intermediários superiores, porém, aquêles rios já encontraram a ossatura do embasamento cristalino, em muitos pontos, e, ao se abrir em leque, entalharam mais o cristalino que o próprio terciário. Levando-se em conta a forte decomposição do cristalino nos últimos tempos do pleistoceno e no holoceno, compreendem-se bem as razões dúplices das grandes diferenças de formas e rupturas de declive nas duas margens do Tietê e Pinheiros. Um perfil topográfico e uma secção geológica do morro do Morumbi ao Aeroporto de Congonhas põem em evidência perfeitamente os fatos que vimos de aludir, já que na margem direita do Pinheiros dominam exclusivamente formações pliocênicas, enquanto na vertente esquerda os outeiros e morros baixos de vertentes mais íngremes e arredondadas possuem afloramentos de micaxistos e gnaisses até suas encostas superiores, restringindo-se o terciário ao tôpo das colinas mais elevadas (790-810 m).

E' de se notar também que ao longo dos rios afluentes, tais como o médio Pirajuçara e o médio Aricanduva, o encaixamento posterior à formação do nível de 745-750 m, foi marcadamente direcional. Ali, os rios, em resposta a tôdas as retomadas de erosão epicíclicas, procuraram encostar-se à linha mais frágil representada pelo contacto entre o cristalino e as indentações de sedimentos terciários que penetravam aquêles vales.

FOTO n.º 68 — *Um documento sôbre as variações paleoclimáticas modernas nos arredores da Bacia de São Paulo* (vale do Jundiaí, à montante da serra do Quilombo). Trata-se de um matação de granito róseo, envolvido por seixos, de 5 a 20 cm de diâmetro, pertencentes a um baixo terraço fluvial. Tais seixos sub-angulosos de quartzito, com certeza foram retirados dos piemontes detríticos dissecados da serra d Japí e retrabalhados pelo rio Jundiaí. Quando o cascalheiro envolveu o aludido "boulder", êle devia se comportar como uma grande bola granítica quase que inteiramente compôsto de rocha fresca. Hoje, a decomposição progrediu de 30 a 40 cm ao derredor do "boulder" e os seixos estão em contacto direto com material argilo-arenoso reduzido por decomposição posterior. Foto Ab'Sáber, 1951.

No caso do Tamanduateí, temos um exemplo de assimetria também expressivo: quem desce a ladeira do Carmo ou a rua Tabatinguera, na direção da Moora e do Brás, percebe imediatamente que as várzeas e os baixos terraços escalonados estão restritos tão sòmente à margem direita do tradicional vale, enquanto ladeiras íngremes descem as encostas do espigão secundário que se prolonga em forma de península afunilada na direção do vale do Tietê. Aquela série de ladeiras tradicionais que tão bem caracterizam a paisagem do núcleo urbano mais antigo de São Paulo, constituem expressões topográficas relacionadas com a margem de ataque do rio Anhangabaú. E' fácil compreender-se que em face da drenagem geral da bacia hidrográfica do Alto Tietê, a margem preferencial de escavamento é a esquerda, em casos normais. Daí a assimetria local, bastante pronunciada, do médio vale do Tamanduateí, que ao se entroncar no Tietê tende a se envergar para oeste, repuxando todo o seu curso para a vertente esquerda. E' de se notar que tal tendência para escavar mais uma das vertentes só deve ter se manifestado durante o processo de incisão do vale após a formação dos níveis intermediários, mesmo porque atualmente as grandes várzeas regionais mascaram o mecanismo do processo que elaborou o relêvo das vertentes regionais. Em outras palavras, a assimetria das vertentes do médio Tamanduateí foi criada durante as retomadas de erosão posteriores à formação dos níveis de 760-770 m e 745-750 m, tendo-se manifestado também após a formação dos terraços aluviais de nível da Mooca e Brás. Daí não encontrarmos expressões de tais terraços nos flancos inferiores da vertente esquerda do aludido vale.

Por fim, restaria acrescentar que na assimetria do médio vale do Tamanduateí, principal afluente do Tietê na região de São Paulo, há a considerar a própria ossatura dos depósitos terciários das colinas situadas em sua vertente esquerda, as quais possuiam uma estrutura mais resistente à erosão fluvial e pluvial do que as colinas das áreas contíguas, dificultando o rebaixamento dos níveis e o entalhamento das vertentes.

O Baixo Aricanduva, na zona que precede as altas colinas do bairro da Penha, representa um caso oposto ao do vale do Tamanduateí, já que ali dominou o encaixamento e a escavação ao longo da vertente direita do vale. Tal fato aparentemente anômalo é explicado entretanto pela influência do contacto entre o terciário e o cristalino na região, como já salientamos. De fato, o Aricanduva, na maior porção de seu curso, encosta a sua margem direita diretamente na base de morros graníticos, pertencentes à face sul do maciço de Itaquera, tendo, por outro lado, sua margem esquerda em contacto com formações terciárias, por uma grande extensão. Tal herança direcional, observável principalmente ao longo de seu curso médio, influi indiretamente, por extensão, até a foz do rio. Temos razões para pensar que a aludida assimetria se iniciou a partir da formação do nível intermediário das colinas paulistanas, que está muito bem expresso nas colinas de altitude média do bairro do Tatuapé. Deve ter sido, portanto, após o estabelecimento do nível de 740-750 m na região, que o Aricanduva se encaixou direcionalmente, forçando o seu faixo curso a obedecer às injunções estruturais imperantes em uma extensão considerável de seu trecho médio. Tal tendência para escavar a margem direita e deixar oportunidade quase exclusiva para o terraceamento da margem esquerda, é bem visível nas baixas colinas e terraços dos bairros paulistanos situados entre o Parque São Jorge e a Vila Maranhão. Realmente, ali todos os baixos e médios terraços estão situados à esquerda do ponto de confluência Tietê-Aricanduva, enquanto a colina da Penha se salienta altaneira na vertente direita.

Formas de exceção no relêvo das altas plataformas interfluviais das colinas terciárias paulistanas

Uma feição curiosa do relêvo de algumas altas colinas terciárias da região de São Paulo é a que Aroldo de Azevedo (1945, pp. 41 e 99) denominou de "falsas cuestas", ao estudar o relêvo dos subúrbios orientais de São Paulo. Conhecendo o caso das cuestas mal definidas da periferia setentrional da bacia de São Paulo, estudadas por Morais Rêgo e Sousa Santos (1938), tivemos nossa atenção voltada para essas novas referências.

No caso não se trata de regiões de *cuestas*, compreendidas como áreas de relevos estruturais esculpidos em camadas monoclinais. Não há ali nem as condições estruturais mínimas para o estabelecimento de um relêvo de cuestas, nem tampouco a rêde de drenagem em treliça que tão bem caracteriza o aludido relêvo. Existem tão sòmente algumas feições ilusórias locais de colinas assimétricas, denotando pela sua linha de silhueta um ligeiro *front* e um reverso mais ou menos bem marcados. Trata-se de arestas resistentes de crostas limoníticas, quando não sejam verdadeiros feixes de crostas

FOTO n.º 69 — **Matacões com formação sub-superficial numa pedreira granítica do maciço de Itaquera (830 m). Note-se o papel essencial da rêde de diaclases na progressão da decomposição esferoidal. Trata-se de uma área de regolito pouco profundo (2-5 m). Foto Ab'Sáber, 1949.**

ferruginosas, capazes de criar microrelevos estruturais no dorso das mais elevadas plataformas divisoras das colinas terciárias regionais.

Tais arestas de formações limoníticas epigênicas foram como que ressalientadas pela ação da erosão pluvial e do intemperismo diferencial. Restringem-se apenas aos divisores mais elevados das áreas onde a limonitização plio-pleistocênica foi mais intensa.

Algumas dessas "falsas cuestas", criadas pela resistência dos feixes de crostas limoníticas, são ligeiramente concêntricas entre si, demonstrando uma ligeira disposição dos leitos de limonita na forma de estruturas bombeadas. Tal disposição, semelhante à que caracteriza as regiões dômicas rasas, favoreceu o aparecimento de discretos *fronts* internos para alguns pequenos conjuntos de "falsas cuestas". Não se trata de estruturas sujeitas a quaisquer deformações tectônicas, mas tão sòmente de leitos de limonita que se formaram por epigênese litológica em suaves colinas arredondadas da fase de peneplanização plio-pleistocênica que afetou a região. A desnudação parcial da abóbada dêsses feixes de crostas duras, dispostos em arcos de suave envergadura, criaram as feições topográficas observáveis no campo. Houve uma evolução em tudo semelhante à que afeta as estruturas dômicas típicas, muito embora sem a intervenção de uma rêde de drenagem centrífuga e anular para a elaboração do relêvo. Apenas a ação conjunta das enxurradas e da desnudação diferencial das rochas interveio na formação das mesmas. Verificou-se aí um caso de influências estruturais secundárias agindo diretamente sôbre a marcha da erosão pluvial.

Trata-se, no caso, de feições topográficas e geomórficas inteiramente diversas das que Morais Rêgo e Sousa Santos (1938) estudaram na região das altas colinas terciárias que precedem a Serra da Cantareira. Tais "falsas cuestas" — expressão feliz de Aroldo de Azevedo que as identificou no campo — comportam-se localmente como verdadeiros baixos-relevos das altas plataformas interfluviais das colinas paulistanas.

Interpretações em conflito sôbre a gênese do nível intermediário das colinas paulistanas (740-750 m)

Os trabalhos dos técnicos em mecânica do solo do Instituto de Pesquisas Tecnológicas de São Paulo guardam especial interêsse para o estudo do nível intermediário das colinas paulistanas.

O referido nível topográfico, observado primeiramente por Afonso A. de Freitas (1929, p. 111), foi como que redescoberto pelos técnicos do I.P.T., através de seus minuciosos estudos de mecânica dos solos na porção central de São Paulo. Independentemente, por meio de nossos estudos sôbre os terraços fluviais da região de São Paulo (Ab'Sáber, 1952-53), atinamos com a existência do referido nível de "strath terraces", interpretando-o, pela primeira vez, sob o ponto de vista geomorfológico.

Em 1945, Milton Vargas e Glauco Bernardo, estudando o solo do centro da cidade de São Paulo, chegaram à conclusão de que "as camadas terciárias de São Paulo deveriam ter atingido uma peneplanização (*sic*) em cota entre 740 e 750 m, antes de sofrerem a erosão formadora da topografia atual; essa cota é, aproximadamente, a do nível dos cumes dos espigões atuais (*sic*). "Muito embora sem pretender realizar estudos espeċificamente geomorfológicos, os autores da pesquisa sôbre o solo do centro de S. Paulo tinham atinado com a existência do nível intermediário das colinas paulistanas, aventando a primeira hipótese sôbre a gênese do mesmo. Usando o têrmo *peneplanização* para explicar um nível de altos terraços, cometiam um injusticável deslise que, forçosamente, os conduziria a uma interpretação errônea do conjunto do relêvo regional. Prova dessa asserção é que mais tarde Milton Vargas (1951), comentando a sua primeira hipótese de trabalho, ponderava que "existência de terciário em cotas mais altas seria explicada por possíveis movimentos tectônicos diferenciais havidos depois de formado o terciário".

Foi nesse trabalho posterior que Milton Vargas, após historiar a evolução do pensamento dos técnicos do I.P.T. sôbre o nível de 740-750 m, reviu as suas idéias anteriores na base de novos estudos sôbre a carga de pré-adensamento das argilas de São Paulo, desta vez seriando os fatos da seguinte forma:

> "O terciário foi formado primeiramente por uma sedimentação violenta, provàvelmente coluvial (*sic*), que deu origem às camadas de argila e areia até a cota 810. Depois disso veio uma grande erosão que abriu os vales do rio Tietê e seus afluentes locais. Houve depois novo ciclo de sedimentação, provàvelmente subaquática, para o qual contribuiu uma grande parte de material de erosão do primeiro ciclo terciário. Essa sedimentação localizada, que forma a parte central da cidade, atingiu, aproximadamente, a cota 760".

Tal interpretação choca-se inteiramente com a nossa própria e tivemos ocasião de debater ligeiramente a questão na Sociedade Brasileira de Geologia (23), quando da apresentação oral do trabalho do Dr. Milton Vargas. Nessas observações sôbre o caráter epicíclico da elaboração do relêvo do Planalto Atlântico brasileiro, na fase pos-pliocenica, fortalece nossa convicção de que após a formação das bacias terciárias de Taubaté e São Paulo passaram a dominar fenômenos erosivos, realizados através de sucessivas paradas e retomadas da erosão fluvial (*epiciclos erosivos*). Dai pensarmos que foi exclusivamente o terraceamento pós-pliocênico que respondeu pela formação do nível de 745-750 m, que pode ser comprovado pela extensão dêsse nível por quase todos os vales principais que entalham a bacia de São Paulo, independente das rochas ou camadas interessadas pelo aplainamento parcial, pós-pliocênico, que deu origem àquele nível de altos terraços. Tais terraços, exibidos pelas colinas terciárias, são também encontrados em pleno cristalino nos arredores da bacia. Por outro lado, nenhuma discordância sedimentar de grande vulto pode comprovar a existência de dois ciclos de sedimentação dentro do próprio terciário. Ao contrário, tudo leva a crer que a sedimentação flúvio-lacustre regional obedeceu a um ciclo completo, sujeito a meros diastemas e a inumeráveis pequenas discordâncias sedimentares, ligadas tão sòmente ao "facies" da sedimentação alternada flúvio-lacustre, lacustre e fluvial.

---

(23) Sessão de 2 de maio de 1951 (São Paulo).

Por outro lado, a única peneplanização local observável na região de S. Paulo é a que nivela o tôpo das altas colinas terciárias do Espigão Central com os outeiros e morros baixos cristalinos que circundam a bacia.

Cremos, por essas razões, que a interessante hipótese de trabalho de Milton Vargas (1951), a respeito da gênese do nível de 745-750 m, baseada exclusivamente no estudo da carga de pré-adensamento das argilas das colinas do centro da cidade de São Paulo carece de uma revisão mais fundamentada em estudos sôbre outras áreas e, sobretudo, na base de um melhor entrosamento com dados geológicos e geomorfológicos. Seu grande mérito, a nosso ver, é o de ter atinado mais uma vez com a existência palpável e indiscutível do nível de 745-750 m, que sob o ponto de vista da geografia urbana paulistana constituiu a base topográfica essencial para a implantação da aglomeração paulistana. Mormente com relação aos pesquisadores que teimam em desconhecer a existência do referido nível de altos terraços, as observações de Vargas e Bernardo (1945) e Vargas (1951) constituem um excelente documentação. Trata-se tão sòmente da constatação de um fato, muito embora sôbre o mesmo possam existir interpretações em conflito, como em tôda a ciência.

Aspectos dos fenômenos desnudacionais pós-pliocênicas na bacia de São Paulo

Tendo realizado estudos sôbre os processos de desnudação e circundesnudação nas grandes bacias sedimentares brasileiras (Ab'Sáber, 1949), é justo que tenhamos, também, a nossa atenção voltada para o mecanismo dos processos desnudacionais em uma pequena bacia sedimentar moderna, como é a da região de São Paulo.

O caráter flúvio-lacustre da bacia de São Paulo determinou uma distribuição espacial bastante irregular para as camadas de areias e argilas regionais. Não se trata aqui, pròpriamente, de uma bacia de tipo clássico, suficientemente ampla e regular para condizer com os ditames mais gerais do conceito geológico de uma *bacia*. Ao contrário, trata-se de uma pequena bacia sedimentar, de tipo muito especial, cuja origem está ìntimamente associada à ação de

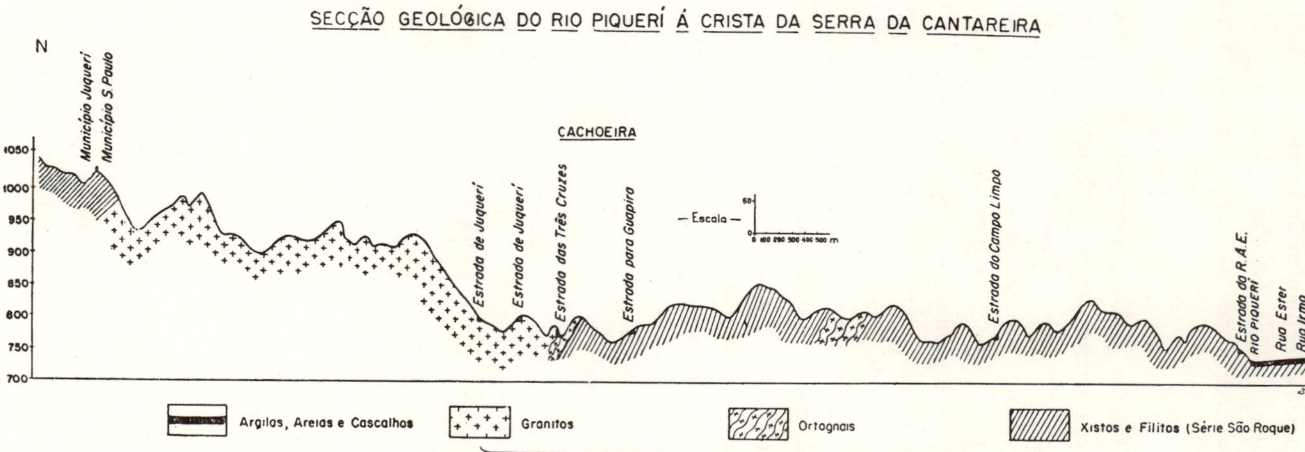

SECÇÃO GEOLÓGICA DO RIO PIQUERÍ Á CRISTA DA SERRA DA CANTAREIRA
N
S
Município Juqueri
Município S. Paulo
CACHOEIRA
Estrada de Juqueri
Estrada de Juqueri
Estrada das Três Cruzes
Estrada para Guapira
— Escala —
Estrada do Campo Limpo
Estrada da R.A.E.
RIO PIQUERI
Rua Ester
Rua Irma
Tramway Cantareira
1050
1000
950
900
850
800
750
700
Argilas, Areias e Cascalhos
Granitos
Ortognais
Xistos e Filitos (Série São Roque)
— Holoceno —
— Pre - Devoniano —
(Proterozoico (?))
Reproduzido de MORAES REGO e SOUZA SANTOS (1938)

Figura n.º 33.

barragem tectônica moderada de trechos de drenagens antecedentes de um compartimento de planalto. Desta forma, inúmeras são as irregularidades que marcam a geometria tridimensional da seqüência de camadas que compõem a pequenina bacia. Não há uma disposição periclinal bem marcada para o conjunto dos estratos da mesma, sendo que o razoável centripetismo regional da rêde de drenagem pós-pliocênica é mais uma herança da situação topográfica das camadas ao fêcho do ciclo deposicional regional, do que pròpriamente uma conseqüência da inclinação geral das camadas da periferia para o centro da bacia.

E' possível reconhecer-se eixos variados no fundo da bacia e, um ou mais, pequeninos fossos basais entulhados e ocultos pelos sedimentos lacustres e flúvio-lacustres. Na realidade, temos uma área mais ampla de sedimentação, em posição intermediária, que exerce o papel de largo tampão para as formações basais, ultrapassando em muito os limites das mesmas e interpenetrando-se pelos principais vales antecedentes que alimentavam a bacia. Por fim, haveria oportunidade de lembrar que uma cobertura ainda mais larga e delgada, hoje quase que inteiramente desnudada, se estendia por grandes áreas na região do Alto Tietê. Essas camadas superiores, em conjunto pouco espêssas, porém de base extremamente irregular, deveria abranger tôda a bacia, dos sopés antigos da Cantareira até o maciço do Bonilha e o maciço de Cotia.

Frente a essa distribuição irregular dos sedimentos nos diversos compartimentos internos da bacia, os fenômenos de desnudação marginal não poderiam ter-se processado com aquela regularidade costumeira observável nas grandes bacias sedimentares do Planalto Brasileiro. A bacia de São Paulo não é uma simples miniatura daquelas bacias, mas um caso particular de pequena bacia flúvio-lacustre situada em um compartimento de planalto cristalino acidentado.

Examinando-se o quadro das relações entre o relêvo e a estrutura na periferia da bacia sedimentar paulistana, verifica-se que os fenômenos de desnudação periférica foram, aí, muito restritos. Poucas foram as áreas que puderam favorecer o estabelecimento de depressões periféricas subseqüentes em tôrno da pequenina e ir-

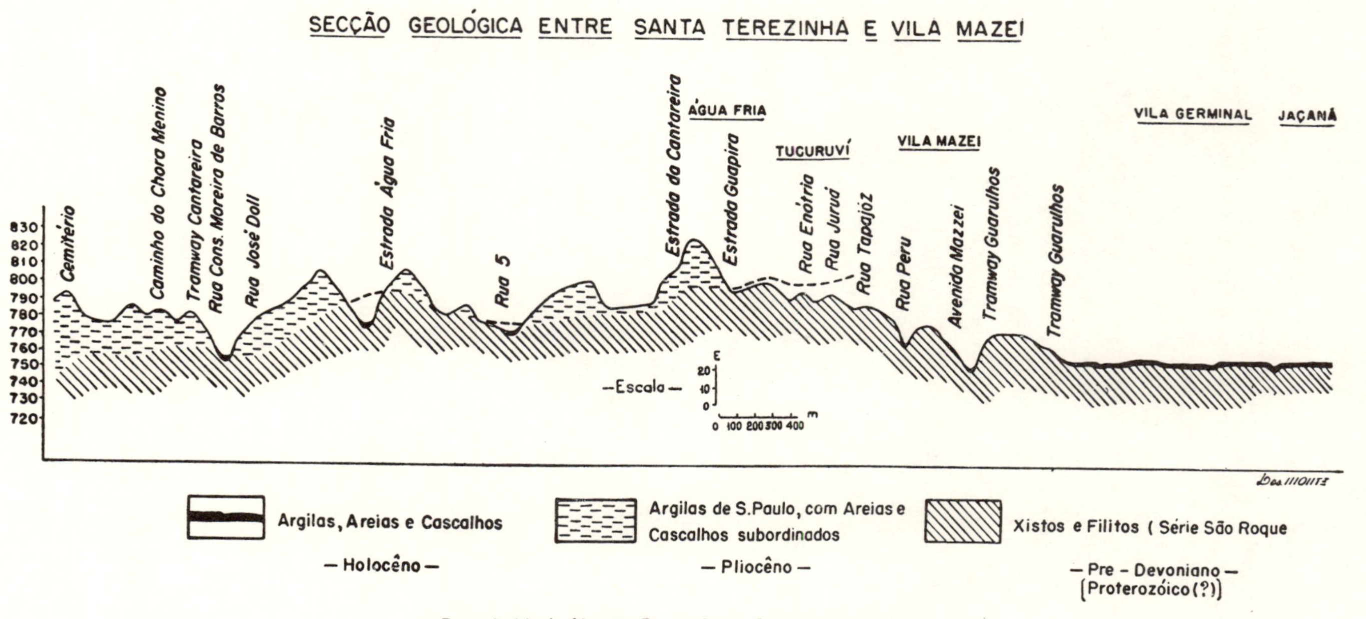
SECÇÃO GEOLÓGICA ENTRE SANTA TEREZINHA E VILA MAZEI
830
820
810
800
790
780
770
760
750
740
730
720
Cemitério
Caminho do Chora Menino
Tramway Cantareira
Rua Cons. Moreira de Barros
Rua José Doll
Estrada Água Fria
Rua 5
Estrada da Cantareira
ÁGUA FRIA
Estrada Guapira
TUCURUVÍ
Rua Enótria
Rua Juruá
Rua Tapajóz
VILA MAZEI
Rua Peru
Avenida Mazzei
Tramway Guarulhos
Tramway Guarulhos
VILA GERMINAL
JAÇANÃ
—Escala—
m
20
10
0
0 100 200 300 400
m
Argilas, Areias e Cascalhos
— Holocêno —
Argilas de S.Paulo, com Areias e Cascalhos subordinados
— Pliocêno —
Xistos e Filitos (Série São Roque
— Pre - Devoniano —
(Proterozóico(?))
— Reproduzido de Moraes Rego e Souza Santos (1938) —

Figura nº 34.

regular bacia. Observa-se logo que as indentações marginais dos sedimentos que preenchem o eixo de vales pré-pliocênicos não puderam favorecer os processos de desnudação marginal.

A delgada capa superior de sedimentos terciários, formada ao fim do ciclo de deposição flúvio-lacustre regional, é que parece ter sido a única a sofrer uma desnudação mais generalizada na periferia da bacia. Tais camadas superiores, removidas quase que por completo, podem ser evidenciadas pelos inúmeros casos de epigenia existentes nas margens da bacia de São Paulo, assim como por uma série de pequeninos testemunhos encontrados diretamente sôbre o dorso das formações cristalinas que circundam a porção central da bacia.

Morais Rêgo e Sousa Santos (1938), em seus estudos sôbre a Serra da Cantareira e a porção setentrional da bacia de São Paulo — pesquisas que já se vão tornando clássicas — observaram bem as questões ligadas à desnudação marginal naquela área. São palavras suas: "A influência do capeamento terciário se realizou pela facilidade da desnudação segundo a superfície de contacto. As camadas terciárias foram desnudadas ao longo do contacto, para criar vasta (*sic*) depressão periférica. — Entre essa depressão e o eixo do vale permaneceram camadas terciárias, em *cuestas*".

E' indiscutível a presença de pequenos vales subseqüentes, de extensão restrita, na porção norte da região de São Paulo, entre os granitos da Serra da Cantareira e as altas colinas terciárias do bairro da Capela do Alto. As próprias anomalias de drenagem dos rios Piqueri e Cabuçu-de-Cima se devem exclusivamente à marcha dos fenômenos de desnudação marginal naquele setor da bacia de São Paulo. Entretanto, a pequena inclinação dos estratos para o sul e a falta de alternância de camadas resistentes na seqüência geral dos mesmos foram responsáveis por um modelado suave nas encostas das aludidas colinas. Não há um *front* de cuesta, suficientemente nítido como fizeram crer os autores citados, assim como não se destaca um reverso bem característico para a contravertente das mesmas. Apenas alongados espigões tabuliformes, mantidos na maior parte das vêzes por crostas limoníticas, se desdobram para o sul até às colinas de Santana e da Casa Verde, deixando de existir aquêle feições geomórficas e de condições estruturais indispensáveis para o estabelecimento de um relêvo de cuestas típicas.

Nas outras áreas da periferia da bacia de São Paulo são mais raros ainda os arranjos de relêvo, estrutura e drenagem, semelhantes aos que Morais Rêgo e Sousa Santos constataram e descreve-Paulo, não houve grande oportunidade para a realização de fenômenos de circundesnudação, a despeito dêsses raros exemplos de pequeninos vales subseqüentes situados em áreas restritas das margens da bacia e próximos de áreas de relevos cristalinos mais acidentados e elevados. Ao contrário, na região houve um predomínio de processos desnudacionais realizados pelo entalhamento vertical epicíclico dos vales e pelo retalhamento concomitante das vertentes.

Nas indentações de terrenos terciários que acompanham o eixo de vales pré-pliocênicos, os rios que aí se superimpuseram aos depósitos terciários, via de regra adquiriram traçado direcional, encaixando-se nas áreas de contacto entre o cristalino e o terciário. Desta forma, através de um terraceamento cíclico, determinaram a desnudação gradual dos depósitos situados ao longo dos aludidos vales.

Em conjunto, não há a negar, houve uma espécie de *interdesnudação* na bacia sedimentar paulistana, que sobrepujou em todos os sentidos a marcha dos fenômenos de desnudação marginal. Quando se faz uma secção geológica e topográfica da Serra da Cantareira ao maciço do Bonilha, pode-se observar bem a veracidade dessa afirmação. O molde interno do perfil construído nos dá uma idéia da massa de sedimentos terciários desnudados ao longo dos grandes vales regionais. Tem-se a impressão grosseira de que aproximadamente a metade dos sedimentos originais da bacia foi removida pela ação conjunta dos fenômenos desnudacionais pós-pliocênicos.

Traços de uma peneplanização local quaternária nas abas continentais da Serra do Mar

A quantos fôr dada a oportunidade de realizar observações geomorfológicas no reverso continental da Serra do Mar, na zona hoje atravessada pela Via Anchieta, será possível a constatação de um caso interessantíssimo de evolução do relêvo em planaltos cristalinos elevados. Ali, em área absolutamente contígua à frente de expansão principal da drenagem atlântica direta, os altos formadores do rio Tietê ainda continuam a conduzir o ciclo vital dos relevos aos extremos da peneplanização, tentando elaborar uma topografia senil em pleno alto da Serra.

Realmente, nas abas continentais da Serra do Mar, após o maciço do Bonilha há evidências de que o ciclo de erosão pós-pliocênico tenha alcançado um adiantadíssimo estádio de desenvalvimento, muito mais acentuado do que aquêle que se conhece para a maior parte da bacia de São Paulo. Enquanto a dissecação da bacia de São Paulo em seu conjunto nos revela traços de uma maturidade plena, nas abas da serra, em área das cabeceiras extremas de alguns pequenos afluentes do Tietê, existem traços iniludíveis de um estágio de senilidade, muito embora em espaço geográfico restrito. Ali, as plataformas interfluviais foram rebaixadas ao extremo, restando uma topografia de baixas colinas cristalinas, ligeiramente terraceadas e dotadas de um mosaico de vales com ligeiras planícies aluviais. Os topos dessas colinas e outeiros rasos situam-se entre 780 e 800 m, enquanto os vales principais estão a 745-760 m. Tal fato nos mostra que a amplitude altimétrica dêsse relêvo gira entre 25 e 50 m, quando não em têrmos ainda menores localmente

O importante a notar é que o nível de 780-800 m, observável nessa região, já nada mais tem a ver com o nível de São Paulo, porque originalmente deveria possuir, quando da formação da bacia de São Paulo, 850-900 m; mesmo porque sem isso a sedimentação flúvio-lacustre do plioceno teria extravasado para a vertente atlântica, com a maior facilidade. Por outro lado, caso não se conceba uma altitude maior para essa área de cabeceira de drenagem, não se pode entender a posição exata das antigas fontes de fornecimento de material detrítico que responderam pela sedimentação pliocênica na região de São Paulo.

Por tôdas essas razões somos levados a identificar, em alguns pontos das abas continentais da Serra do Mar, tratos de peneplanos em fase final de completação, paradoxalmente contíguos às grandes escrapas da Serra do Mar. Está claro que tais superfícies locais nunca se completam e nem poderiam completar-se, devido à

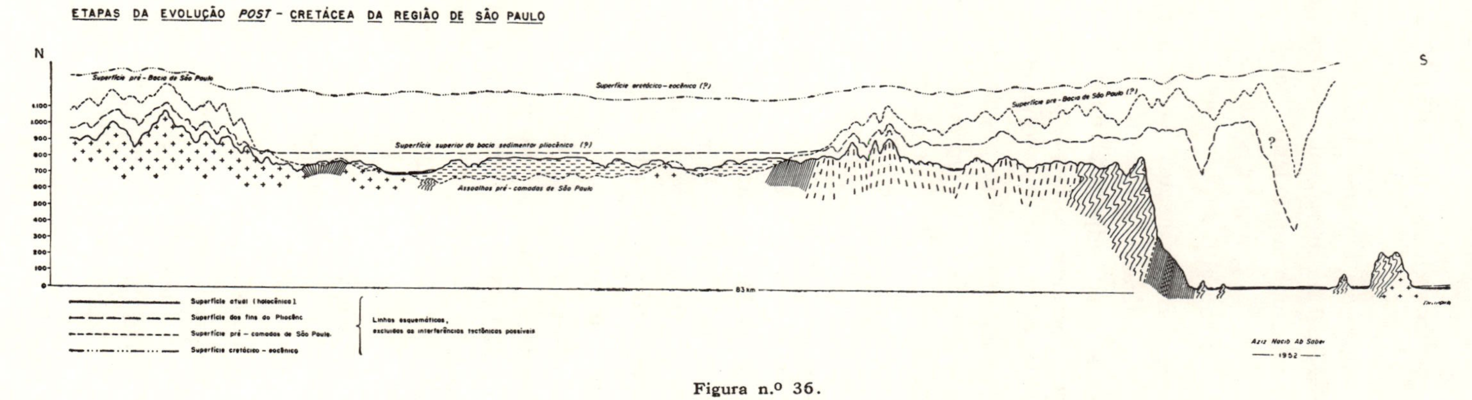

ETAPAS DA EVOLUÇÃO *POST* - CRETÁCEA DA REGIÃO DE SÃO PAULO
N
S
Superfície pré - Bacia de São Paulo
Superfície cretácico - eocênico (?)
Superfície pré - Bacia de São Paulo (?)
Superfície superior da bacia sedimentar pliocênica (?)
Assoalhos pré - camadas de São Paulo
?
1.100
1.000
900
800
700
600
500
400
300
200
100
0
83 km
Superfície atual (holocênica)
Superfície dos fins do Pliocêno
Superfície pré - camadas de São Paulo
Superfície cretácico - eocênico
Linhas esquemáticas,
excluídas as interferências tectônicas possíveis
Aziz Nacib Ab Saber
1952

Figura n.º 36.

interferência persistente da drenagem atlântica da baixada santista que por erosão regressiva, relativamente acelerada, executa sucessivas capturas nos braços extremos dos afluentes do Tietê.

As razões de um rebaixamento tão grande e local devem residir na alta potência das precipitações e na forte capacidade da decomposição das rochas nessa porção da Serra do Mar. Os 4.000 mm de precipitações anuais que afetam a região, aliados à profunda ação regional de intemperismo químico, deram oportunidade para que após o plioceno a região tenha sofrido uma desnudação de quase 100 metros em alguns pontos. Não é de desprezar o fato de que as mais altas colinas cristalinas regionais estejam hoje situadas de 30 a 50 m abaixo do nível das mais altas colinas terciárias do Sumaré. Tem-se, portanto, que recentemente se esboçou uma ligeira eversão ("ausraumgebiet") naquela porção dos maciços antigos que envolviam a bacia de São Paulo. Trata-se de um fato novo a se salientar no estudo da região, fato que, interpretado em novas bases, é capaz de nos explicar o notável caráter de peneplano tido pelas abas continentais da Serra do Mar, em áreas contíguas à região de São Paulo. No caso, não se trata de feições ligadas à superfície das cristas médias, nem tampouco à superfície plio-pleistocênica, mas tão sòmente a níveis locais, muito recentes, embutidos em largos desvãos dessas outras superfícies, mais velhas e mais extensas. Aquela notável enseladura (Denis, 1910; Deffontaines, 1935), de há muito observada pelos geógrafos que observaram as vias de passagem naturais que põem em ligação o litoral ao planalto, entre São Paulo e Santos, nada mais é do que a superfície parcial que vimos de estudar.

O pesquisador que observa o tôpo da Serra do Mar, tendo como mirante qualquer um dos morros do maciço de Santos, percebe claramente o notável aplainamento da linha de cumiada superior da Serra. Na realidade, o que se observa é um relêvo senil, que ainda continua em evolução, ligada à drenagem do interior, exatamente aquela dos rios que dão costas à Serra do Mar e vão desaguar a alguns milhares de quilômetros de distância.

No início de nossas pesquisas na região de São Paulo, escrevendo algumas notas prévias sôbre essas secções de peneplano dos arredores da cidade, cometemos um grave êrro de interpretação ao acenar com a possibilidade de se tratar de "testemunhos flagrantes de uma fase de peneplanização antiga, sustada por fenômenos epirogênicos e tectônicos" (Ab'Sáber, 1949a, p. 85). Aproveitamos o ensejo para refutar aquela nossa observação inicial e introduzir uma nova interpretação, que por muitas razões pensamos ser a que mais condiz com a realidade dos fatos observados.

V — SUMÁRIO DAS CONCLUSÕES

A análise geomorfológica de caráter regional conduz a um sem número de conclusões parciais, de maior ou menor importância científica, que passam a integrar imediatamente o corpo redacional do próprio trabalho em elaboração. Quer na revisão de problemas antigos, quer através de uma seriação de fatos e problemas antigos por meio de novos e mais lógicos roterios de pensamento interpretativo, as conclusões principais ficam distribuídas pelos diversos capítulos dedicados à geomorfogênese. A rigor, êsse é o caso típico do presente estudo. Cumpre-nos, entretanto, destacar seletivamente as conclusões essenciais, de caráter geomorfológico, atingidas pelas nossas pesquisas na região de São Paulo. Juntamos, para tanto, uma pequena lista contendo os fatos de observação e de interpretação, que nos pareceram dignos de maior nota.

1. A região de São Paulo constitui um compartimento de planalto, estabelecido em maciços antigos policíclicos do extremo sudeste do Planalto Atlântico brasileiro, devido à barragem moderna temporária das cabeceiras da drenagem de um rio antecedente, filiado à rêde hidrográfica centrípeta da Bacia do Paraná. Desta forma, comporta-se a região, a um tempo, como bacia sedimentar flúvio-lacustre moderna e superfície de erosão local, relativamente recente, embutida em largos desvãos de antigas superfícies de aplainamento rejuvenescidas.

2. Referido inicialmente por Preston James (1933) e, posteriormente melhor estudado por Morais Rêgo e Sousa Santos (1938), que o identificaram como sendo uma superfície pleistocênica regional, o nível dos 800 m na região de São Paulo é referido pelo autor do presente estudo, em definitivo, como *superfície de erosão de São Paulo*. Em caráter provisório, o autor situa a fase de peneplanização local que coincidiu com o fêcho da sedimentação na região de São Paulo como sendo o *limite plio-pleistocênico* no Planalto Atlântico do Brasil. Visa com isso propor um ponto de partida para as futuras discussões em tôrno do importante problema, ao mesmo tempo que resta coerente com os

princípios paleogeográficos modernos, que tendem a considerar o plioceno como fase dominantemente deposicional e o pleistoceno como fase dominantemente erosiva.

3. O Alto Tietê, segundo classificação do autor, apresenta três secções bem definidas, a montante do nível de base local de Salto: a *serrana*, a *paulistana* e a *"apalachiana"*. Destas secções, a mais senil localmente é a intermediária, onde se encontra a bacia sedimentar flúvio-lacustre pliocênica e onde ainda hoje o perfil longitudinal do Tietê se apresenta localmente senil, favorecendo a formação de grandes planícies aluviais de soleira, a 718-720 m de altitude, por entre tratos das colinas terciárias retalhadas e terraceadas.

4. Devido à sua posição geográfica, muito próxima das bordas extremas do Planalto Atlântico, a despeito mesmo de sua drenagem pertencer a uma rêde que penetra continente a dentro, por alguns milhares de quilômetros, a região de São Paulo comporta-se como um dos reversos mais suaves e melhor individualizados da vertente continental da Serra do Mar, no Brasil Sudeste.

5. Sob o ponto de vista dos diversos tipos de sítios urbanos que asilam grandes cidades na porção sudeste do Planalto Atlântico brasileiro, a região de São Paulo exemplifica, juntamente com a de Curitiba, um dos três casos gerais de espaços urbanos capazes de alojar grandes organismos citadinos, conforme classificação por nós proposta. Tratando-se de áreas de relêvo em geral muito acidentado, apenas as pequenas *bacias flúvio-lacustres de compartimentos de planalto,* assim como os *níveis de erosão locais* e as *grandes planícies aluviais,* podem servir de espaços urbanos ponderáveis para o desenvolvimento de grandes cidades. Os sistemas de colinas das pequenas bacias flúvio-lacustres, devido ao caráter enxuto de seus solos e à sua morfologia ligeiramente tabuliforme, criaram condições excepcionais para o desenvolvimento de grandes cidades. Por outro lado, no caso particular da região de São Paulo, longe de ser uma topografia monótona, ela traduz um relêvo bastante variado, onde se multiplicam compartimentos bem individualizados, devido à ação do terraceamento cíclico que presidiu o entalhamento pós-pliocênico da bacia sedimentar regional.

6. Na fase pré-pliocênica como na pós-pliocênica, a região de São Paulo foi área de concentração regional de pequenos cursos d'água. Desta forma, no passado, favoreceu a existência de um teatro de deposição prèviamente esboçado para receber a sedimentação, que a ação de barragem tectônica iria determinar no plioceno. No presente, por outro lado, possui uma rêde de drenagem concentrada e relativamente encaixada nos bordos médios da bacia flúvio-lacustre regional. Tietê, Pinheiros e seus afluentes principais constituem um conjunto de rios ligeiramente centrípetos à porção central da bacia sedimentar paulistana. Nas considerações sôbre a gênese e extensão das camadas de São Paulo ocupa um lugar importante o problema do padrão da drenagem pré-pliocênica da região, fato que, pela primeira vez, é discutido no presente estudo.

7. Os padrões de drenagem da região de São Paulo demonstram uma variedade apreciável de tipos, devido à presença da bacia sedimentar ao lado de maciços antigos circundantes, litológica e estruturalmente variados. E' possível reconhecer drenagens *dendrítico-paralelas* nas porções centrais da bacia sedimentar regional; uma drenagem *dendrítica* ou *dendrítica-retangular* dominante, nas regiões cristalinas que envolvem a bacia; e, finalmente, padrões de drenagem labiríntica simples nas grandes planícies aluviais do Tietê, Pinheiros e Tamanduateí (incluindo meandros divagantes, lagoas de meandros e ligeiras anastomoses nos canais fluviais.)

8. Os diversos casos de drenagens anômalas, apresentadas localmente pela região de São Paulo, refletem quase sempre problemas ligados à epigenia pós-pliocênica. O mais importante caso particular de anomalia de drenagem da região de São Paulo é o do morro de São João, em Osasco, à saída da cidade, onde com certeza há um caso de meandro que se encaixou a partir de um nível intermediário, grosso modo de 750-760 m. E' de se anotar, idênticamente, um caso de drenagem de tipo *apalachiano* local, nas fraldas norte-orientais da Serra da Cantareira, ao norte da Base Aérea de Cumbica.

9. No sistema das colinas paulistanas, esculpidas na bacia sedimentar pliocênica, destaca-se o Espigão Central de 810-830

m, situado no *divortium aquarum* Tietê-Anhangabaú e Pinheiros. Tal espigão divisor é a mais importante plataforma interfluvial da bacia de São Paulo, tendo restado a escapo de fragmentação por erosão a despeito da maturidade geral que caracteriza a atual fase de dissecação fluvial da bacia. Embora preservando bem me sua topografia, o nível altimétrico da plataforma interfluvial original o Espigão Central demonstra, por diversos fatos, que foi rebaixado extensivamente de alguns metros, e até mesmo de uma ou duas dezenas de metros em alguns pontos.

10. Nas abas do Espigão Central, a partir de certos níveis intermediários elevados, podem ser observados patamares sucessivos, escalonados e decrescentes, alguns dos quais de origem erosiva *epicíclica,* perfeitamente passíveis de serem conceituados como terraços fluviais. Entretanto, não há a negar, os mais altos dêsses patamares de colinas podem ser de origem estrutural. Um dêles, entretanto, o de 745-750 m, é sem dúvida um nível de terraços fluviais (de tipo "strath terrace"), observável tanto no eixo do vale do Tietê como no do Pinheiros. Abaixo dos terraços de 740-750 m, na forma típica de terraços embutidos, destacam-se rasos terraços aluviais, ricos em cascalheiros, ao nível de 724-730 m.

11. Parece haver uma tendência para a coexistência de níveis duplos de terraços fluviais, uns muito próximos dos outros, altimètricamente. Daí a dificuldade para o estabelecimento das altitudes médias reais de cada plano de terraceamento. Ilusória em alguns casos, essa duplificação, entretanto, parece ser indiscutível em inúmeros outros, tanto para os terraços mais elevados (níveis de 740-745 m e 760-770 m), como para os baixos terraços cujos taludes servem de limite para as grandes várzeas regionais (níveis de 724-728 m e 728-735 m). Tais fatos refletem a freqüência das modificações dos níveis dos leitos dos rios que se encaixaram epicìclicamente na região de São Paulo.

12. Em conjunto na região de São Paulo há níveis de terraços aluviais (*fill terraces*) embutidos em níveis de altos terraços não mais capeados pelas aluviões antigas ("strath terraces"). Na compreensão dos processos de evolução de vertentes nas colinas regionais, êsse é um fato digno da maior nota, como tivemos oportunidade de demonstrar.

13. Com certeza, houve uma tendência para maior registro do terraceamento no ângulo interno de confluência do Tietê-Pinheiros, fato que por seu turno determinou uma grande assimetria para as vertentes dêsses dois vales que seccionam a bacia de São Paulo.

14. Os melhores espaços urbanos que a cidade de São Paulo encontrou para o seu desenvolvimento espacial, foram os esporões tabuliformes secundários, oriundos de retalhamentos dos terraços intermediários do vale do Tietê (vertente esquerda). Fugindo das várzeas, a princípio, a cidade posteriormente ocupou os baixos terraços mais enxutos, incorporando, finalmente, as várzeas secundárias dos afluentes do Tietê aos espaços urbanos de seu grande parque industrial. Essa conquista das planícies aluviais que permaneciam desprezadas na forma de terrenos malsãos e baldios por entre blocos de colinas urbanizadas, fêz-se em pleno século XX, sendo dos últimos dois decênios a recuperação das grandes planícies submersíveis do Tietê e Pinheiros.

Razões residenciais puras, ligadas ao grande crescimento recente da cidade, nos explicam a incorporação das altas colinas do Espigão Central e de seus esporões ao corpo do organismo metropolitano. Por outro lado, houve um extravasamento da cidade para as ladeiras e os terraços inscritos na contravertente do Espigão Central do vale do rio Pinheiros. Aí, bem longe das áreas fabris e dos bairros operários e de classe média do vale do Tietê, estabeleceram-se áreas de loteamentos as mais ricas e aristocráticas da cidade. Infelizmente aí, devido à existência de solos turfosos transgredindo sôbre os terraços intermediários, localmente rebaixados, as condições dos solos para as construções urbanas eram menos favoráveis de que as dos terraços da vertente do Tietê.

As colinas de além-Tietê constituem núcleos de ocupação urbana um tanto mais isolados do corpo principal do organismo metropolitano, devido à notável separação imposta pelas grandes várzeas daquele rio e o relêvo acentuado de suas altas colinas. Identicamente, a despeito dos esforços das modernas companhias de loteamento, repetem-se na atualidade, com as colinas de além-Pinheiros, os mesmos fatos observados no passado recente com relação às colinas de além-Tietê.

15. Pelos seus terraços fluviais escalonados, a região de São Paulo constitui um dos mais importantes testemunhos do caráter epicíclico pós-pliocênico da elaboração do relêvo do Planalto Atlântico do Brasil. Tais formas menores do relêvo, que são menos bem marcadas nas áreas de terrenos sedimentares do interior do Estado, aqui estão à mostra de modo flagrante, quer no interior da bacia sedimentar em entalhamento, como nos terrenos cristalinos que a circundam. Embora seja extremamente difícil discriminar quais os nívies de terraços climáticos e os de origem epirogênica, é possível dizer-se, com certeza, que o estímulo principal que deu origem ao entalhamento da bacia foi de origem epirogênica positiva, enquanto os responsáveis específicos pelo terraceamento foram as variações climáticas pleistocênicas. Os potentes cascalheiros dos baixos terraços paulistanos atestam bem as condições climáticas excepcionais que responderam pela sua gênese. Enquanto os rios de hoje, na região, são incapazes de transportar até mesmo seixos miúdos, em outras épocas do quaternário êles deram oportunidades para a elaboração e o transporte de seixos relados, de apreciável tamanho. Êsse fato que parece ser comum a enormes áreas do território brasileiro, conforme sempre pondera o Professor Francis Ruellan, está particularmente bem documentado nos depósitos de terraços da região de São Paulo. Confirma-se mais uma vez, portanto, a suspeita bem fundada de Morais Rêgo e Sousa Santos (1938, p. 127), a respeito do caráter climático do mais baixo dos níveis terraços das planícies paulistanas. Enquanto a epirogênese, cíclica ou não-cíclica, parece ter sido constantemente positiva, após ao fêcho da sedimentação na bacia de São Paulo, forçando o rejuvenescimento da região, as variações no regime hidrológico ditadas por flutuações climáticas, parecem ter sido as responsáveis mais diretas pelo terraceamento que hoje se observa ao longo dos vales regionais. Tem-se, portanto, na região de São Paulo, um bom exemplo de interferência entre fatôres epirogênicos e paleoclimáticos modernos, assim como um excelente testemunho das conseqüências das flutuações climáticas quaternárias em áreas não afetadas por glaciações modernas (De Martonne, 1940; Ruellan, 1944; Setzer, 1949; Ab'Sáber, 1952-53).

16. A bacia sedimentar paulistana, que só tem um bom ponto de comparação aproximado, com o caso da bacia de Curitiba, e que corresponde, sem dúvida, a depósitos fluviais e lacustres de água doce, conforme as observações já antigas de diversos pesquisadores, não possuiu outra saída do que, grosso modo, a que atualmente possui, na direção de NW. O rio Tietê *antecedeu* a sedimentação e só temporàriamente foi parcialmente barrado, conseguindo manter abertura para o interior, durante boa parte do ciclo deposicional regional. Confirma-se, desta forma, algumas das idéias gerais inicialmente expendidas por Josué Camargo Mendes, em seus cursos na Universidade de São Paulo (1946). As pequenas e sucessivas fases lacustres aludidas devem ter se ligado aos períodos em que as deformações tectônicas regionais (provàvelmente representadas por falhas geomorfològicamente contrárias), que responderam pela gênese da bacia, foram mais intensas do que a velocidade da sedimentação fluvial.

17. A bacia de São Paulo apresenta um assoalho mais comtadas por falhas geomorfològicamente contrárias), que responderam pela gênese da bacia, foram mais intensas do que a velocidade da dos rios. Tais pequeninas cripto-depressões muito possìvelmente originadas por falhas *geomorfològicamente contrárias* (para usar de uma feliz expressão criada por Francis Ruellan), permanecem ocultas pelos depósitos mais contínuos, intermediários, que tamponam as áreas mais fundas. Por último, deve-se assinalar que, acima da porção central da seqüência de estratos pliocênicos regionais, se estendia uma delgada e relativamente extensa cobertura, hoje parcialmente removida pela desnudação pós-pliocênica.

18. Entre o ponto mais baixo conhecido do assoalho pré-pliocênico conhecido e o tôpo da bacia nas colinas mais altas, medeiam 288 m (Almeida, 1953a 1955), o que equivale a dizer que, ao se fechar a sedimentação na região de São Paulo, a espessura dos depósitos em alguns pontos pode ter atingido três centenas de metros. Sendo desprezíveis os movimentos diferenciais pós-pliocênicos, é de se supor que êsses dados sejam os mais reais. Seria impossível explicar tal espessura de depósitos fluviais e flúvio-lacustres nas cabeceiras de uma drenagem antecedente, caso não se utilizasse de uma argumentação tectônica. Devido ao caráter faciológico dos

depósitos, a sua espessura, a forma da bacia e ausência de qualquer outra saída pretérita para o Tietê pré-pliocênico em relação à região de São Paulo, o autor do presente estudo, acompanhando de perto as idéias de Washburne (1930), Freitas (1950, 1951 e Almeida (1951 e 1955), endossa a hipótese tectônica para explicar a origem da bacia sedimentar regional. Aproveita a oportunidade para classificá-la como sendo uma *bacia flúvio-lacustre de soleira tectônica,* idéia que em si pressupõe o caráter *antecedente* indiscutível do rio que foi barrado.

19. Por diversas razões, expostas no texto do trabalho, o autor não acha oportuna a adoção definitiva da datação pleistocênica para os depósitos regionais, preferindo conservar até, novos estudos, a datação clássica pliocênica, muito embora acompanhada do caráter dubitativo inerente a tôdas as formações afossilíferas.

20. Muito embora reconhecendo a oportunidade das observações de Almeida sôbre a possível existência de superfícies de erosão locais, posteriores às das *cristas médias* e anteriores à do tôpo da bacia de São Paulo, o autor acha que os testemunhos dessas superfícies indistintamente apontadas por Almeida, pertencem parte à superfície de erosão plio-pleistocênica de São Paulo e, parte, a relevos epicíclicos pré-pliocênicos. Em contrapartida, julga que após a formação da *superfície das cristas médias* houve um rebaixamento gradual e generalizado dessa superfície de aplainamento, em alguma época do terciário inferior (paleógeno) e peneplanização parcial responsável pelo repronunciamento de alguns dos *monadnocks* quartzíticos da série São Roque. O encaixamento do alto Tietê passou a se fazer a partir dêsse alto nível intermediário pós-cretáceo e pré-plioceno, tendo respeitado um tanto as áreas quartzíticas já re-salientadas por erosão diferencial. Provisòriamente o autor prefere designar o referido peneplano parcial por superfície de *Itapecerica-Cotia* (920-950 m), devido ao seu regular e expressivo desenvolvimento em tôrno dessas duas pequeninas localidades dos subúrbios ocidentais e sul-ocidentais de São Paulo. Além da periferia imediata da Bacia de São Paulo, essa superfície reaparece na linha de topos principais da região de São Roque e, na região de Moreiras, onde o pico do Saboó (1050-110 m) se comporta como um legítimo *monadnock* dêsse nível. Além de Moreiras e Mairin-

que, as plataformas interfluviais principais descaem em plano inclinado até mergulhar por sob as camadas do carbonífero superior na Bacia do Paraná: trata-se aí de superfície pré-glacial parcialmente exumada.

21. Procurando verificar a extensão dos fenômenos desnudacionais na periferia da Bacia de São Paulo, o autor chegou à conclusão de que os fatos puramente relacionados à circundesnudação da bacia aqui foram desprezíveis, devido ao arranjo estrutural da mesma e ao caráter das indentações dos sedimentos terciários nos vales pré-pliocênicos das bordas da bacia. Se é que a circundesnudação foi restrita, entretanto muito expressiva foi a interdesnudação que criou os largos vales terraceados que entalham a bacia sedimentar regional. Usando o neologismo *interdesnudação,* pretende o autor fixar melhor, através de um só têrmo, o conjunto de fenômenos desnudacionais responsáveis pela remoção gradual ou cíclica de massas de sedimentos das porções centrais de uma bacia, em oposição ao conceito específico de *circundesnudação*.

22. Revendo interpretações em conflito sôbre a gênese do nível de 745-750 m, o autor reafirma, em bases geomorfológicas, as suas idéias anteriores sôbre a natureza genética daquele importante patamar tabuliforme das colinas paulistanas, interpretando-o como o mais belo nível de terraços fluviais intermediários (de tipo "strath terrace") da região de São Paulo.

23. Procurando interpretar os tratos de terrenos cristalinos, excepcionalmente aplainados das bordas extremas do Planalto Atlântico, em área contígua à região de São Paulo, no reverso continental da Serra do Cubatão, o autor salienta o caráter pós-pliocênico de peneplanização local ali observável e o esbôço de um processo de eversão ("ausraumgebiet") ali em andamento.

24. As crostas limoníticas superiores das colinas paulistanas constituem testemunhos da ação de fontes processos iluviais levados a efeito sob condições paleoclimáticas especiais quando do fêcho do ciclo deposicional da Bacia de São Paulo. Tais crostas, embora descontínuas e irregulares, foram as maiores responsáveis, em conjunto, pelo retardamento da desnudação pós-pliocênica da bacia. A elas, em grande parte, se deve a manutenção do nível de 800-830 m nas colinas paulistanas. Retardando e dificultando a progressão

da erosão das vertentes e forçando a conservação das plataformas interfluviais antigas, tais crostas duras muito têm a ver com a história da evolução do relêvo regional. Em alguns casos, elas conseguiram manter colinas terciárias em níveis altimétricos superiores aos de certos outeiros e morros baixos da periferia da bacia que, com certeza, outrora serviram de maciço antigo fornecedor de sedimentos para a mesma.

25. A evolução das vertentes nas colinas paulistanas, obedeceu às normas que são peculiares às áreas de terraços embutidos, sucessivamente recortados. Paradas e retomadas de erosão, de diferentes durações e intensidade, responderam pelo entalhamento epicíclico da bacia sedimentar regional, durante a fase pós-pliocênica

26. Revendo o problema das conexões antigas e da separação das drenagens do Paraíba e Tietê, o autor salienta o fato de que, até o cretáceo, as drenagens da porção paulista do Planalto Atlântico participavam das bacias gondwânicas do interior, adotando e ampliando as felizes idéias inicialmente expendidas por Raimundo Ribeiro Filho (1943 e 1948). O forte tectonismo quebrantável cretáceo e paleogênico — *família de falhas atlântica,* conforme designação anteriormente proposta pelo autor (Ab'Sáber, 1954) — teria complicado a drenagem da área situada entre a Serra do Mar e da Mantiqueira, determinando a formação da depressão tectônica do médio vale do Paraíba e forçando uma captura pretérita de altos cursos pertencentes à Bacia do Paraná. Tal desvio de denagens, com certeza antecedeu a formação da bacia de São Paulo e muito contribuiu para a história da sedimentação no trecho médio superior do vale do Paraíba. Pensa o autor que até à formação da superfície de Itapecerica-Cotia ou de São Roque (920-950 m), as drenagens provindas do Planalto da Bocaina ainda iam ter à Bacia da Paraná, que a êsse tempo estabelece em fase inicial de superimposição hidrográfica. Entretanto o que parece fora de qualquer dúvida é que até a elaboração da *superfície das cristas médias* (1100-1300 m), tôda a drenagem do lesnordeste paulista era tributária da bacia do Paraná, nos moldes por nós concebidos em trabalhos anteriores (1954 e 1954-55).

27. Em trabalho anterior, o autor (Ab'Sáber, 1952-53) salientou o fato de que a *superfície de erosão de São Paulo* (800-820

m) se encontra embutida, em pleno sentido da palavra, dentro do nível de 1100-1300 m, conhecido por peneplano eocênico (Morais Rêgo, 1932) ou superfície das cristas médias (De Martonne, 1940). Devido à introdução de uma superfície intermediária, posterior ao das cristas médias e anterior ao de São Paulo, que é a *superfície de Itapecerica-Cotia,* tornou-se necessária uma pequena revisão do assunto. Na realidade, o nível de São Paulo encontra-se embutido no nível de Itapecerica-Cotia, porém, como êsse último é apenas um nível de rebaixamento das cristas médias, percebem-se logo as razões por que a bacia de São Paulo possui seus limites ora confinados pelos testemunhos da superfície de Itapecerica-Cotia. De qualquer forma, porém, cumpre destacar que a superfície de erosão de São Paulo se encontra embutida de 250 a 400 m abaixo da superfície das cristas médias e a apenas 100-120 m abaixo da superfície de Itapecerica-Cotia. Quanto à idade preferimos compreender a superfície das cristas médias (1100-1300 m), como sendo *cretácica;* a superfície de Itapecerica-Cotia (920-950 m), como sendo paleogênica; e a superfície de São Paulo, como sendo *plio-pleistocênica.* Razões geológicas e geomorfológicas ligadas a estudos efetuados em diversos pontos do Brasil Sudeste nos induzem a tal cronogeologia, que é também uma espécie de cronogeomorfologia.

28. Em pesquisa recentes por nós realizadas no litoral paulista (1954) pudemos constar a grande interferência de processos epirogênicos e eustáticos que responderam pela formação de zona costeira regional. Justo, portanto, que, na presente oportunidade, se indagasse das possíveis correlações existentes entre os fatos da morfologia costeira em face da evolução do relêvo do compartimento de planalto que lhe é contígua. Tal questão, aparentemente simples, pode ser, entretanto, uma das muitas que por longo tempo restará sem solução satisfatória. Isto porque se trata de dois domínios erosivos ligados a nível de base inteiramente desiguais e a formas de relêvo que sofreram interferências de processos, sujeitas a combinações inteiramente diversas. É possível que a superfície de erosão de São Paulo tenha coincidido grosso modo com a fase da formação do nível de Monte Serrate-Morro de Santa Teresa (180-220 m), mas trata-se de uma pura hipótese de trabalho, de difícil comparação científica. A região de São Paulo não sofreu e, pela sua posição geo-

gráfica, muito difìcilmente poderia sofrer quaisquer influências dos movimentos eustáticos quaternários. Estava longe demais de seu nível de base principal e dêle separada por inúmeras soleiras rochosas e níveis de base locais. Aparentemente, todos os fenômenos erosivos epicíclicos pós-pliocênicos foram estimulados por fôrças epirogênicas e paleoclimáticas, não tendo interferido, em hipótese alguma, aquêles fatos passíveis de serem levados em conta na gênese da fachada costeira atlântica de São Paulo.

29. Ao fim do presente estudo fica bem clara a presença de duas classes de superfícies aplainadas na região de São Paulo e seus confins. Relevos policíclicos bem marcados cortam em bisel as velhas dobras e intrusões a elas associadas, pertencentes a formações pré-cambrianas. Trata-se da superfície das cristas médias, da superfície de Itapecerica-Cotia e da superfície de S. Paulo, as quais, a despeito de sua gênese bastante diferenciada, constituem típicos testemunhos de relevos policíclicos. Entre os primeiros dêsses níveis, que são gerais, e o topo da bacia sedimentar pliocênica, que baliza grosso modo a superfície de erosão da região de São Paulo, são muito raros os sinais de epiciclos erosivos bem marcados. Entretanto, a partir das plataformas interfluviais principais da superfície de São Paulo, escalonam-se, até o nível dos talvegues atuais, patamares de erosão e terraços embutidos, bem marcados, atestando um diminuto grau de espaçamento altimétrico entre os diversos epiciclos erosivos que responderam pela criação dêsses níveis menores. É muito lógico que os relêvos epicíclicos sejam mais flagrantes nos terraços mais baixos e mais recentes, do que nos altos patamares erosivos onde o retrabalhamento forçado pelas fôrças denudacionais redundou em diferenciações morfológicas e altimétricas. Por seu turno, é ainda mais lógico que os epicíclos erosivos pré-pliocênicos — que são anteriores à formação da bacia sedimentar paulistana — tenham perdido expressão na topografia regional, sendo pràticamente impossível reconhecer epicíclos erosivos entre o nível das cristas médias e o nível de Itapecerica-Cotia. Pensamos nós que todos os futuros estudos sôbre relações entre relevos policíclicos e epicíclicos nas terras altas do Brasil tropical atlântico terão que atingir, nesse setor, idênticas constatações e conclusões.

* * *

Finalizando o sumário das conclusões essenciais do presente estudo, queremos lembrar que a análise do relêvo da região de de São Paulo, a par das observações específicas de caráter regional, deixa margem para constatações de maior amplitude, já que pertencem aos domínios da própria Geomorfologia Geral. Pela sua gênese, a bacia de São Paulo apresenta-nos um caso típico de antecedência fluvial e de barragem tectônica não suficiente para desviar por completo o roteiro da rêde de drenagem pretérita. Trata-se, no caso, de um exemplo a mais das conseqüências dos falhamentos para a rêde de drenagem antecedente de uma região. Por outro lado, oferece-nos um caso particular de peneplanização local, coincidindo com a fase final de uma sedimentação de tipo flúvio-lacustre. Na realidade, a região de São Paulo exemplifica bem o caso de um *aperfeiçoamento local* da peneplanização, devido a um ciclo sedimentário flúvio-lacustre em área de compartimento de planaltos. Em outras palavras, o fêcho da sedimentação regional equivaleu a um arrazamento local mais pronunciado dos relevos pré-pliocênicos, devido a extensão regional da peneplanização plio-pleistocênica. Essa, aliás, uma das modalidades de interferência de processos, responsáveis por um dos tipos de compartimentação do Planalto Atlântico brasileiro.

Por seu turno, em face do modelado das vertentes, a região de São Paulo oferece-nos um expressivo exemplo de evolução de vertentes, através de epiciclos erosivso pós-pliocênicos, em que terraços embutidos, de diferentes naturezas, foram sucessivamente retalhados, ao longo dos vales principais e secundários da região. Uma interferência final, de processos puramente climáticos, deixou por último suas marcas no modelado das vertentes, tendendo a arredondá-las.

Sôbre essa última e importante questão, queremos lembrar que o presente trabalho nos conduziu, uma vez mais, à idéia do caráter recente de certas modalidades de relevos mamelonares do Brasil tropical atlântico. Não há sinais de topografias mamelonares no assoalho pré-pliocênico da Bacia de São Paulo, mas, em contrapartida, há evidências iniludíveis de que êsse tipo de modelado se tenha iniciado, pelo menos, a partir dos terraços fluviais de nível intermediário (745-750 m). Não é impossível mesmo que o processo de arredondamento das formas tenha sido completado ou aperfeiçoado em face ultra-recente, quiçá posteriormente à deposição dos cascalheiros dos baixos terraços fluviais. Nessa hipótese, a topografia mamelonar, que tão bem caracteriza a fisionomia geral das paisagens topográficas do Brasil Atlântico, sòmente seria contemporânea à fase da formação dos solos pântano-turfosos das grandes várzeas paulistanas; o que pode não ser inteiramente exato, sobretudo depois da constatação que fizemos no vale do rio Jundiaí, a montante da soleira granítica da Serra do Quilombo, onde há um "boulder" envolto por potentes cascalheiros de um terraço fluvial pleistocênico, atestando forte retomada de decomposição, após ter sido envolvido pelos resistentes seixos rolados de quartzo e quartzito (Ab'Sáber, 1954, p. 62).

De qualquer forma, porém, torna-se necessário dizer que a maior parte das formas arredondadas que tão bem caracterizam a paisagem de nossos "mares de morros", parece ter sido elaborada em pleno quaternário, em alguma idade bem posterior à sedimentação pliocênica da bacia de São Paulo. Observações morfológicas feitas nas vertentes das colinas terciárias de São Paulo e do médio vale superior do Paraíba, autorizam-nos a pensar desta forma. Lembramos, por fim, que os aludidos detalhes topográficos, de alta generalização e grande flagrância na fisionomia geral dos relevos amorreados do Brasil atlântico, como não podem ser datados por outros métodos, passam a encontrar, inesperadamente, um novo ponto de partida para sua interpretação.

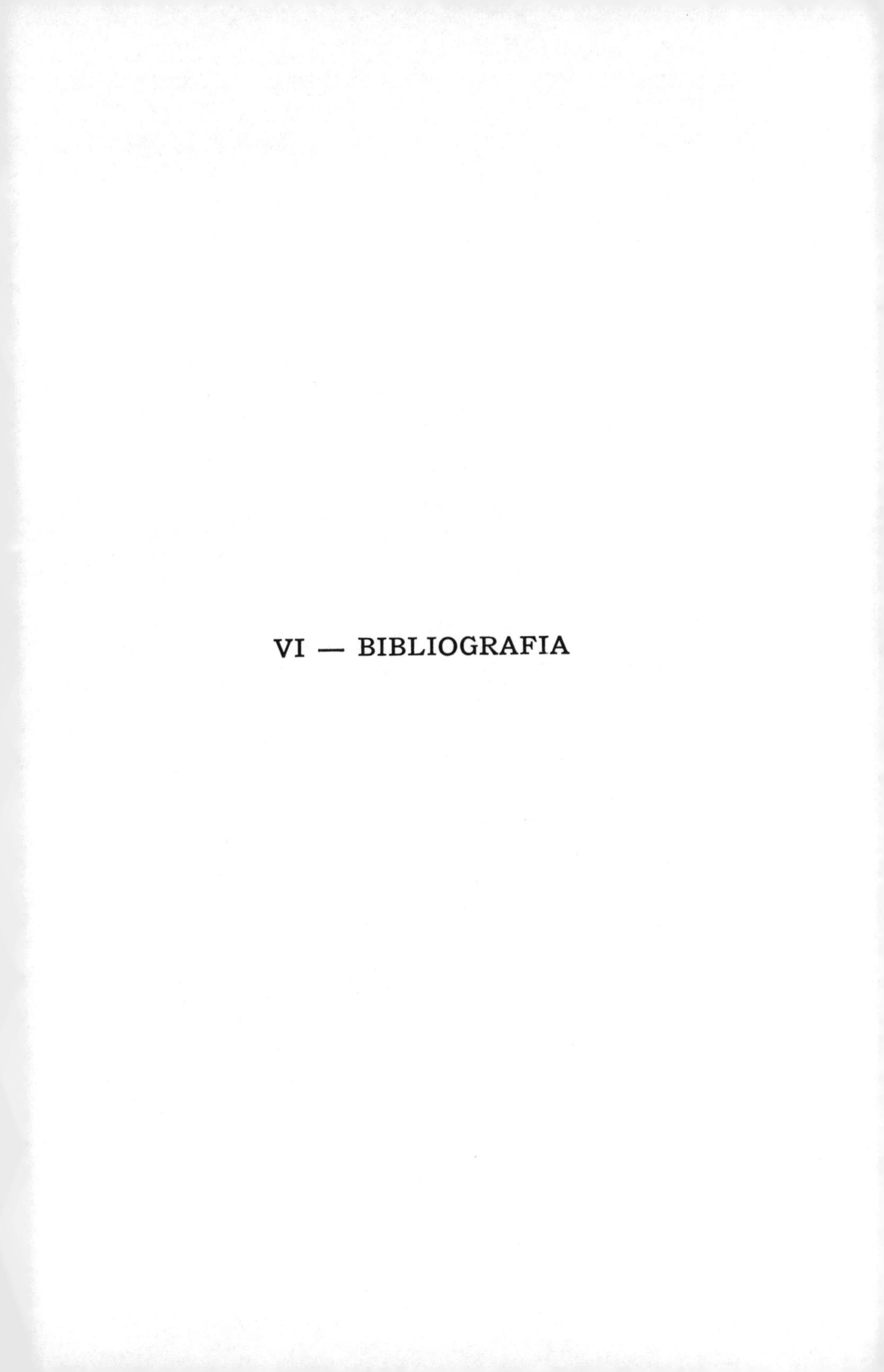

VI — BIBLIOGRAFIA

AB'SÁBER, Aziz Nacib

1948 — *Notas sôbre a geomorfologia do Jaraguá e vizinhanças.* — Filosofia, Ciências e Letras, ano XII, n.º 10, 1948, pp. 15-25. São Paulo.

1948a — *A região do Jaraguá.* — Paulistânia, março-abril de 1948. pp. 9-11. São Paulo.

1949 — *Regiões de circundesnudação pós-cretácea, no planalto Brasileiro.* — Boletim Paulista de Geografia, n.º 1, março de 1949, pp. 3-21. São Paulo.

1949a — *Algumas observações geológicas e geomorfológicas.* — Boletim Paulista de Geografia, n.º 3, outubro de 1949, pp. 84-85. São Paulo.

1950 — *A Serra do Mar e a mata atlântica em São Paulo.* — Estudo de uma série de fotografias aéreas de Paulo Florençano. Boletim Paulista de Geografia, n.º 4, março de 1950, pp. 61-69. São Paulo.

1952 — *Geomorfologia da região do Jaraguá, em São Paulo.* — Anais da Associação dos Geógrafos Brasileiros, vol. II (1947), publ. em 1952, pp. 29-53. São Paulo.

1953 — *Os terraços fluviais da região de São Paulo.* — Anuário da Faculdade de Filosofia "Sedes Sapientiae", 1952-53, pp. 86-104. São Paulo.

1953 — *Geomorfologia de uma linha de quedas apalachiana típica do Estado de São Paulo.* — Anuário da Faculdade de Filosofia "Sedes Sapientiae", 1953, pp. 111-138. São Paulo.

1954 — *A Geomorfologia do Estado de São Paulo.* — *in* "Aspectos geográficos da Terra Bandeirante", Simpósio organizado pelo Conselho Nacional de Geografia, pp. 1-97. São Paulo.

1954a — *As bases geoeconômicas essenciais da região de São Paulo.* — Revista das Faculdades Campineiras, ano I, junho de 1954, n.º 2, pp. 10-18. Campinas.

1954b — *As altas superfícies de aplainamento do Brasil Sudeste.* — Revista das Faculdades Campineiras, ano I, dezembro de 1954, n.º 4, pp. 60-67. Campinas.

1954-55 *Problemas paleogeográficos do Brasil Sudeste.* — Anuário da Faculdade de Filosofia "Sedes Sapientiae", 1954-1955, pp. 79-96. São Paulo.

AB'SÁBER, A. N. (e) BERNARDES, N.

1956 — *Valée du Paraíba, Serra da Mantiqueira et région de São Paulo*. — Livret-guide n. 4 XVIII Congresso Internacional de Geografia (Brasil, 1956). U.G.I. Rio de Janeiro.

ALINCOURT, Luiz d'.

1830 — *Memória sôbre a viagem do pôrto de Santos à cidade de Cuiabá;* organizada e oferecida a Sua magestade imperial, o senhor D. Pedro Primeiro, imperador constitucional e defensor perpétuo do Império do Brasil; Cuiabá, 1825. Rio de Janeiro, Tip. Imperial e nac., 1830.

1954 — *Viagem do pôrto de Santos à cidade de Cuiabá* (1818) — Livr. Martins Ed. São Paulo.

ALMEIDA, Fernando F. M. de

1946 — *Ocorrências de camadas supostas pliocênicas no rio Paraíba, Estado de São Paulo*. — Geologia e Metalurgia, bol. n.° 5, pp. 112-118. São Paulo.

1949 — *Relêvo de "cuestas" na bacia sedimentar do rio Paraná*. — Boletim Paulista de Geografia, n.° 3, 1949, pp. 21-33. São Paulo.

1951 — *A propósito dos "Relevos policíclicos na tectônica do Escudo Brasileiro"*. — Boletim Paulista de Geografia, n.° 9, outubro de 1951, pp. 3-18. São Paulo.

1952 — *Novas ocorrências de camadas supostas pliocênicas nos Estados de São Paulo e Paraná*. — Boletim da Sociedade Brasileira de Geologia, vol. I, n.° 1, outubro de 1952. São Paulo.

1953 — *Considerações sôbre a geomorfogênese da serra do Cubatão*. — Boletim Paulista de Geografia, n.° 15, outubro de 1953, pp. 3-17. São Paulo.

1954 — Relatório de pesquisas realizadas em 1953. — *In* Rel. Anual do Diretor da Div. de Geol. e Miner. do D. N. P. M., publ. em 1954. Rio de Janeiro.

1955 — *As camadas de São Paulo e a tectônica da Serra da Cantareira*. — Boletim da Sociedade Brasileira de Geologia, vol. 4, n.° 2, setembro de 1955, pp. 23-40. São Paulo.

ANDRADA, Martim Francisco Ribeiro de

1822 — *Jornaes das viagens, pela Capitania de São Paulo* (1803-1804). — Inst. Hist. e Geogr. Etnogr. Bras., Revista Trimestral, Tomo XLV, part. I, pp. 5-47. Rio de Janeiro.

AZEVEDO, Aroldo de

1944 — *O vale do Paraíba: trecho paulista.* — Anais do 9.º Congresso Brasileiro de Geografia, vol. V, pp. 550-587. Rio de Janeiro.

1945 — *Subúrbios orientais de São Paulo.* — Tese de concurso de Geografia do Brasil da Fac. de Filosofia, Ciências e Letras da Universidade de São Paulo. São Paulo.

1949 — *O Planalto Brasileiro e o problema da classificação de suas formas de relêvo.* — Boletim Paulista de Geografia, n.º 2, 1949, pp. 43-50. São Paulo. (Anais da Associação dos Geógrafos Brasileiros, vol. III, tomo I, (1948), publ. em 1953, pp. 134-142. São Paulo).

1954 — *A Geografia em São Paulo e sua evolução.* — Boletim Paulista de Geografia, n.º 16, março de 1954, pp. 45-65. São Paulo.

BATISTA, Caio Dias

1940 — *Aspectos do vale do Paraíba.* — Secretaria da Agricultura (São Paulo). Taubaté.

BRANNER, John Casper

1805-96 *Decomposition of rocks in Brazil.* — Bull. Geol. Soc. America, VII, 1895-1896, pp. 253-314.

1919 — *Outlines of the Geology of Brazil to accompany the Geological Map of Brazil.* — Bull. of Geol. Soc. of America, vol. 30, n.º 2, pp. 189-328. New York.

1920 — *Resumo da Geologia do Brasil para acompanhar o mapa geológico do Brasil.* — Trad. do autor. Press of Judd & Detweriler Inc. Washington.

1948 — *Decomposição das rochas no Brasil.* — Boletim Geográfico (C. N. G.), ano V, janeiro de 1948, n.º 58, pp. 1103-1112. Rio de Janeiro.

CARVALHO, Paulino Franco de

1936 — *Geologia do município de Curitiba.* — Bol. do Serviço Geol. e Miner. (Brasil), n.º 82. Rio de Janeiro.

CASAL, Manuel Aires de

1817 — *Chorographia Brazilica ou relação historico-geographica do Reino do Brazil.* (Composta e dedicada a Sua Magestade Fidelissima por hum presbitero secular do Gram Priorado do Crato). 2 vol. Rio de Janeiro.

1945 — *Corografia Brasílica.* — (Edição Fac-similar). — Instituto Nacional do Livro. Rio de Janeiro.

COUTINHO, José Moacyr Vianna

1953 — *Petrologia da região de São Roque, São Paulo.* — Boletim da Faculdade de Filosofia, Ciências e Letras da

Universidade de São Paulo, n.º 159, Mineralogia n.º 11. São Paulo.

1954 — *Sôbre o meta-conglomerado dos arredores de São Paulo.* — Resumo n.º 6 das palestras realizadas na Sociedade Brasileira de Geologia (3-3-1954). Circ. mimeogr. de 15 de março de 1954. São Paulo.

1955 — *Sôbre o meta-conglomerado dos arredores de São Paulo.* — Engenharia, Mineração e Metalurgia, vol. XXI, n.º 121, janeiro de 1955, pp. 15. Rio de Janeiro.

1955a — *Geologia e petrografia da região de Piraí do Sul, Paraná.* — Bol. da Sociedade Brasileira de Geologia, vol. 4, maio de 1955, número 1, pp. 59-65. São Paulo.

1955b — *Meta-conglomerado e rochas associadas no município de São Paulo.* — Bol. da Faculdade de Filosofia, Ciências e Letras da Universidade de São Paulo, n.º 186, Mineralogia, n.º 13, pp. 5-56. São Paulo.

DEFFONTAINES, Pierre

1935 — *Regiões e paisagens do Estado de São Paulo. Primeiro esbôço de divisão regional.* — Geografia, ano 1, n.º 2, pp. 117-169. São Paulo.

1939 — *Geografia Humana do Brasil.* — Revista Brasileira de Geografia, ano I, janeiro de 1939, n.º 1, pp. 16-67 (e) abril de 1939, n.º 2, pp. 20-56. Rio de Janeiro.

1939a — *Étude d'un fleuve au Brésil (Paraíba do Sul)* — Bulletin de l'Association des Geographes Français, n.º 87 Paris.

1945 — *Regiões e paisagens do Estado de São Paulo. Primeiro esbôço de divisão regional.* — Boletim Geográfico (C. N. G.), ano II, março de 1945, n.º 24, pp. 1837-1850 (e) ano III, abril de 1945, n.º 25, pp. 18-27. Rio de Janeiro.

1945a — *O Paraíba, estudo de rio no Brasil.* — Boletim Geográfico (C. N. G.), ano III, setembro de 1945, n.º 30, pp. 830-8335. Rio de Janeiro.

DENIS, Pierre

1911 — *Le Brésil au XXe siècle.* — Armand Collin. Paris.

DERBY, Orville

1895 — *Investigações geológicas no Brasil.* — Rev. Brasileira, vol. 11, maio de 1895, pp. 140-157. Rio de Janeiro.

1898 — Ofício n.º 406 dirigido ao Secretário da Agricultura de São Paulo a 10 de janeiro de 1898. São Paulo.

1898a — Ofício n.º 428 dirigido ao Secretário da Agricultura de São Paulo a 9 de abril de 1898. São Paulo.

1900 — *Investigações geológicas no Brasil.* — Iin Resumo da Geologia, por A. Lapparent. Trad. da 3a. ed. por B. F. Ramiz Galvão, pp. 312-333. Rio de Janeiro.

1953 — *Geologia do Sudeste Paulista — Estado do seu conhecimento no fim do século passado.* Boletim de Agricultura (1951) n.º único. São Paulo.

DU TOIT, Alexander

1927 — *Geological comparison of South America with South Africa.* Carnegie Institution of Washington. publ. 381. Washington.

1952 — *Comparação geológica entre a América do Sul e a África do SulL Reedição revista e anotada de dois trabalhos.* Tradução de Kenneth E. Caster e Josué Camargo Mendes. (Com notas do autor, dos tradutores e do Dr. Joaquim Frenguelli). Serv. Gráf. do I.B.G.E., 1952. Rio de Janeiro.

ESCHWEGE, W. L. von

1818 — *Journal von Brasilien, oder vermischte Nachrichten aus Brasilien, auf wissenschaftlichen Reisen gesammetl.* 2 v. Weimar.

1830 — *Brasilien die neue Welt, in topographischer, geognosticher, bergmanischer, naturhistorischer, politischer und statistischer Hinsicht wänrende eines elfjähringen Aufenthaltes con* 1810 *bis* 1821... 2 v. Braunschweig.

FELICISSIMO JUNIOR, J. (e) FRANCO, R. R.

1956 — *Bauxito no altiplano da serra do Cubatão, Estado de São Paulo.* — Boletim da Sociedade Brasileira de Geologia, vol. 5, set. de 1956, n.º 2, pp. 36-49. São Paulo.

FRANÇA, Ari

1946 — *Estudo sôbre o clima da bacia de São Paulo.* — Boletim da Faculdade de Filosofia, Ciências e Letras da Universidade de São Paulo, LXX, Geografia n.º 3. São Paulo.

FREITAS, Afonso A. de

1930 — *Diccionario historico, tipographico, ethnographico illustrado do municipio de São Paulo.* — Tomo I, letra A. Graphica Paulista Editora. São Paulo.

FREITAS, Rui Osório de

1951 — *Relevos policíclicos na tectônica do Escudo Brasileiro.* — Boletim Paulista de Geografia, n.º 7, outubro de 1951, pp. 3-19. São Paulo.

1951a — *Sôbre a origem da bacia de São Paulo.* — Boletim Paulista de Geografia, n.º 0, outubro ode 1951, pp. 60-64. São Paulo.

1951b — *Ensaio sôbre a tectônica moderna do Brasil.* — Boletim da Faculdade de Filosofia, Ciências e Letras da Universidade de São Paulo n.º 130 Geologia n.º 6, São Paulo.

1951c — *Ensaio sôbre o relêvo tectônico do Brasil.* — Revista Brasileira de Geografia, ano XIII, abril-junho de 1951, n.º 2, pp. 171-222. São Paulo.

GOMES, José Carlos Ferreira

1956 — *Jazida de bauxita de Curucutu — Estado de São Paulo.* — Revista da Escola de Minas (Ouro Prêto), vol. XX, jan. de 1956, pp. 7-16. Ouro Prêto.

GORCEIX, Henry

1884 — *Bacias terciárias de água doce nos arredores de Ouro Preto (Gandarella e Fonseca), Minas Gerais, Brasil.* — Annaes da Escola de Minas de Ouro Preto, n.º 3, pp. 95-114. Rio de Janeiro.

GUIMARÃES, Fábio Macedo Soares

1943 — *O vale do Paraíba.* — Boletim Geográfico (C. N. G.), ano I, n.º 4, julho de 1943, pp. 35-36. Rio de Janeiro.

1943a — *O relêvo do Brasil.* — Boletim Geográfico (C. N. G.), ano I, n.º 4, julho de 1943, pp. 63-72. Rio de Janeiro.

1943b — *A bacia terciária de Rezende.* — Décima oitava tertúlia semanal do C. N. G. (18 de maio de 1943), Boletim Geográfico, ano I, outubro de 1943, n.º 7, pp. 71-74. Rio de Janeiro.

HARTT, Charles Frederick

1870 — *Geology and Physical Geography of Brazil.* — Fields Osgood & Co. Boston.

1941 — *Geologia e Geografia Física do Brasil.* — Tradução brasileira de Edgar Süssekind de Mendonça e Elias Dolianitti. Comp. Editôra Nacional. São Paulo.

IHERING, Hermann Von

1894 — *Observações sôbre os peixes fósseis de Taubaté.* — *in* "O Estado de São Paulo" de 12 de julho de 1894.

1898 — *Observações sôbre os peixes fósseis de Taubaté.* — Revista do Museu Paulista, volume II, pp. 145-148. São Paulo.

JAMES, O. C.

1870 — Informações fornecidas a Ch. Frederick Hartt a respeito da geologia superficial da região de São Paulo e adjacências. — *in* "Geology and Physical Geography of Brazil" (pp. 544-553 da edição brasileiro do livro de Hartt — 1941).

JAMES, Preston Edwards

1933 — *The higher crystalline plateau of southeastern Brazil.*

— Nat. Acad. Sci. of U. S. A. — Proceedings, vol. 19, n.º 1, pp. 126-130. Washington.

1933a — *The surface configuration of Southeastern Brazil.* — Assoc. of Amer. Geographers, Annals, vol. 33, n.º 3, pp. 165-193. Albany.

1942 — *Latin America.* — Lothrop, Les and Shepard Co. New York-Boston.

1946 — *A configuração da superfície do sudeste do Brasil.* — Boletim Geográfico (C. N. G.), ano IV, n.º 45, dezembro de 1946, pp. 1105-1121. Rio de Janeiro.

KNECHT, Teodoro

1943 — *Notas sôbre uma ocorrência de pirita no quilômetro 9 da via Anhangüera no município da Capital.* Revista do I.G.G. (Inst. Geogr. e Geol. de São Paulo), vol. I, n.º 1, pp. 53-58. São Paulo.

1944 — *Nota sôbre as argilas refratárias no bairro dos Meninos de Santo André.* — Revista do I. G. G. (Inst. Geogr. e Geol. de São Paulo), vol. II, n.º 2, pp. 132-138. São Paulo.

1946 — *As jazidas de wolframita e cassiterita da Serra de São Francisco, município de Sorocaba, Estado de São Paulo, Brasil.* — II Congresso Panamericano de Eng. Minas e Geologia, Anais, vol. II, pp. 113-139. Rio de Janeiro.

1948 — *Constituição geológica e recursos minerais do município de Itapecerica da Serra.* — Revista do I. G. G. (Inst. Geogr. e Geol. de São Paulo), vol. VI, n.º 2, pp. 141-157. São Paulo.

LAMEGO, Alberto Ribeiro

1936 — *O maciço do Itatiaia e regiões circundantes.* — Serviço Geológico e Mineralógico (Brasil), bol. n.º 88. Rio de Janeiro.

1946 — *Análise tectônica e morfológica do sistema da Mantiqueira.* — II Congresso Panamericano de Engenharia de Minas e Geologia, Anais, vol. III, pp. 247-327. Rio de Janeiro.

1949 — *O Congresso Internacional de Geologia de Londres.* — Div. de Geol. e Miner. do D. N. P. M. (Brasil), boletim n.º 132. Rio de Janeiro.

1950 — *Análise tectôncia e morfológica do sistema da Mantiqueira.* — Boletim Geográfico (C. N. G.), ano VIII, n.º 91, outubro de 1950, pp. 765-804 (e) n.º 92, novembro de 1950, pp. 897-918. Rio de Janeiro.

LANGENDOCK, Telemaco van (e outros)

1950 — *O Viaduto Nove de Julho na cidade de São Paulo*. — Revista Politécnica, setembro-outubro de 1950, ano XLVI, n.º 158, pp. 39-56. São Paulo.

LEÃO, Mário Lopes

1945 — *O Metropolitano em São Paulo*. — (Monogr. apres. ao Inst. de Engenharia de São Paulo, concorrendo ao prêmio Dr. Euzébio Queirós Matoso). São Paulo.

LEINZ, Viktor

1953 — *Água subterrânea com referência a São Paulo*. — Ciência e Cultura, vol. V, n.º 3. São Paulo.

1955 — *Água subterrânea na Bacia de São Paulo*. — Boleitm da Sociedade Brasileira de Geologia, vol. 4, n.º 2, setembro de 1955, pp. 5-22. São Paulo.

1955a — *Decomposição das rochas cristalinas na bacia de São Paulo*. — Anais da Academia Brasileira de Ciências, vol. 27, 31 de dez. de 1955, pp. 499-504. Rio de Janeiro.

LEME, Alberto Betim Pais

1918 — *Sôbre a formação do linhito de Caçapava*. — Pap. Macedo. Rio de Janeiro.

1924 — *A genesis do linhito do norte de São Paulo*. — Serviço Geol. e Miner. (Brasil), boletim n.º 7, pp. 51-54. Rio de Janeiro.

1930 — *O tectonismo da Serra do Mar: a hipótese de uma remodelação terciária*. — Anais da Academia Brasileira de Ciências, tomo II, n.º 3, pp. 143-148. Rio de Janeiro.

1943 — *História Física da Terra (Vista por quem a estudou do Brasil)*. — Obra póstuma), F. Briguiet & Cia. Rio de Janeiro.

LONG, Roberto G.

1953 — *O vale do Médio Paraíba* — Revista Brasileira de Geografia, ano XV, n.º 3, julho-setembro de 1953, pp. 385-476. Rio de Janeiro.

MAACK, Reinhard

1947 — *Breves notícias sôbre a geologia dos Estados do Paraná e Santa Catarina*. — Arquivos de Biologia e Tecnologia. vol. II, pp. 62-154. Curitiba.

1953 — *Mapa geológico do Estado do Paraná*. — Escala de 1:750.000. Ed. da Comissão de Comemorações do Centenário do Paraná.

MAIA, Francisco Prestes

1930 — *Plano de Avenidas para a Cidade de São Paulo*. — Comp. Melhoramentos de São Paulo. São Paulo.

1942 — *Os melhoramentos de São Paulo*. — Gráf. da Prefeitura. São Paulo.

MARTONNE, Emmanuel De

1933 — *Abrupts de faille et captures recents: la serra do Mar de Santos et l'Espinouse*. — Bull. Assoc. Géogrs. Français, n.º 74, dec. 1933, pp. 138-145. Paris.

1935 — *A Serra do Cubatão: comparação com um canto das Cevennes francêsas*. — Geografia, ano I, n.º 4, pp. 3-9 São Paulo.

1940 — *Problèmes morphologiques du Brésil tropical atlantique.* — Annales de Géographie, an. 49, n.º 277, pp. 1-27 (e) n.º 278-279, pp. 106-129. Paris.

1943-44 *Problemas morfológicos do Brasil tropical atlântico*. — Revista Brasileira de Geografia, ano V, n.º 4, pp. 523-550 (3) ano VI, n.º 2, pp. 155-178. Rio de Janeiro.

1950 — *Abruptos de falha e capturas recentes: a Serra do Mar de Santos e a "Espinouse"*. — Boletim Geográfico (C. N. G.), ano VII, fev. de 1950, n.º 83, pp. 1283-1287. Rio de Janeiro.

MAULL, Otto

1930 — *Von Itatiava zum Paraguay: Ergebnisse eine Forschngareise durch Mittel brasilien*. Leipzig.

MAURY, Carlota J.

1935 — *New genera and now species of fossil terrestrial Mollusca from Brazil*. — Amer. Museu Novita. New York.

MAWE, John

1812 — *Travels in the interior of Brazil, particularly in the gold and diamond Districts of that country, by authority of the Prince Regent of Portugal*. — Longman Green & Co. Ltd. London.

1944 — *Viagens ao interior do Brasil, principalmente aos distritos do ouro e dos diamantes*. — Trad. brasileira de Solena Benevides Viana. Introdução e notas de Clado Ribeiro Lessa. Ed. Zélio Valverde. Rio de Janeiro.

MENDES, Josué Camargo

1943 — *As pseudo-estruturas limoníticas do plioceno de São Paulo*. — Mineração e Metalurgia, vol. VII, n.º 36, pp. 283-284. Rio de Janeiro.

1950 — *O problema da idade das camadas de São Paulo*. — Boletim Paulista de Geografia, n.º 5, julho de 1950, pp. 45-48. São Paulo.

MEZZALIRA, Sérgio

1948 — *Ocorrência de rastos de vermes no município de Jun-*

diaí. — *Estado de São Paulo*. — Mineração e Metalurgia, vol. XII, n.° 72, pp. 285-286, Rio de Janeiro.

1950 — *Ocorrência de vegetais fósseis no município de São Paulo*. — Mineração e Metalurgia, vol. XIV, n.° 84, p. 162. Rio de Janeiro.

MEZZALIRA, S. (e) WOHLERS, A.

1952 — *Bibliografia da geologia, mineralogia, petrografia e paleontologia do Estado de São Paulo*. — Instituto Geográfico e geológico de São Paulo, boletim n.° 33. São Paulo.

MONBEIG, Pierre

1941 — *O estudo geográfico das cidades*. — Revista do Arquivo Municipal, ano VII, vol. LXXXIII, janeiro de 1941, pp. 5-38. São Paulo.

1941a — Resenha do trabalho de Emmanuel De Martonne sôbre os *Problemas morfológicos do Brasil tropical atlântico*. — Revista Brasileira de Geografia, ano III, janeiro-março de 1941, n.° 1, pp. 184-185. Rio de Janeiro.

1943 — *A carta hipsométrica do Estado*. — *In* "O Estado de São Paulo" de 18 de novembro de 1943. São Paulo.

1943a — *A carta hipsométrica do Estado de São Paulo*. — Boletim Geográfico (C. N. G.), ano I, n.° 9, dezembro de 1943, pp. 192-194. Rio de Janeiro.

1949 — *A divisão regional do Estado de São Paulo*. — Rel. apres. à Assembléia Geral da A.G.B., reunida em Lorena, em nome da Secção Regional de São Paulo. Anais da Associação dos Geógrafos Brasileiros, vol. I (1945-46). Publ. em 1949. São Paulo.

1953 — *La croissance de la ville de São Paulo*. — Institut et Revue de Géographie Alpine. Grenoble.

1954 — *Aspectos geográficos do crescimento da cidade de São Paulo*. — Boletim Paulista de Geografia, n.° 16, março de 1954, pp. 3-29. São Paulo.

ODMAN, Olof H.

1955 — *A pre-cambrian conglomerate with pebbles of deep-seated rocks near São Paulo, Brazil*. — Engenharia, Mineração e Metalurgia, vol. XXI, n.° 121, janeiro de 1955, p. 32. Rio de Janeiro.

OLIVEIRA, A. I. de (e) LEONARDOS, O. H.

1943 — *Geologia do Brasil*. — Serv. Inf. Agríc., publ. n.° 2, 2a. edição. Rio de Janeiro. (1a. edição, 1940).

OLIVEIRA, Euzébio Paulo de

1937 — *O estado atual da paleobotânica brasileira*. — Serv.

Geol e Miner. (Brasil), Notas preliminares e estudos, n.° 10, (e) n.° 11, pp. 1-8. Rio de Janeiro.

OLIVEIRA, J. J. Machado d'

1862 — *Geografia da Provincia de São Paulo*. — São Paulo.

PENTEADO, Antônio Rocha

1950 — *Paisagens do Tietê*. — (Comentários de uma série de fotografias aéreas de Paulo Florençano), Boletim Paulista de Geografia, n.° 6, pp. 52-62. São Paulo.

PICHLER, Ernesto

1950 — *Estudo regional dos solos de São Paulo*. — Revista Politécnica, ano 46.°, n.° 156, fevereiro de 1950, pp. 9-13. São Paulo.

PINTO, Alfredo Moreira

1894-99 *Apontamentos para o Diccionário Historico e Geographico Brasileiro*. — Imprensa Nacional (3 vols. — 1894, 1896-1899). Rio de Janeiro.

PINTO, M. C. de O. (e) KUTNER, M.

1950 — *Estudo das características mecânicas de uma argila da colina de São Paulo*. — Revista Politécnica, setembro-outubro de 1950, ano XLVI, n.° 158, pp. 66-91. São Paulo.

PISSIS, A.

1842 — *Considerations générales sur les terrains du Brésil*. — Bulletin de la Societé Geologique de France, 1er. ser., pp. 282-290. Paris.

1842a — *Mémoire sur la pòsition géologique des terrains de la partie australe du Brésil, et sur les soulevements qui, a divers époques, on changé le relief de cette contrés*. — Acad. Sci. Paris, Comptes Rendus, t. XIV, pp. 1044-1046 (e) Mémoirs Acad. Sci. de Paris, t. X, pp. 353-413. 1848. Paris.

1888 — *Memoria sobre a estructura geologica dos terrenos da parte austral do Brasil e sobre as solevações que em diversas epocas modificaram o relevo do solo dessa região*. — (Trad. pelo Barão Homem de Melo), Revista do Instituto Historico Geographico Ethnographico Brasileiro, vol. LI, parte II, Suppl., pp. 147-151. Rio de Janeiro.

PRADO JÚNIOR, Caio

1935 — *O fator geográfico na formação e no desenvolvimento da cidade de São Paulo*. — Geografia, ano I, n.° 3, pp. 239,262, 1935. São Paulo.

1941 — *Nova contribuição para o estudo geográfico da cidade de São Paulo*. — Estudos Brasileiros, ano III, vol. 7, n.ºs 19-20-21, 1941. Rio de Janeiro.

1953 — *A cidade de São Paulo* (Geografia e História). — *in* "Evolução Política do Brasil e outros estudos", pp. 97-150. Ed. Brasiliense Ltda. São Paulo.

RÊGO, Luís Flêres de Morais

1930 — *A geologia do petróleo no Estado de São Paulo*. — Serv. Geol. e Miner. do Brasil, Boletim n.º 46. Rio de Janeiro.

1932 — *Notas sôbre a geomorfologia de São Paulo e sua genesis*. — Inst. Astron. e Geogr. de São Paulo. São Paulo.

1933 — *Contribuição ao estudo das formações pré-devonianas de São Paulo*. — Inst. Astron. e Geogr. de São Paulo. São Paulo.

1933a — *As formações cenozóicas de São Paulo*. — Anais da Escola Politécnica de São Paulo, 1933, pp. 231-267. São Paulo.

1935 — *Considerações preliminares sôbre a genesis e a distribuição dos solos do Estado de São Paulo* — Geografia, ano I, n.º 1, pp. 10-51. São Paulo.

1935a — *As argilas de São Paulo*. — Bol. do Inst. de Eng. de São Paulo, vol. 21, n.º 111, pp. 77-83. São Paulo.

1937-41 *A Geologia do Estado de São Paulo*. — Boletim do DER (1937-41), Sep. s-d. São Paulo.

1941 — *Influências estruturais sôbre o relêvo das regiões cristalinas de São Paulo*. — Revista Brasileira de Geografia, ano III, janeiro-março de 1941, n.º 1, pp. 182-183. Rio de Janeiro.

1945 — *Considerações preliminares sôbre a gênese e a distribuição dos solos do Estado de São Paulo*. — Boletim Geográfico (C. N. G.), ano III, julho de 1945, n.º 27, pp. 351-369. Rio de Janeiro.

1946 — *Notas sôbre a geomorfologia de São Paulo e sua gênese*. — Boletim Geográfico (C. N. G.), ano IV, n.º 37, abril de 1946, pp. 9-17 (e) n.º 38, maio de 1946, pp. 127-132 Rio de Janeiro.

RÊGO, L. F. de M. (e) SANTOS, T. D. de S.

1938 — *Contribuição para o estudo dos granitos da serra da Cantareira*. — Inst. de Pesquisa Tecnológica, de São Paulo, boletim n.º 18. São Paulo.

RIBEIRO FILHO, Raimundo

1943 — *Caracteres físicos da bacia do Paraíba*. — Anuário Fluviométrico n.º 4 — Bacia do Paraíba. Div. de Águas do

Ministério da Agricultura (Brasil), pp. 21-78. Rio de Janeiro.

1948 — *Caracteres físicos e geológicos da bacia do Paraíba.* — Divisão de Geologia e Mineralogia do D. N. P. M. (Brasil), boletim n.º 127. Rio de Janeiro.

RICH, John Lyon

1942 — *The face of South America — an aerial traverse.* — Geogr. Soc. Spec. Publ., n.º 26. Washington.

1953 — *Problems in Brazilian geology and geomorphology suggested by reconnaissance in summer of* 1951. — Boletim da Faculdade de Filosofia, Ciências e Letras da Universidade de São Paulo, n.º 146, Geologia n.º 9. São Paulo.

RIOS, L. (e) SILVA, F. P.

1950 — *Fundações no Centro de São Paulo.* — Revista Politécnica, ano 46.º, n.º 156, fevereiro de 1950, pp. 23-29. São Paulo.

RODRIGUES, J. C. (e) NOGAMI, J. S.

1951 — *Estudo de geologia aplicada na Via Anchieta.* — Boletim do D.E.R. (Depto. de Estradas de Rodagens de São Paulo). Número especial dedicado ao VIII Congresso Nacional de Estradas de Rodagem, janeiro-março de 1951, pp. 19-27. São Paulo.

RUELLAN, Francis

1943 — Resenha do trabalho de Emmanuel De Martonne sôbre *os Problemas morfológicos do Brasil tropical atlântico.* — Boletim Geográfico (C. N. G.), ano I, julho de 1943, n.ºº 4, pp. 166-167. Rio de Janeiro.

1943a — *Comunicação sôbre a excursão a Campo Belo e a Itatiaia.* — Boletim Geográfico, ano I, n.º 7, outubro de 1943, pp. 76-80. Rio de Janeiro.

1943b — *Comunicação sôbre a região meridional de Minas Gerais e a evolução do vale do Paraíba.* — Boletim Geográfico (C. N. G.), ano I, n.º 8, novembro de 1943, pp. 95-104. Rio de Janeiro.

1944-45 — *Interpretação geomorfológica das relações do vale do Paraíba com as Serras do Mar e da Mantiqueira e a região litorânea de Parati a Angra dos Reis e Mangaratiba e o futuro de Angra dos Reis.* — Boletim Geográfico (C. N. G.), ano II, n.º 21, dezembro de 1944, pp. 1374-1375 (e) ano II, n.º 23, fevereiro de 1945, pp. 1738-1739 e p. 1748. Rio de Janeiro.

1951 — *Estudo preliminar da geomorfologia da região leste da Mantiqueira.* — Boletim Carioca de Geografia, ano IV, 1951, n.ºs 2, 3 e 4, pp. 5-16. Rio de Janeiro.

1952 — *O Escudo Brasileiro e os dobramentos de fundo.* — Faculdade Nacional de Filosofia da Universidade do Brasil — Departamento de Geografia (Curso de especialização em geomorfologia). Rio de Janeiro.

1953 — *O papel das enxurradas no modelado do relêvo brasileiro.* — Boletim Paulista de Geografia, n.º 13, março de 1953, pp. 5-18 (e) n.º 14, julho de 1953, pp. 3-25. São Paulo.

SAINT-HILAIRE, Augusto de

1851 — *Voyages dans l'interieur du Brésil.* — Quatrième partie. *Voyages dans l'interieur de Sant Paul et Sainte Catherine.* 2 vols. Paris.

1887 — *Voyage à Rio Grande do Sul* (Brésil). — Ed. por R. de Dreuzy. Orleans.

1932 — *Segunda viagem do Rio de Janeiro a Minas Gerais e a São Paulo* (1822). — 8rad. de Afonso de D. Taunay. Brasiliana Série V, vol. 5. Comp. Editôra Nacional São Paulo.

1945 — *Viagem à Província de São Paulo e Resumo das viagens ao Brasil, Província Cisplatina e Missões do Paraguai.* Trad. de Rubens Borba de Morais. Livr. Martins. São Paulo. (2a. ed.).

1953 — *Segunda Viagem a São Paulo e Quadro Histórico da Província de São Paulo.* — Trad. e introdução de Afonso de E. Taunay. Livr. Martins Editôra. São Paulo.

SAMPAIO, Teodoro Fernandes

1899 — (Observações sôbre a topografia, o solo e água do subsolo da cidade de São Paulo), *in* "Aponts. para o Diccionário Hist. e Geogr. Brasileiro", de Alfredo Moreira Pinto, 3.º vol. (1899), verbete *S. Paulo,* pp. 138-140. Rio de Janeiro.

SANTOS, Benedito José dos

1906 — *Estudos sôbre a constituição geológica do município de Curytiba.* — Typ. Lith. a vapor Impressôra Paranaense. Curitiba.

SANTOS, Elina de Oliveira

1952 — *Geomorfologia da região de Sorocaba e alguns de seus problemas.* — Boletim Paulista de Geografia, n.º 12, outubro de 1952, pp. 3-29. São Paulo.

SETZER, José

1946 — *Os solos dos grupos* 17 *a* 18. — Boletim de Agricultura (1944), número único. São Paulo.

1947 — *Os solos dos grupos* 19 *a* 22. — Boletim de Agricultura (1945), número único. São Paulo.

1948 — *Pequeno curso de Pedologia.* — Seps. do Boletim Geográfico (C. N. G.), n.ºs 59, 61, 63, 64, 66 e 69, ano de 1948. Rio de Janeiro.

1949 — *Os solos do Estado de São Paulo.* — Rel. Técn. com considerações práticas. — Biblioteca Geográfica Brasileira do C. N. G. — Série A —Publ. n.º 6. Rio de Janeiro.

1953 — *Subsídios pedológicos à História de São Paulo.* — Digesto Econômico, ano IX, n.ºs 106-106 e 107. São Paulo.

1955 — *Os solos do Município de São Paulo (Primeira parte).* — Boletim Paulista de Geografia, n.º 20, julho de 1955, pp. 3-30. São Paulo.

SIBIMGA, P. L. Smith

1950 — *The pliocene-pleistocene boundary and glácial chronological based on eustasy in the East Indies.* — Abstract. International Geological Congress, Rep. of Eighteenth Session Great Britain, 1948, part IX, proceds. of section H, pp. 97-98. London.

SIEMIRADZKI, Josef V.

1898 — *Geologische Reisebeobachtüngen in Sudbrasilien.* — Ber. Akad. Wissens. Math-Naturhist., Sitzungsberichte, B. CVII, Abt. I, pp. 23-39. Wien.

SILVA, J. B. de Andrada e (e) ANDRADA, M. F. R. de

1827 — *Voyage minéralogique dans la province de Saint Paul au Brésil.* — Journal des Voyages, decouvertes et navegations modernes, ou Archives géographiques du 19me siècle, etc. t. XXXVI, pp. 69-80, 216-227. Paris.

1846 — *Viagem mineralógica na Província de São Paulo — in* Manual de Geologia por Nereo Boulée. Annexo 1-34. Rio de Janeiro.

1885 — *Viagem mineralógica na Província de São Paulo. — in* Diccionario Geographico das Minas do Brasil, de Francisco Ignacio Ferreira. Rio de Janeiro.

1954 — *Viagem mineralógica na província de São Paulo.* — Boletim Paulista de Geografia, n.º 16, março de 1954, pp. 66-74 (e) n.º 17, julho de 1954, pp. 52-62. São Paulo.

SPIX, J. B. von (e) MARTIUS, C. F. Ph. von

1823-31 — *Reise in Brasilien...* 1817 *bis* 1820. — Gedruckt bei M. Lindauer, München.

1938 — *Viagem ao Brasil.* — Trad. de Lúcia Furquim Lahmeyer, B. F. Ramiz Galvão e Basílio de Magalhães, 3 vols. Imprensa Nacional. Rio de Janeiro.

SERVIÇO DE FOMENTO DA PRODUÇÃO MINERAL (D.N.P.M. — (Brasil).

1938 — *Mapa geológico do Brasil e de parte dos países vizinhos.* — Organ. por Avelino Ignacio de Oliveira.

TERZAGHI, Karl

1950 — *Condições do solo de São Paulo com relação à construção de um "Subway".* — Revista Politécnica, ano 46.°, n.° 157, julho de 1950, pp. 57-63. São Paulo.

VARGAS, Mílton

1950 — *Observações de recalques de edifícios em São Paulo.* — Revista Politécnica, ano 46.°, n.° 156, fevereiro de 1950, pp. 23-29. São Paulo.

1951 — *A carga de pré-adensamento das argilas de São Paulo.* — Anais da Associação Brasileira de Mecânica dos Solos, vol. I, 1951, pp. 100-109. São Paulo.

1953 — *Problemas de fundação de edifícios em São Paulo e sua relação com a formação geológica local.* — Anais da Associação Brasileira de Mecânica dos Solos, vol. III, 1953, pp. 37-70. São Paulo.

VARGAS, M. (e) BERNARDO, G.

1945 — *Nota para o estudo regional do solo do centro da Cidade de São Paulo.* — Revista Politécnica, n.° 149, outubro de 1945. São Paulo.

WASHBURNE, Chester W.

1930 — *Petroleum Geology of the State of São Paulo-Brazil.* — Commissão Geographica e Geologica do Estado de São Paulo, boletim n.° 22. São Paulo.

1939 — *Geologia do Petróleo do Estado de São Paulo.* — Trad. anot. de Jovino Pacheco. — Departamento Nacional da Produção Mineral, Ministério da Agricultura (Brasil). Rio de Janeiro.

WOODWORTH, J. B.

1912 — *Geological expedition to Brazil and Chile.* — Bull. Mus. Comp. Zool., v. LVI. Harward University.

WOODWARD, A. Smith

1898 — *Considerações sôbre alguns peixes terciários dos schistos de Taubaté, Estado de São Paulo.* — Revista do Museu Paulista, tomo III, pp. 63-75. São Paulo.

WHITE, Israel Charles

1908 — *Relatório Final da Comissão de Estudos das Minas de Carvão de Pedra*. Rio de Janeiro.

ZEUNER, F. E.

1950 — *The pliocene-pleistocene boundary*. — International Geological Congress, Rep. of Eighteenth Session Great Britain 1948, part. IX, proceds, of section H, pp. 126-130. London.

Mapas e cartas.

COMISSÃO GEOGRÁFICA E GEOLÓGICA DE SÃO PAULO (SP)

1889 — *Fôlha de São Paulo.* — Ed. prelim. 1:100.000 (1a. ed.), São Paulo.

1900 — *Fôlha de Campinas.* — Ed. prelim. 1:100.000 (1a. ed.), São Paulo.

1901 — *Fôlha de Jundiaí.* — Ed. prelim. 1:100.000 (1a. ed.), São Paulo.

1901 — *Fôlha de São Roque.* — Ed. prelim. 1:100.000 (1a. ed.), São Paulo.

1901 — *Fôlha de Itú.* — Ed. prelim. 1:100.000 (1a. ed.), São Paulo.

1903 — *Fôlha de Jacareí.* — Ed. prelim. 1:100.000 (1a. ed.), São Paulo.

s-d — *Fôlha do Município da Capital.* — 1:100.000. São Paulo.

1908 — *Fôlha de Jundiaí.* — (Parcialmente geológica) 1:100.000, São Paulo.

1908 — *Fôlha de São Roque.* — (Parcialmente geológica) .... 1:100.000, São Paulo.

1919 — *Fôlha de Pinadmonhangaba.* — Ed. prelim. 1:100.000, São Paulo.

DIVISÃO DE GEOLOGIA E MINERALOGIA (D. N. P. M. — Brasil)

1942 — *Mapa geológico do Brasil.* — Organ. por Anibal Alves Bastos. Esc. 1:5.000.000. Rio de Janeiro.

EMPRÊSA SARA DO BRASIL, S. A.

1930 — *Mapa topográfico do município de São Paulo.* 1:20.000.

1930 — *Mapa topográfico do município de São Paulo.* 1:5.000.

INSTITUTO GEOGRÁFICO E GEOLÓGICO (São Paulo).

1943 — *Carta hipsométrica do Estado de São Paulo.* 1:1.000.000, São Paulo.

1947 — *Carta geológica do Estado de São Paulo.* 1:1.000.000 São Paulo.

1954 — *Fôlha geológica de Jundiaí.* — 1:100.000. São Paulo.

INSTITUTO DE PESQUISAS TECNOLÓGICAS (U.S.P.).

1938 — *Levantamento geológico de uma parte da Serra da Cantareira.* — (Pelos engenhs. L. F. de Moraes Rêgo e T. D. de Sousa Santos). 1:25.000. São Paulo.

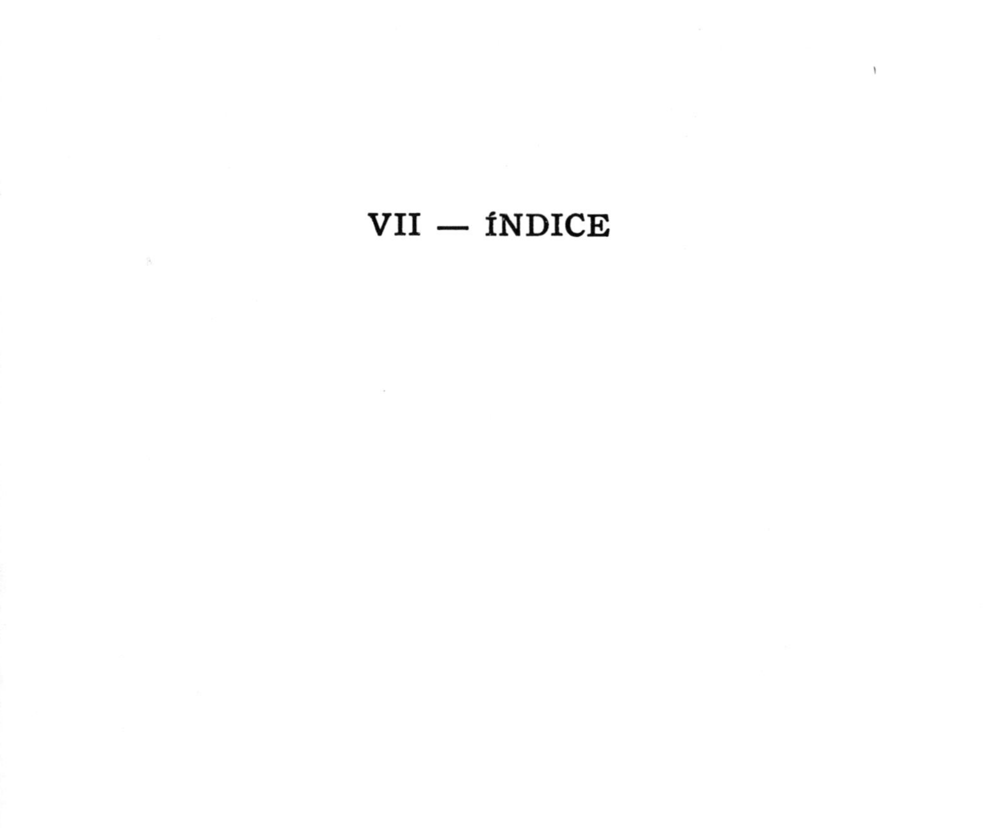

VII — ÍNDICE

ÍNDICE

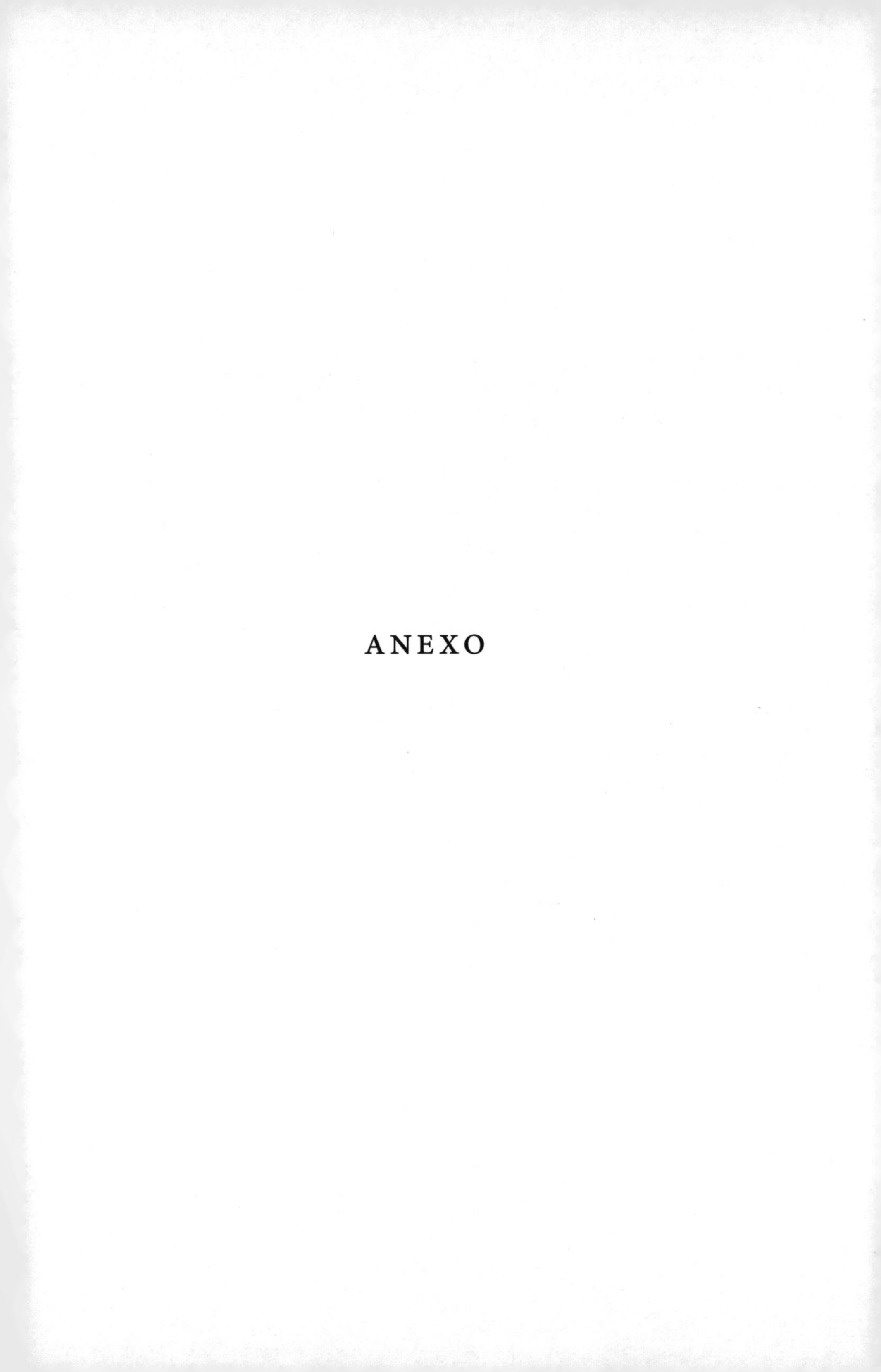

ANEXO

GEOMORFOLOGIA DO SÍTIO URBANO DE SÃO PAULO

DEFESA DE TESE DE DOUTORAMENTO NA FACULDADE DE FILOSOFIA, CIÊNCIAS E LETRAS DA UNIVERSIDADE DE SÃO PAULO

No dia 27 de novembro de 1956, em sessão pública realizada no salão nobre da Faculdade de Filosofia, Ciências e Letras da Universidade de São Paulo, teve lugar a defesa de tese de Doutoramento em Ciências (Geografia) do Licenciado AZIZ NACIB AB'SÁBER, sócio efetivo da A.G.B., assistente da cadeira de Geografia do Brasil daquela Faculdade e professor de Geografia Física e de Geologia na Faculdade de Filosofia "Sedes Sapientiae", na Faculdade de Filosofia de São Bento e na Faculdade de Filosofia de Sorocaba.

A Banca Examinadora foi constituída pelos seguintes membros: prof. Dr. *Aroldo de Azevedo*, catedrático de Geografia do Brasil da Faculdade de Filosofia da Universidade de São Paulo, sócio efetivo da A.G.B. e, na qualidade de orientador da tese, presidente da Banca Examinadora; prof. Dr. *Francis Ruellan*, professor da Faculdade Nacional de Filosofia da Universidade do Brasil, Diretor do Laboratório de Geomorfologia de Paris e sócio honorário da A.G.B.; prof. Dr. *Viktor Leinz*, catedrático de Geologia e Paleontologia da Faculdade de Filosofia da Universidade de São Paulo e sócio cooperador da A. G. B.; prof. Dr. *João Dias da Silveira*, catedrático de Geografia Física da Faculdade de Filosofia da Universidade de São Paulo, sócio efetivo da A. G. B. e atual Diretor da Seção Regional de São Paulo; e prof. Dr. *Ary França*, catedrático de Geografia Humana da Faculdade de Filosofia da Universidade, sócio efetivo da A.G.B. e membro de sua Comissão Consultiva.

Depois de cinco horas de debates, em que fizeram uso da palavra os examinadores e o doutorando, foi concedido ao candidato o título de Doutor em Ciências (Geografia), com a média final de 9,42 (distinção).

A tese apresentada tem por título *Geomorfologia do sítio urbano de São Paulo* e corresponde ao seguinte sumário:

I. INTRODUÇÃO.

1. *Originalidade geográfica do sítio urbano de São Paulo.* — A originalidade geográfica. Contato visual com o relêvo da região de São Paulo.

2. *Evolução dos conhecimentos sôbre o relêvo e a estrutura de São Paulo.* — Os Andradas, Mawe e Casal; as primeiras observações geológicas e fisiográficas. Referências dos grandes naturalistas: Varnhagen, Eschwege, Spix e Martius e Saint-Hilaire. A contribuição de Pissis à geologia da região de São Paulo. Os informes de O. C. James sintetizados por Hartt. Derby e a caracterização da bacia de São Paulo. Teodoro Sampaio e o primeiro estudo topográfico do sítio urbano de São Paulo. As observações de Afonso de Freitas sôbre o sítio urbano de São Paulo. Os estudos modernos e as pesquisas modernas.

3. *Traços gerais da morfologia e drenagem da região de São Paulo.* — A região de São Paulo na divisão regional do Estado de São Paulo. Um compartimento do Planalto Atlântico Brasileiro. A rêde de drenagem regional e seus traços essenciais. Padrões de drenagem na região de São Paulo. Anomalias e casos particulares da rêde de drenagem na região de São Paulo.

II. MORFOLOGIA DO SÍTIO URBANO DE SÃO PAULO.

4. *Os sítios urbanos nas regiões serranas do Planalto Atlântico.* — Os problemas dos sítios urbanos. Traços essenciais do sítio urbano de São Paulo.

5. *Os elementos topográficos do sítio urbano de São Paulo.* — Os elementos topográficos. O Espigão Central das colinas paulistanas. As altas colinas dos rebordos do Espigão Central. Os patamares rampas suaves dos espigões secundários vinculados ao Espigão Central. As colinas tabulares do nível intermediário principal. As baixas colinas terraceadas. Os terraços fluviais de baixadas relativamente enxutas. As planícies aluviais do Tietê, Pinheiros e seus afluentes.

6. *As colinas de além-Tietê, além-Pinheiros e além-Tamanduateí.* — As colinas e outeiros de além-Tietê. As colinas e outeiros de além-Pinheiros. As colinas e terraços de além-Tamanduateí.

III. A BACIA DE SÃO PAULO E AS SUPERFÍCIES DE APLAINAMENTO REGIONAIS.

7. *A bacia sedimentar do Alto Tietê.* — A bacia sedimentar. Extensão e forma da bacia sedimentar do Alto Tietê. A bacia de São Paulo e o caráter ante-

cedente do Alto Tietê. Divisão dos núcleos principais da bacia sedimentar do Alto Tietê. Natureza topográfica do assoalho pré-pliocênico na porção central da bacia de São Paulo. Observações nas áreas de contato entre os sedimentos terciários e o embasamento cristalino, na bacia de São Paulo. O problema das causas imediatas da deposição das camadas de São Paulo. A datação das camadas de São Paulo.

8. *As superfícies de aplainamento regionais.* — A superfície de São Paulo (800-830 m) e a sua identificação no terreno. Existiria uma superfície de erosão pós-cretácea e pré-pliocênica na região de São Paulo? Posição e significado geomórfico dos testemunhos terciários situados próximos da zona divisora Paraíba-Tietê.

IV. GEOMORFOGÊNESE DA REGIÃO DE SÃO PAULO.

9. *Problemas fundamentais da geomorfogênese regional.* — Problemas fundamentais. O problema das conexões antigas e da separação da drenagem do Paraíba e do Tietê. O quadro geral do relêvo que precedeu a deposição das camadas de São Paulo.

10. *A evolução pós-pliocênica da bacia de São Paulo e a elaboração do relêvo atual.* — O entalhamento da bacia de São Paulo e seu caráter epicíclico. As crostas limoníticas superiores das colinas paulistanas e a conservação parcial das plataformas intefluviais originais. A assimetria das vertentes ao longo dos dois principais vales da região de São Paulo (Tietê e Pinheiros). Formas de exceção no relêvo das altas plataformas interfluviais das colinas terciárias paulistanas. Interpretações em conflito sôbre a gênese do nível intermediário das colinas paulistanas (745-750 m). Aspectos dos fenômenos desnudacionais pós-pliocênicos na bacia de São Paulo. Traços de uma peneplanização local quaternária nas abas continentais da Serra do Mar.

SUMÁRIO DAS CONCLUSÕES.
BIBLIOGRAFIA.

A tese apresentada constitúi um volume de 231 páginas datilografadas, em duplo espaço, além de volumoso álbum de mapas, cortes e fotografias.

Título	*Geomorfologia do Sítio Urbano de São Paulo*
Autor	Aziz Ab'Sáber
Editor	Plinio Martins Filho
Produção editorial	Carlos Gustavo Araújo do Carmo
Capa	Tomás Martins
Formato	15,3 × 22 cm
Número de páginas	360
Papel do miolo	Chambril Avena 80 g/m²
Papel de capa	Cartão Supremo 250g/m²
Impressão	Bartira Gráfica